Aktuelle Forschung Medizintechnik

Editor-in-Chief:
Th. M. Buzug, Lübeck, Deutschland

Unter den Zukunftstechnologien mit hohem Innovationspotenzial ist die Medizintechnik in Wissenschaft und Wirtschaft hervorragend aufgestellt, erzielt überdurchschnittliche Wachstumsraten und gilt als krisensichere Branche. Wesentliche Trends der Medizintechnik sind die Computerisierung, Miniaturisierung und Molekularisierung. Die Computerisierung stellt beispielsweise die Grundlage für die medizinische Bildgebung, Bildverarbeitung und bildgeführte Chirurgie dar. Die Miniaturisierung spielt bei intelligenten Implantaten, der minimalinvasiven Chirurgie, aber auch bei der Entwicklung von neuen nanostrukturierten Materialien eine wichtige Rolle in der Medizin. Die Molekularisierung ist unter anderem in der regenerativen Medizin, aber auch im Rahmen der sogenannten molekularen Bildgebung ein entscheidender Aspekt. Disziplinen übergreifend sind daher Querschnittstechnologien wie die Nano- und Mikrosystemtechnik, optische Technologien und Softwaresysteme von großem Interesse.

Diese Schriftenreihe für herausragende Dissertationen und Habilitationsschriften aus dem Themengebiet Medizintechnik spannt den Bogen vom Klinikingenieurwesen und der Medizinischen Informatik bis hin zur Medizinischen Physik, Biomedizintechnik und Medizinischen Ingenieurwissenschaft.

Editor-in-Chief:
Prof. Dr. Thorsten M. Buzug
Institut für Medizintechnik,
Universität zu Lübeck

Editorial Board:
Prof. Dr. Olaf Dössel
Institut für Biomedizinische Technik,
Karlsruhe Institute for Technology

Prof. Dr. Heinz Handels
Institut für Medizinische Informatik,
Universität zu Lübeck

Prof. Dr.-Ing. Joachim Hornegger
Lehrstuhl für Bildverarbeitung,
Universität Erlangen-Nürnberg

Prof. Dr. Marc Kachelrieß
German Cancer Research Center,
Heidelberg

Prof. Dr. Edmund Koch,
Klinisches Sensoring und Monitoring,
TU Dresden

Prof. Dr.-Ing. Tim C. Lüth
Micro Technology
and Medical Device Technology,
TU München

Prof. Dr.-Ing. Dietrich Paulus
Institut für Computervisualistik,
Universität Koblenz-Landau

Prof. Dr.-Ing. Bernhard Preim
Institut für Simulation und Graphik,
Universität Magdeburg

Prof. Dr.-Ing. Georg Schmitz
Lehrstuhl für Medizintechnik,
Universität Bochum

Andreas Mang

Methoden zur numerischen Simulation der Progression von Gliomen

Modellentwicklung, Numerik und Parameteridentifikation

Andreas Mang
Institute for Computational Engineering
and Sciences
The University of Texas at Austin, USA

Dissertation Universität Lübeck, 2013 u.d.T.: Andreas Mang, Bildbasierte Modellierung der Progression von Gliomen. Modellentwicklung für die nichtrigide Bildregistrierung und Parameteridentifikation für eine phänomenologische Wachstumsvorhersage.

ISBN 978-3-658-05245-4   ISBN 978-3-658-05246-1 (eBook)
DOI 10.1007/978-3-658-05246-1

Die Deutsche Nationalbibliothek verzeichnet diese Publikation in der Deutschen Nationalbibliografie; detaillierte bibliografische Daten sind im Internet über http://dnb.d-nb.de abrufbar.

Springer Vieweg
© Springer Fachmedien Wiesbaden 2014
Das Werk einschließlich aller seiner Teile ist urheberrechtlich geschützt. Jede Verwertung, die nicht ausdrücklich vom Urheberrechtsgesetz zugelassen ist, bedarf der vorherigen Zustimmung des Verlags. Das gilt insbesondere für Vervielfältigungen, Bearbeitungen, Übersetzungen, Mikroverfilmungen und die Einspeicherung und Verarbeitung in elektronischen Systemen.

Die Wiedergabe von Gebrauchsnamen, Handelsnamen, Warenbezeichnungen usw. in diesem Werk berechtigt auch ohne besondere Kennzeichnung nicht zu der Annahme, dass solche Namen im Sinne der Warenzeichen- und Markenschutz-Gesetzgebung als frei zu betrachten wären und daher von jedermann benutzt werden dürften.

Gedruckt auf säurefreiem und chlorfrei gebleichtem Papier

Springer Vieweg ist eine Marke von Springer DE. Springer DE ist Teil der Fachverlagsgruppe Springer Science+Business Media.
www.springer-vieweg.de

Vorwort des Reihenherausgebers

Das Werk „*Methoden zur numerischen Simulation der Progression von Gliomen – Modellentwicklung, Numerik und Parameteridentifikation*" von Dr. Andreas Mang ist der elfte Band der neuen Reihe exzellenter Dissertationen des Forschungsbereiches Medizintechnik im Springer Vieweg Verlag. Die Arbeit von Dr. Mang wurde durch einen hochrangigen wissenschaftlichen Beirat dieser Reihe ausgewählt. Springer Vieweg verfolgt mit dieser Reihe das Ziel, für den Bereich Medizintechnik eine Plattform für junge Wissenschaftlerinnen und Wissenschaftler zur Verfügung zu stellen, auf der ihre Ergebnisse schnell eine breite Öffentlichkeit erreichen.

Autorinnen und Autoren von Dissertationen mit exzellentem Ergebnis können sich bei Interesse an einer Veröffentlichung ihrer Arbeit in dieser Reihe direkt an den Herausgeber wenden:

Prof. Dr. Thorsten M. Buzug
Reihenherausgeber Medizintechnik

Institut für Medizintechnik
Universität zu Lübeck
Ratzeburger Allee 160
23562 Lübeck

www.imt.uni-luebeck.de
buzug@imt.uni-luebeck.de

Geleitwort

Das vorliegende Werk von Andreas Mang, *"Methoden zur numerischen Simulation der Progression von Gliomen – Modellentwicklung, Numerik und Parameteridentifikation"*, behandelt Verfahren zur Modellierung des Wachstums primärer Hirntumoren, die es zum Ziel haben, eine Verlaufsbeurteilung der Erkrankung basierend auf medizinisch-radiologischen Bildern des menschlichen Gehirns zu unterstützen.

Die mathematische Modellierung der Progression primärer Hirntumoren ist ein viel untersuchter Gegenstand der aktuellen Forschung mit einer verhältnismäßig langen Vorgeschichte. Die rasante Entwicklung der Rechnerarchitekturen macht es überhaupt erst möglich, stetig komplexere Modelle für eine naturgetreue Abbildung komplizierter Systeme und Wechselwirkungen im menschlichen Gehirn zu realisieren. In dem vorliegenden Werk wird eine Simulationsumgebung für die bildbasierte Modellierung von Tumorwachstum auf Gewebeebene und die Verarbeitung der zugehörigen Bilddaten von Grund auf neu entwickelt.

Das Werk beginnt mit einer Einführung in die Problemstellung und stellt die Originalbeiträge in einer Übersicht vor. Anschließend werden die für die folgenden Kapitel notwendigen numerischen Werkzeuge bereitgestellt. Es folgt eine präzise Beschreibung des verwendeten bio-physikalischen Modells und der entwickelten Methodik zur Lösung des Vorwärtsproblems. Hierauf aufbauend werden zwei Themenbereiche im Hinblick auf eine modellgestützte neuro-radiologische Diagnostik näher betrachtet: Die Entwicklung (*i*) eines Modells zur Unterstützung von Verfahren der Bildregistrierung und (*ii*) eines Ansatzes zur Kalibrierung des Vorwärtsmodells anhand medizinischer Bilddaten unterschiedlicher Modalitäten.

Bildregistrierung ist ein unverzichtbares Werkzeug der medizinisch-radiologischen Diagnostik. Möchte man mehr als eine Bildmodalität oder dieselbe Bildmodalität zu unterschiedlichen Zeitpunkten zur Beurteilung eines Patientenstatus heranziehen, so ergibt sich praktisch immer das Problem, dass der Patient sich zwischen den Bildaufnahmen bewegt hat, unterschiedlich gelagert wurde oder dass sich die Morphologie des betrachteten Organs in der Zwischenzeit grundsätzlich verändert hat. Dabei hat man es häufig mit der Situation zu tun, dass sich die abzubildenden Strukturen nicht mit einfachen affinen Transformationen registrieren lassen und dass topologische Veränderungen der unterliegenden Bilder die Bestimmung der Ähnlichkeit von Strukturen erschweren. In dem Werk von Herrn Andreas Mang wird ein Modell entwickelt, das es ermöglichen soll, Bilddaten primärer Hirntumoren trotz morphologischer und topologischer Unterschiede nichtrigide mit einem Atlas zu registrieren.

Eine zentrale Schwierigkeit der numerischen Simulation der Progression von Tumoren liegt in der Modellvalidierung. Um diese zu ermöglichen, ist es unter anderem notwendig, den durch das Modell vorhergesagten Zustand mit den Daten abzugleichen, d. h. Modellparameter in der Gestalt zu bestimmen, dass das Simulationsergebnis die Daten möglichst gut erklärt. Ein erster Schritt in diese Richtung wird in dem Werk von Herrn Andreas Mang unternommen. Der verfolgte Ansatz zur Lösung dieses inversen Problems mündet in einem Optimierungsproblem mit Differenzialgleichungsnebenbedingung. Die entwickelte Methodik wird anhand patientenindividueller Bilddaten experimentell bestätigt.

Das vorliegende Werk ist in vielerlei Hinsicht als überragend zu beurteilen. Sprachlich schnörkellos und mit hoher Präzision reihen sich viele Originalbeiträge in dieser Arbeit aneinander.

Lübeck, 27. Juni 2013   Prof. Dr. Thorsten M. Buzug

Zusammenfassung

Die Modellierung ist ein vielseitiges Werkzeug aus der angewandten Mathematik und den Computerwissenschaften, um komplexe, hochdimensionale Systeme methodisch konsequent zu analysieren. Viele Vorgänge in der Natur lassen sich über Differenzialgleichungen beschreiben, deren Lösung es erlaubt, das Verhalten eines Systems vorherzusagen, sofern die Systemparameter bekannt sind. Die vorliegende Arbeit widmet sich der Modellierung innerhalb eines der komplexesten Systeme, das die Natur hervorgebracht hat – dem menschlichen Gehirn.

Im Detail wird eine Umgebung für die Modellierung der Progression primärer Hirntumoren auf Gewebeebene von Grund auf neu entwickelt. Ziel ist es, Verfahren bereitzustellen, die eine auf klinischen Bilddaten basierende Verlaufsbeurteilung und Diagnostik von Tumoren des zentralen Nervensystems unterstützen. Das verwendete Modell beschreibt die raumzeitliche Dynamik tumoröser Zellen großmaßstäblich anhand einer Kontinuitätsgleichung. Die resultierende Zustandsfunktion kann als Wahrscheinlichkeitskarte für die Malignität eines Punktes im Raum-Zeit-Kontinuum betrachtet werden.

Im ersten Teil werden Methoden bereitgestellt, die es ermöglichen, das *direkte Problem*, d. h. die Berechnung der Zustandsfunktion unter Kenntnis der Systemparameter, effizient zu lösen. In diesem Rahmen wird die verwendete Kontinuitätsgleichung motiviert und die Diskretisierung detailliert besprochen. Des Weiteren werden Verfahren zur numerischen Integration des diskretisierten Anfangsrandwertproblems vorgestellt. Numerische Experimente bestätigen die entwickelte Simulationsumgebung.

Der zweite Teil der vorliegenden Arbeit beschäftigt sich mit einem auf einem Optimierungsproblem basierenden Verfahren zur approximativen Modellierung tumorinduzierter Gewebedeformation. Die Motivation ist es, einen biophysikalischen Prior für Verfahren der nichtrigiden Bildregistrierung zu entwickeln. Der Zusammenhang zu existierenden Ansätzen wird mittels variationellem Kalkül hergestellt. Die Eignung der Methodik wird auf der Basis numerischer Experimente demonstriert.

Eine zentrale Schwierigkeit einer personalisierten Modellierung ist es, patientenindividuelle Modellparameter zu identifizieren. Generell ist es nicht möglich, diese auf direkte Art zu bestimmen. Deshalb gilt es, ein *inverses Problem* zu lösen: Die Modellparameter sind in der Gestalt zu bestimmen, dass die errechnete Zustandsfunktion (prognostizierter Zustand) die Daten (Observable(n) in den Bilddaten; tatsächlicher Zustand) möglichst gut erklärt. Diesem Problem widmet sich der dritte Teil dieser Arbeit. Die vorliegende Problemstellung führt auf natürliche Art und Weise zu einem Optimierungsproblem mit Differenzialgleichungsnebenbedingung. Zunächst wird eine generelle Strategie zur Lösung derartiger Optimierungsprobleme vorgestellt. Basierend auf diesem einführenden Teil wird eine Methode entwickelt, die es erlaubt, die verwendete Modellgleichung an patientenindividuelle Bildgebungsdaten anzupassen. Das Verfahren wird auf der Basis von Bilddaten von zwölf Patienten getestet. Eine quantitative Analyse der Übereinstimmung des geschätzten Zustands mit manuellen Expertensegmentierungen bestätigt die Methodik und validiert die etablierte Simulationsumgebung phänomenologisch.

Die Arbeit schließt mit einer kritischen Diskussion und Bewertung der vorgestellten Verfahren und gibt einen Ausblick auf zukünftige Arbeiten.

Dem Rudolf, der Heidi & der Lena gewidmet.

Inhaltsverzeichnis

1	Grundlagen	1
1.1	Einführung und Motivation	1
1.2	Primäre Hirntumoren	4
1.2.1	Pathologie	4
1.2.2	Bildgebung	7
1.3	Wesentlicher Beitrag	9
1.4	Aufbau der Arbeit	11
1.5	Fazit	12
2	Mathematische und numerische Werkzeuge	13
2.1	Notation und Vorbemerkungen	13
2.2	Lösung dünnbesetzter linearer Gleichungssysteme	15
2.2.1	Grundlegendes	15
2.2.2	Schrittweitenbestimmung	16
2.2.3	Berechnung der Suchrichtung	18
2.2.4	Vorkonditionierung	20
2.3	Numerische Optimierung	24
2.3.1	Grundlegendes	24
2.3.2	Schrittweitenbestimmung	25
2.3.3	Berechnung der Suchrichtung	27
2.3.4	Abbruchkriterien	30
2.4	Fazit	30
3	Vorwärtsmodellierung: Das direkte Problem	31
3.1	Einführung in die Problemstellung	31
3.2	Partielle Differenzialgleichungen	33
3.2.1	Klassifikation	34
3.2.2	Randbedingungen	36
3.2.3	Anfangsbedingungen	37
3.3	Mathematisches Modell	37
3.3.1	Verwendete Datenbasis	38
3.3.2	Formale Definition des direkten Problems	39

3.3.3	Modellprobleme	40
3.3.4	Entwicklung der Modellgleichung	41
3.3.5	Kompakte Darstellung des direkten Problems	49
3.3.6	Zwischenbilanz	50
3.4	Diskretisierung	51
3.4.1	Gebietszerlegung	51
3.4.2	Numerische Differenziation	58
3.4.3	Diskretisierung des direkten Problems	63
3.4.4	Zwischenbilanz	82
3.5	Numerische Schemata	82
3.5.1	θ-Verfahren	83
3.5.2	EULER-CAUCHY-Verfahren	85
3.5.3	EC-Verfahren mit zyklischer Schrittweitenänderung	87
3.5.4	Zwischenbilanz	91
3.6	Numerische Experimente und Ergebnisse	92
3.6.1	Qualitative Analyse	92
3.6.2	Analyse des numerischen Fehlers	96
3.6.3	Analyse der Rechenzeit	101
3.7	Fazit	102
4	Gewebedeformation	105
4.1	Einführung in die Problemstellung	105
4.2	Genereller Ansatz	109
4.3	Defektfunktional	111
4.3.1	Definition	111
4.3.2	Theoretische Einordnung	111
4.3.3	Interpretation	113
4.4	Optimierungsansatz mit weicher Nebenbedingung	113
4.4.1	Beschränkung der Volumenänderung	114
4.4.2	Numerische Implementierung	118
4.5	Numerische Experimente	122
4.6	Fazit	126

5	Parameteridentifikation: Das inverse Problem		127
5.1	Einführung in die Problemstellung		128
5.1.1	Literatur		129
5.1.2	Inverse Probleme und Parameteridentifikation		131
5.2	Grundsätzliche Verfahrensweise		133
5.2.1		Optimierungsproblem	134
5.2.2		Regularisierung	135
5.2.3		Numerische Behandlung	136
5.2.4		Zwischenbilanz	140
5.3	Ansatz für patientenindividuelle Bildgebungsdaten		140
5.3.1		Defektfunktional	140
5.3.2		Mathematisches Modell	142
5.3.3		Ableitungsfreie Optimierung	143
5.3.4		Inversionsvariablen	143
5.3.5		Quantifizierung der Güte der Modellkalibrierung	145
5.3.6		Bilddaten und Datenvorverarbeitung	147
5.4	Numerische Experimente und Anwendung		149
5.4.1		Parameteridentifikation: Synthetische Modellprobleme	149
5.4.2		Modellkalibrierung: Patientenindividuelle Daten	152
5.5	Fazit		157
6	Fazit und Diskussion		159
6.1	Vorwärtsmodellierung		160
6.2	Gewebedeformation		162
6.3	Modellindividualisierung		164
6.4	Schlussbemerkung und Ausblick		168
Appendix			171
Danksagung			173
Notationsverzeichnis			175
Abkürzungsverzeichnis			177
Literaturverzeichnis			179
Index			201

1

Grundlagen

In diesem einleitenden Teil werden die Grundlagen für die nachfolgenden Kapitel gelegt und der Inhalt der Arbeit motiviert.

1.1 Einführung und Motivation

Das Gehirn ist eines der faszinierendsten und komplexesten Organe, das die Natur hervorgebracht hat. Es verarbeitet Reize und Sinneseindrücke, koordiniert das Zusammenspiel der Organe und steuert bewusste und unbewusste Handlungen sowie komplexe Verhaltensweisen. Ihm werden Zentren für Emotion, Kreativität, Rationalität und Logik zugeordnet. Diese enorme Bedeutung für den Organismus erklärt den Stellenwert, den die Forschung im Umfeld der Neurologie eingenommen hat. Von zentralem Interesse ist die Erforschung von Erkrankungen. Die vorliegende Arbeit verschreibt sich ebenfalls diesem Themenfeld. Forschungsgegenstand ist die Progression primärer Hirntumoren. Ziel ist es, eine Simulationsumgebung für die bildbasierte Modellierung des Wachstums von Tumoren auf Gewebeebene bereitzustellen. Eine zentrale Frage, die es zu beantworten gilt, ist, wie sich die Progression von Tumoren mathematisch beschreiben und am Rechner darstellen lässt. Dieser Frage widmen sich Forschungsgruppen unterschiedlicher Fachrichtungen – von Biologie und Medizin über Mathematik und Physik bis hin zu den Computerwissenschaften – bereits seit längerer Zeit. Erste Arbeiten auf dem Gebiet der Modellierung von Tumorwachstum datieren bis in die frühen 30er Jahre des letzten Jahrhunderts zurück [10]. Vor dem Hintergrund der Komplexität des menschlichen Organismus und der Pathophysiologie wird dieses Thema die Forschung auch noch zukünftig bewegen.

Ein fundamentaler Beitrag, den die mathematische Modellierung zu leisten vermag, ist es, eine Systematik in die Studie von physiologischen und morphologischen Veränderungen zu bringen, die mit der Entstehung und dem Fortschreiten einer Pathologie in Zusammenhang stehen. Die Komplexität und Dimension der Zusammenhänge im menschlichen Organismus macht es äußerst schwierig, das große Ganze im Blick zu behalten. Auch hier kann eine Modellierung gewinnbringend eingesetzt werden. Beobachtungen aus verschiedensten wissenschaftlichen Teilbereichen der Biologie und Medizin können im Modell zusammengetragen und systematisch analysiert werden. Dies bietet die Möglichkeit, ein besseres Verständnis für pathologische Prozesse zu entwickeln, mit dem Ziel, die klinische Diagnostik und Intervention zu unterstützen und voranzutreiben.

Die vorliegende Arbeit leistet einen Beitrag zur Bewertung und Interpretation von *in vivo* gemessenen Bildgebungsdaten, wie sie in der klinischen Diagnostik und Therapieplanung (Resektion, Strahlentherapie und Chemotherapie) typischerweise eingesetzt werden. Um die Frage zu beantworten, welchen Mehrwert eine bildbasierte Modellierung des Verlaufs pathologischer Veränderungen auf der Gewebeebene hat, ist es notwendig, sich die derzeitigen Einschränkungen in der Diagnostik primärer Hirntumoren vor Augen zu führen. Klinisch anerkannte Faktoren zur Abschätzung der Überlebensdauer von Patienten sind patientenspezifische Merkmale, wie Alter, neurologische Defizite, bisheriger Verlauf und klinische Vorgeschichte (z. B. Ausmaß von radio- oder chemotherapeutischer Intervention) sowie tumorspezifische Merkmale, wie Grad (engl. *staging / grading*), Größe und Lokalisation [147]. Dynamische Informationen werden nicht berücksichtigt. Die Größe des kontrastmittelanreichernden Bereiches wird im klinischen Alltag entweder manuell oder über computergestützte, volumetrische Verfahren abgeschätzt [102, 153 & 154]. Den Tumor präzise einzugrenzen ist wegen des infiltrierenden Wachstumscharakters hochgradiger Tumoren diffizil. Kleine Anhäufungen[1] tumoröser Zellen lassen sich in der Bildgebung nicht darstellen. Nach dem heutigen Stand der Wissenschaft ist davon auszugehen, dass die Zellen, die das umliegende, gesunde Gewebe infiltriert haben, die Ursache für das Auftreten eines Rezidivs und damit für die hohe Mortalität von Patienten mit hochgradigen Tumoren sind [174]. Deshalb wird als Präventivmaßnahme in der Regel ein größerer Bereich als er sich in der Bildgebung als Anomalie darstellt radiotherapeutisch behandelt [95].

Der klinische Nutzen einer (personalisierten) Modellierung der Progression primärer Hirntumoren ist, angesichts dieser Schwierigkeiten, vielseitig. Die Modellierung ermöglicht es, die durch die Bildgebung bereitgestellten Informationen (auf der Basis des durch die Modellierung eingebrachten Vorwissens) systematisch aufzubereiten und auszubauen. Es wird möglich, die tatsächliche Invasionsgrenze von Tumoren, wie sie sich nicht in den Bilddaten abzeichnet, vorherzusagen. Diese Information ist klinisch von zentraler Bedeutung. Sie kann dafür verwendet werden, eine therapeutische Intervention bestmöglich zu planen. Eine personalisierte Modellierung liefert darüber hinaus

---

[1] Abschätzungen für Detektionsschwellen in der klinischen Bildgebung, sind in Tab. 1 auf S. 171 zu finden.

Einführung und Motivation 3

dynamische Informationen, wie sie in der heutigen klinischen Diagnostik, basierend auf statischen Bildaufnahmen, nicht verfügbar sind. Die so gewonnenen Systemparameter liefern einen Indiz für das aktuelle Wachstumsverhalten des Tumors. Sie zeigen potenziell an, wie aggressiv ein Tumor sich in einem Patienten darstellt. Dieses Wissen kann für eine quantitative Diagnostik und Verlaufsbeurteilung von Erkrankungen des zentralen Nervensystems genutzt werden. Ein ultimatives Ziel der personalisierten Modellierung ist es, prognostische Verfahren zu entwickeln. Abschätzen zu können, wie sich der Tumor in einem individuellen Patienten zukünftig verhält, wäre aus klinischer Sicht von herausragender Bedeutung. Es würde völlig neue Perspektiven für die Planung einer patientenindividuellen Therapie eröffnen.

Insgesamt ist hervorzuheben, dass die Modellierung nicht als alleinige Entscheidungsgrundlage für eine klinische Intervention zu verstehen ist. Sie ist vielmehr eine zusätzliche Informationsquelle, die es erlaubt auf systematische Art und Weise eine Vielzahl an Informationen bereitzustellen und aufzuarbeiten. Sie ergänzt lediglich das Portfolio etablierter Verfahren in der medizinischen Diagnostik und Verlaufsbeurteilung von Tumoren.

Ein wesentlicher Fokus der in der Literatur beschriebenen Arbeiten zur mathematischen Modellierung der Progression primärer Hirntumoren ist die Entwicklung zunehmend feingranulärer Modelle[2] [6, 32, 57, 121, 149 & 221]. Intention dieser Arbeiten ist es, eine Vielzahl an Phänomenen zu berücksichtigen und auf diese Weise die Pathomechanismen naturgetreu abzubilden. In der vorliegenden Arbeit wird die Komplexität des Modells hingegen gering gehalten. Es wird lediglich die Vermehrung und die Migration tumoröser Zellen in gesundes, umliegendes Gewebe mittels einer partiellen Differenzialgleichung (PDGL) beschrieben. Ziel ist eine großmaßstäbliche Modellierung von Hirntumoren auf Gewebeebene, wie sie sich in der medizinischen Bildgebung darstellen. Werden hingegen feingranuläre Prozesse des Wachstumsverhaltens berücksichtigt, ist es notwendig, detailliert zu verstehen, wie sich einzelne Faktoren auf das makroskopische Erscheinungsbild des Tumors auswirken. Gleichermaßen ist es erforderlich zu erfassen, welche Prozesse in diesem Zusammenhang relevant und welche irrelevant sind – die systembeherrschenden Parameter müssen bestimmt werden. Dies ist bis zum heutigen Zeitpunkt nicht gelungen. Eine zusätzliche Schwierigkeit ist eine (potenzielle) wechselseitige Beeinflussung der Parameter. Die Auswirkungen, die ein einzelner Parameter auf den Zustand des Systems hat, ist nicht mehr eindeutig abzuleiten. Im Umkehrschluss ist es nicht mehr möglich, eindeutige Rückschlüsse auf die Ursache eines Phänomens zu ziehen. Diese Schwierigkeiten können über eine direkte Messung der das System beherrschenden Parameter umgangen werden. Dies ist allerdings nicht möglich. Es bleibt, die Parameter indirekt zu bestimmen. Bisher beschäftigt sich lediglich eine überschaubare Anzahl an Arbeiten im Kern mit diesem Thema [107, 134 & 222]. Demzufolge existiert bis

---
[2] Für einen Einblick in die Entwicklung derartiger Modelle in der Arbeitsgruppe am Institut für Medizintechnik der Universität zu Lübeck sei auf die Arbeiten [EZ01, EZ02, EZ04, EK02, EK03, EK05, EK06, EK10, EK14, EK21, EK37, EK38, EK40, EK42, EK44, EK46, EK48–EK50, EK53, EK55–EK57] verwiesen.

heute kein etabliertes Verfahren, das es erlaubt, Modellparameter zuverlässig zu schätzen. Eine Möglichkeit, die Parameter abzuschätzen, ist es, das Modell mit den Daten abzugleichen. Auch hier ist die Dimension des Parameterraumes entscheidend. Sind viele Parameter zu bestimmen, müssen die Observablen (im vorliegenden Fall morphologische Bilddaten) eine Fülle an Informationen bereitstellen. Dies ist, wie sich im weiteren Verlauf herausstellen wird, in der Regel nicht der Fall. Alle diese Gründe rechtfertigen es, in einem ersten Schritt die Dimension des Problems einzuschränken. Ist ein Verfahren bereitgestellt, mit dem die Modellparameter eines simplen Modells zuverlässig bestimmt werden können, ist es zweckmäßig, in einem nächsten Schritt den Parameterraum zu vergrößern (d. h. sich komplexeren Modellen zuzuwenden).

Neben einer individuellen Verlaufsbeurteilung verhilft die populationsübergreifende Studie medizinischer Bilddaten dazu, das Dargestellte besser einordnen zu können. Der systematische Vergleich von morphologischen und funktionellen Daten, Wachstumsparametern und der Lokalisation von Tumoren mit der patientenindividuellen Prognose eröffnet neue Einblicke in die Pathologie. Hierfür ist es notwendig, die Daten nichtrigide mit einem Referenzatlas zu registrieren. Dies ist mit klassischen Verfahren der Bildregistrierung [94, 161 & 162] nicht möglich. Auch diese Schwierigkeit wird im Laufe dieser Arbeit betrachtet.

Bevor, nach dieser einleitenden Motivation, die Forschungsbeiträge besprochen werden, wird im nächsten Abschnitt ein Einblick in die betrachtete Pathologie und die klinische Bildgebung gegeben.

1.2 Primäre Hirntumoren

Für eine bildbasierte Modellierung der Progression primärer Hirntumoren ist ein Einblick in die Pathologie und die verwendeten bildgebenden Verfahren unabdingbar. Diesen liefert der vorliegende Abschnitt.

1.2.1 Pathologie

Tumoren[3] entstehen aus der Mutation einer oder mehrerer Zellen, die zu unkontrolliertem Wachstum führt – die Funktionalität von gesundem Gewebe ist beeinträchtigt.

Die Klassifikation von Tumoren erfolgt anhand ihrer *Herkunft* und *Dignität*. Der Begriff Dignität meint hierbei die Wertigkeit eines Tumors: Es wird zwischen *benignen* (gutartigen) und *malignen* (bösartigen) Tumoren unterschieden. Die Malignität (Bösartigkeit) wird in der klinischen Routine durch eine mikroskopische Untersuchung histologischer

---

[3] Für weiterführende Details zur betrachteten Tumorentität sei auf die Überblicksarbeit [156] verwiesen.

Merkmale einer Gewebeprobe (Biopsie) anhand festgelegter Kriterien (nukleäre Atypie, Zellteilungsindex (mitotische Aktivität), mikrovaskuläre Proliferation und Nekrose) bestimmt.

Benigne Tumoren wachsen in der Regel langsam. Die Abgrenzung zwischen tumorösem und gesundem Gewebe ist klar definiert. In den meisten Fällen können benigne Tumoren durch Resektion vollständig entfernt werden. Zellen maligner Tumoren vermehren sich rapide und dringen in entfernt vom eigentlichen Tumorkern gelegene Areale vor. Bei malignen Tumoren ist es schwierig, tumoröses von gesundem Gewebe scharf zu trennen.

Die durch die Weltgesundheitsorganisation (WHO) festgelegte Klassifikation [147] ordnet den Tumoren des zentralen Nervensystems eine präzise pathologische Wertigkeit (WHO-Grad I–IV) zu. Werden Tumoren anhand ihrer Entstehungsgeschichte eingeteilt, resultiert dies in zwei Klassen: *Primäre* und *sekundäre* (metastatische) Tumoren. Primäre Hirntumoren entstehen aus hirneigenen Zellen. Sie verbleiben im Gehirn und können sowohl gutartig als auch bösartig sein. Metastasen entstehen durch die Verschleppung von Zellen (über das Blut oder das Lymphsystem) eines ursprünglich in einem anderen Organ angesiedelten Primärtumors. Sie weisen Eigenschaften des Ursprungsgewebes auf und sind per Definition bösartig.

Die vorliegende Arbeit widmet sich der verbreitetsten Art primärer Hirntumoren – den *Gliomen*. Es handelt sich hierbei um einen Sammelbegriff für primäre Hirntumoren, die vornehmlich den Gliazellen entspringen. Gliome weisen unterschiedliche histopathologische Merkmale auf. Sie können benigne oder maligne sein. Eine präzisere Kategorisierung kann durch einen Abgleich der zytogenetischen Eigenschaften der tumorösen Zellen mit derer verschiedener Gliazelltypen erfolgen. Diese Einteilung liefert drei Hauptgattungen[4]: *Astrozytome*, *Ependymome* und *Oligodendrogliome*. Astrozytome ähneln in ihrem zellulären Erscheinungsbild den *Astrozyten*. Ependymome entspringen dem *Ependym* – einer Zelllage, welche die Flüssigkeitsräume des zentralen Nervensystems auskleidet. Oligodendrogliome ähneln in ihrem zellulären Erscheinungsbild den *Oligodendrozyten*.

Neben dem anaplastischen Astrozytom (WHO-Grad III) und dem anaplastischen Oligodendrogliom (WHO-Grad III) zählt das *Glioblastom* (GB; WHO-Grad IV) zu den bösartigsten Manifestationen primärer Hirntumoren [147]. Wie das anaplastische Astrozytom gehört das GB zur Klasse der astrozytären Tumoren. Es ist der am häufigsten auftretende bösartige hirneigene Tumor bei Erwachsenen [103]. GBs sind durch ihre zelluläre Heterogenität, eine rapide Zellvermehrung, ein stark infiltrierendes Wachstum, Angiogenese und das Auftreten von nekrotischen Arealen charakterisiert [65 & 71]. Durch die lokale Variabilität im zellulären und subzellulären Erscheinungsbild ist eine rein auf histologischen Kriterien basierende Befundung schwierig. GBs entspringen ausschließlich der weißen Substanz. Sie können entweder neu (*de novo*) oder durch eine fortschreitende

---
[4] Daneben existieren Mischformen.

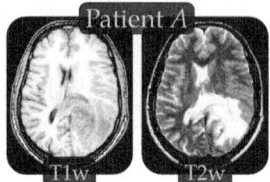 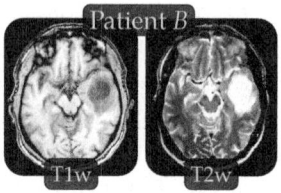

Abbildung 1.1 Magnetresonanztomographie-Daten (MRT-Daten) zweier Patienten mit der Diagnose eines Glioblastoms (GB). Dargestellt ist jeweils eine axiale Schnittansicht einer T1- (T1w) und einer T2-gewichteten (T2w) MRT-Aufnahme (vgl. Abschnitt 1.2.2).

Entdifferenzierung aus weniger aggressiven Astrozytomen hervorgehen. Die Entdifferenzierung geht typischerweise mit einer Veränderung der zytogenetischen Eigenschaften, der Ausbildung von wachstumsfördernden Signalen (Epidermaler Wachstumsfaktor (EGFR), *transforming growth factor* (TGF)) und einer Zunahme der Angiogenese einher [146].

GBs zeigen über ein Patientenkollektiv hinweg starke Unterschiede im morphologischen Erscheinungsbild (siehe Abb. 1.1). Der infiltrierende Charakter macht die Behandlung schwierig. Die Komplexität der zugrundeliegenden pathophysiologischen Veränderungen beeinträchtigt die Entwicklung wirkungsvoller Therapeutika. Tumoröse Zellen sind durch die rapide Vermehrung typischerweise einer Hypoxie, einer Übersäuerung und einer unzureichenden Nährstoffversorgung ausgesetzt. Ein rapides Wachstum ist folglich nur möglich, wenn die Zellen bzgl. etwaiger Veränderungen in ihrer Mikroumgebung hochgradig anpassungsfähig sind. Die begrenzte Nährstoffversorgung führt zur Ausbildung eines nekrotischen Kerns. Dieser tritt nur in besonders aggressiven Tumoren auf. Durch Angiogenese und eine Umstrukturierung des vorhandenen Blutgefäßsystems versucht der Tumor, der Nährstoffunterversorgung entgegenzuwirken.

Das invasive Wachstumsverhalten von GBs ist eine zentrale Schwierigkeit für eine erfolgreiche Therapie. Einzelne tumoröse Zellen vermögen es, weit in das gesunde Gewebe vorzudringen [208 & 229]. Es ist allgemein anerkannt, dass diese Infiltration bevorzugt entlang der Nervenfaserbahnen der weißen Substanz erfolgt [71, 72, 152 & 181]. Durch eine reine Zellteilung würde der Tumor sich in seinem makroskopischen Erscheinungsbild eher als Ellipse darstellen. Die infiltrierenden Wachstumsmuster resultieren in einer sehr viel unregelmäßigeren Umrandung [152] (vgl. Abb. 1.1 (links)). Dieses infiltrierende Verhalten wird, neben der Neovaskularisation, immer noch als einer der Hauptgründe für die schlechte Prognose von Patienten mit der Diagnose GB angesehen [174]. Selbst unter Ausnutzung der zur Zeit als optimal verstandenen Behandlungsstrategie (Resektion in Kombination mit Strahlen- und Chemotherapie) kann lediglich eine palliative Wirkung erzielt werden [151, 172 & 243].

1.2.2 Bildgebung

Die medizinische Bildgebung ist ein in der klinischen Praxis unverzichtbares Werkzeug für die Diagnostik und Verlaufsbeurteilung primärer Hirntumoren. Es steht eine Vielzahl an bildgebenden Verfahren zur Auswahl. Zu den morphologischen Verfahren zählt bspw. (anteilig) die Magnetresonanztomographie (MRT; [86]) und die Computertomographie (CT; [29]). Beispiele für funktionelle Verfahren sind die Positronen-Emissions-Tomographie (PET; [34]) und die funktionelle MRT (fMRT; [28]). Neben diesen etablierten Verfahren werden stets neue Systeme, wie z. B. die Magnetpartikelbildgebung (MPI; [127]), erforscht und dem Portfolio der klinischen Bildgebung hinzugefügt. Alle diese Verfahren haben ihre Stärken und Schwächen. Die vorliegende Arbeit beschränkt sich auf Bilddaten, die auf der Basis der MRT gewonnenen werden[5]. Diese hat sich wegen ihres hervorragenden Weichteilkontrastes und ihrer Flexibilität (Sequenzdesign; Kontrastierung; Auflösung; Darstellung funktioneller, physiologischer und morphologischer Gewebeparameter) zu einem Standardverfahren in der Diagnostik und Verlaufsbeurteilung von Tumoren entwickelt (siehe bspw. [EA02, EA03, EK26, EZ07, 53, 66 & 202]). Durch den hohen Kontrast kann eine sehr gute Unterscheidung verschiedener Gewebetypen im menschlichen Körper erfolgen. Allerdings ist dieser Kontrast nicht ausreichend, um eine präzise Abgrenzung zwischen pathologischem und gesundem Gewebe vorzunehmen [115, 208 & 229].

Der Kontrast entsteht auf der Basis von intrinsischen Gewebeparametern, wie longitudinaler Relaxationszeit (T1), transversaler Relaxationszeit (T2) oder Protonendichte. Unterschiedliche Kontrastierungen lassen sich durch eine Variation von Messparametern, wie Repetitionszeit (engl. *repetition time*; TR), Echozeit (engl. *echo time*; TE) oder Inversionszeit (engl. *inversion time*; TI) erzeugen.

In der *T1-gewichteten* (T1w) Bildgebung geben niedrigviskose Flüssigkeiten wenig Signal. Der Liquor im Hirnventrikel und in der Umgebung des Kortex, stellt sich in T1w-Aufnahmen dunkel (schwarz) dar. In *T2-gewichteten* (T2w) Bildern stellen sich sowohl freie als auch ins Gewebe eingelagerte Flüssigkeiten hyperintens dar. Gliome zeigen typischerweise eine hohe Flüssigkeitseinlagerung. Demzufolge stellt sich der tumoröse Bereich in T1w-Bildern hypointens und in T2w-Bildern hyperintens dar. Ein zentrales Problem bzgl. der Hyperintensität in den T2w-Bildern ist die ähnliche Darstellung von tumorösem Gewebe und Liquor. Eine Trennung beider Signale kann durch eine *fluid-attenuated-inversion-recovery*-Sequenz (FLAIR-Sequenz) erzielt werden. Mittels Sequenzdesign wird bei der *FLAIR-Bildgebung* das Signal von Fluiden unterdrückt – lediglich durch den Tumor betroffene Areale stellen sich hyperintens dar.

Nach dem aktuellen klinischen Standard wird der in der T2w- bzw. der FLAIR-Bildgebung hyperintense Bereich, trotz seiner starken Kontrastierung, in seiner Gesamtheit

---

[5] Die technischen Details der Bildentstehung und Rekonstruktion werden hier nicht besprochen. Hierfür sei auf [86] verwiesen.

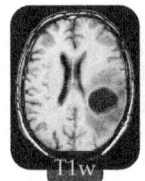 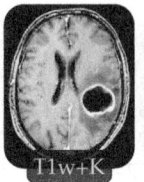 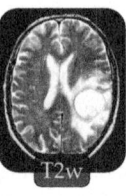 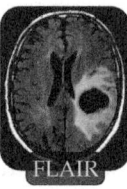

Abbildung 1.2 MRT-Datensätze eines Patienten mit der Diagnose GB. Dargestellt ist jeweils eine axiale Schnittansicht einer T1w-, einer T1w+K-, einer T2w- und einer FLAIR-MRT-Aufnahme.

nicht als maligne klassifiziert. In der Regel wird neben dem Kernbereich des Tumors das nahe dem Tumorkern gelegene Ödem (gr. *oidema* (Schwellung)), sollte es vorhanden sein, hyperintens abgebildet. Es ist mit einer sehr hohen Wahrscheinlichkeit davon auszugehen, dass das den Tumorkern umgebende Gewebe wegen des infiltrierenden Wachstums maligner Tumoren (Anhäufungen von) tumoröse(n) Zellen aufweist.

Exemplarische Bilddaten für die skizzierten MRT-Verfahren sind für einen Patienten mit der Diagnose GB in Abb. 1.2 gegenübergestellt.

In der klinischen Routine wird zur Beurteilung primärer Hirntumoren ein anderes MRT-Verfahren eingesetzt – die kontrastmittelangereicherte T1w-Bildgebung (T1w+K). Hierbei wird ein Kontrastmittel (vor der Bildakquisition) intravenös verabreicht. Für hochgradige Tumoren stellt sich eine irregulär verlaufende, randständige Kontrastmittelaufnahme ein. Diese deutet auf aktive Areale des Tumors – d. h. auf Areale, die eine starke Proliferation und Vaskularisierung zeigen – hin. Der durch die Kontrastmittelaufnahme umgebene, hypointense Bereich kennzeichnet nekrotisches Gewebe (siehe Abb. 1.2). Die kontrastmittelanreichernde Berandung definiert nach heutigem klinischen Standard den therapeutisch relevanten (malignen) Bereich und damit die Ausdehnung des Tumors.

Die in der vorliegenden Arbeit verfolgte Arbeitshypothese ist, dass weder die kontrastmittelanreichernde Berandung in den T1w+K-Daten noch die hyperintensen Areale in den T2w-Aufnahmen die Invasionsgrenze des Tumors offenlegen. Dieser Sachverhalt ist durch *in vivo* und *in vitro* getätigte Untersuchungen bestätigt [118, 119 & 208]. Weiter wird angenommen, dass es keine scharfe Abgrenzung zwischen tumorösem und gesundem Gewebe gibt, so wie es die Berandung der Kontrastmittelanreicherung in den T1w+K-Daten bzw. der Hyperintensität in den T2w- sowie den FLAIR-Daten andeuten. Der Übergang ist fließend. Diese Annahme ist ebenfalls in der Literatur beschrieben [97, 130, 132, 134 & 222]. Abb. 1.3 verdeutlicht diese Arbeitshypothese.

Neben den angesprochenen bildgebenden Verfahren spielt in der vorliegenden Arbeit ein weiteres MRT-Verfahren eine zentrale Rolle – die sog. *Diffusionstensorbildgebung* (DT-Bildgebung; engl. *diffusion tensor imaging*) [15]. Diese erlaubt es, durch ein spezielles Sequenzdesign, die Diffusionsbewegung von Wassermolekülen im Gewebe räumlich aufgelöst darzustellen. Die Richtungsabhängigkeit der Diffusion in der weißen Substanz

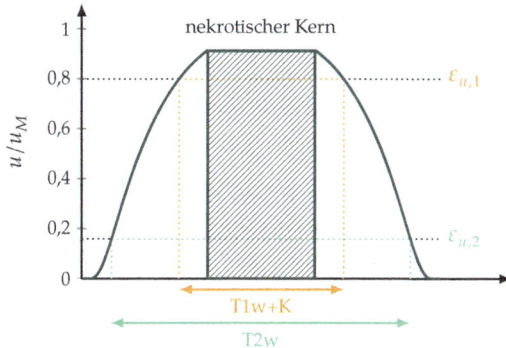

Abbildung 1.3 Hypothetischer Verlauf der Tumorzelldichte u (u_M markiert die Trägerkapazität des Gewebes) und Bezug zu der Kontrastmittelanreicherung in T1w+K-Daten und zur Hyperintensität in T2w-Bilddaten (in Anlehnung an [97, 130 & 222]). Die hypothetischen Schwellwerte $\varepsilon_{u,l} > 0$, $l = 1, 2$, deuten die niedrigste Zellkonzentration an, für die sich in den bildgebenden Verfahren eine Kontrastierung ergibt.

Abbildung 1.4 Rekonstruktion der Nervenbahnen (Traktografie) für den in der vorliegenden Arbeit verwendeten DT-Datensatz (siehe Abschnitt 3.3.1).

des Gehirns lässt es zu, Rückschlüsse auf den Verlauf der Nervenfaserbündel zu ziehen (siehe Abb. 1.4). Dieses Verfahren wird im weiteren Verlauf der Arbeit (im Rahmen der Modellierung) erneut aufgegriffen.

1.3 Wesentlicher Beitrag

Die rasante Entwicklung der Rechnerarchitektur macht es möglich, stetig komplexere Modelle für eine naturgetreue Abbildung komplizierter Systeme zu entwerfen. Die mathematische Modellierung der Progression primärer Hirntumoren ist ein viel untersuchter Gegenstand der aktuellen Forschung mit einer verhältnismäßig langen Vorgeschichte [10]. In der vorliegenden Arbeit wird eine Simulationsumgebung für die bildbasierte Modellierung von Tumorwachstum auf Gewebeebene und die Verarbeitung der zugehörigen Bilddaten von Grund auf neu entwickelt.

Die Arbeit diskutiert drei Themenbereiche: die Entwicklung (*i*) einer effizienten Umgebung für die Modellierung der Progression primärer Hirntumoren, (*ii*) eines Ansatzes zur näherungsweisen Modellierung tumorinduzierter Gewebedeformation und (*iii*) eines Verfahrens zur Identifikation von Modellparametern anhand vorliegender Bilddaten. Die wesentlichen Forschungsbeiträge sind:

- **Vorwärtssimulation**: Eine Umgebung zur bildbasierten Modellierung von Tumorwachstum wird von Grund auf neu entwickelt. Besonderes Augenmerk wird auf die Beschreibung der Diskretisierung der Modellgleichung gelegt. Neben der Diskretisierung mittels Finite-Differenzen-Methode wird eine Diskretisierung basierend auf der Finite-Volumen-Methode vorgestellt. Herkömmliche Verfahren zur numerischen Integration der Differenzialgleichung werden besprochen. In diesem Zusammenhang wird erstmals untersucht, ob sich explizite numerische Zeitintegrationsverfahren mit einer zyklischen Schrittweitenänderung [80] für die Lösung der betrachteten Anfangsrandwertaufgabe eignen. Die Geschwindigkeit und die Genauigkeit der entwickelten Methodik wird analysiert und derjenigen impliziter Verfahren gegenübergestellt.

- **Biophysikalisches Vorwissen**: Die nichtrigide Bildregistrierung [43 & 161] ist ein etabliertes Verfahren aus der angewandten Mathematik, mit einer Vielzahl von Anwendungen in der Medizin. Die durch die Progression von Tumoren verursachten pathomorphologischen Veränderungen verletzen die Grundvoraussetzung der punktweisen Korrespondenz, die allen Verfahren der intensitätsbasierten, nichtrigiden Bildregistrierung gemein ist [EA02, EA03, EK26, EZ07, 77, 78, 106, 164, 250 & 251]. Motiviert durch diese Schwierigkeiten wird ein neues Verfahren zur Modellierung tumorinduzierter Gewebedeformation vorgestellt, das auf einem Optimierungsproblem basiert. Dieses hat zum Ziel, biophysikalisches Vorwissen für die nichtrigide Bildregistrierung bereitzustellen. Die Eignung des Verfahrens wird durch numerische Experimente untersucht.

- **Parameteridentifikation**: Ein zentrales Problem in der mathematischen Modellierung biophysikalischer Prozesse ist die Modellpersonalisierung. Motiviert durch [107] wird in der vorliegenden Arbeit ein Verfahren zur Kalibrierung des Vorwärtsmodells, basierend auf einem Optimierungsproblem mit Differenzialgleichungsnebenbedingung (DGL-Nebenbedingung), vorgestellt. Dies ist die erste Arbeit, in der ein derartiger Ansatz für ein diffusionstensorgestütztes Modell der Migration tumoröser Zellen verwendet wird. Eine automatisierte Personalisierung des Modells ermöglicht es, das Vorwärtsmodell auf systematische Art und Weise zu validieren. Hierauf aufbauend wird erstmals eine Quantifizierung der Übereinstimmung zwischen Simulationsergebnis und Observablen (Expertensegmentierung des Tumors)

Aufbau der Arbeit   11

in medizinischen Bilddaten von einem Patientenkollektiv (zwölf Patienten) beschrieben[6].

Die Forschungsbeiträge zur Lösung des direkten Problems sind in [EZ05, EK08 & EK41] beschrieben. Die approximative Modellierung tumorinduzierter Gewebedeformation, basierend auf einem Optimierungsproblem, ist in den Arbeiten [EZ03, EK07, EK09, EK11, EK13 & EK22] dargestellt. Die Beiträge zur Lösung des Parameteridentifikationsproblems sind in [EK01 & EZ05] publiziert. Diese und weitere Beiträge des Autors [EZ01–EZ08, EK01–EK62, EA01–EA04] sind in einem separaten Verzeichnis auf S. 179 ff. dieser Arbeit beigefügt. Dieses Verzeichnis beinhaltet zudem Beiträge, die unter der Mitwirkung des Autors in einer Arbeitsgruppe mit dem Themenschwerpunkt „*Modellierung von Tumorwachstum*" am Institut für Medizintechnik der Universität zu Lübeck entstanden sind.

1.4 Aufbau der Arbeit

In Kapitel 2 beginnt der technische Teil dieser Arbeit. Einleitend wird die verwendete Notation besprochen. Im Anschluss wird ein Einblick in Verfahren (*i*) zur Lösung dünnbesetzter linearer Gleichungssysteme und (*ii*) der numerischen Optimierung gegeben.

In Kapitel 3 wird eine Umgebung für die Modellierung der Progression primärer Hirntumoren vorgestellt. Zunächst wird ein Einblick in die Problemstellung gegeben. Diesem folgt ein Exkurs in die Theorie der PDGLs. Darauf aufbauend wird das verwendete mathematische Modell motiviert und beschrieben. Es folgt eine Darstellung der Diskretisierung des direkten Problems. Anschließend werden Ansätze zur numerischen Zeitintegration umrissen. Den Abschluss von Kapitel 3 bilden numerische Experimente.

In Kapitel 4 wird ein neuer Ansatz zur Modellierung tumorinduzierter Gewebedeformation, basierend auf einem Optimierungsproblem, dargelegt. Neben einer Motivation erfolgt einleitend eine theoretische Einordnung des Verfahrens. Das vorgeschlagene Defektfunktional und die im Optimierungsansatz verwendete(n) Nebenbedingung(en) werden diskutiert. Erneut schließt das Kapitel mit einem experimentellen Teil.

In Kapitel 5 wird ein Verfahren zur Kalibrierung des in Kapitel 3 eingeführten Vorwärtsmodells, basierend auf Observablen, die aus patientenindividuellen Bildgebungsdaten gewonnenen werden, vorgestellt. Zu Anfang werden existierende Ansätze rekapituliert und ein Einstieg in die Theorie inverser Probleme – im Speziellen Parameteridentifikationsprobleme – gegeben. Nach diesem einführenden Teil wird eine generelle Strategie für die Lösung großmaßstäblicher Parameteridentifikationsprobleme besprochen.

---
[6] In jüngster Zeit wurden weitere unabhängige Arbeiten publiziert, in denen die Übereinstimmung zwischen Simulation und Observablen in medizinischen Bilddaten mehrerer Individuen quantifiziert wurde [77, 78, 168 & 191]. Diese Arbeiten behandeln allerdings keine Parameteridentifikation im eigentlichen Sinn, sondern eine Abschätzung der Invasionsgrenze von Tumoren basierend auf einer RIEMANNschen Metrik [168], die Integration statistischer Gewebeinformation [191] bzw. die nichtrigide Bildregistrierung [77 & 78].

Anschließend wird ein Ansatz für die Parameteridentifikation in medizinischen Bildgebungsdaten vorgestellt. Hierauf aufbauend wird das Vorwärtsmodell anhand von Bilddaten von zwölf Patienten phänomenologisch validiert. Neben einer qualitativen Gegenüberstellung wird die Übereinstimmung, zwischen geschätztem Zustand und Expertensegmentierungen der Tumoren, quantifiziert.

In Kapitel 6 schließt die Arbeit mit einer kritischen Diskussion und Bewertung der im technischen Teil vorgestellten Verfahren und der experimentellen Ergebnisse. Daneben werden offene Probleme besprochen und ein Ausblick auf weiterführende Arbeiten gegeben.

1.5 Fazit

Im vorangegangenen Teil wurden die Motivation, die Grundannahmen und die Ziele dieser Arbeit erläutert. Es wurde in die betrachtete Pathologie, die klinischen Aspekte der Diagnostik, Verlaufsbeurteilung und Interventionsplanung und die bildgebenden Verfahren eingeführt. Darüber hinaus wurden die wesentlichen Beiträge der Arbeit dargestellt und der Aufbau der Arbeit besprochen. Es folgt der Einstieg in die technischen Details.

2 Mathematische und numerische Werkzeuge

Im Folgenden wird eine Einführung in die verwendete Notation gegeben und Methoden zur numerischen Lösung von (*i*) linearen Gleichungssystemen und (*ii*) unrestringierten Optimierungsaufgaben vorgestellt. Die besprochenen Verfahren werden als ein Werkzeug und nicht als Forschungsgegenstand dieser Arbeit verstanden. Es gibt eine Vielzahl an Übersichtsarbeiten, die sich diesen Themen widmen. Für Details zur Lösung linearer Gleichungssysteme sei der geneigte Leser bspw. auf [157, 196 & 213] verwiesen. Ein tieferer Einblick in die Verfahren der numerischen Optimierung kann in [5, 50, 73 & 171] gewonnen werden.

2.1 Notation und Vorbemerkungen

Vor dem Einstieg in die technischen Aspekte werden an dieser Stelle häufig genutzte mathematische Konstrukte und Begrifflichkeiten nähergebracht. Die verwendeten Formalitäten dienen dazu, den technischen Teil dieser Arbeit mit größtmöglicher Sorgfalt und Präzision zu entwickeln. Der Anspruch an eine mathematische Rigorosität steht dabei nicht im Vordergrund. Mathematik wird als ein Werkzeug verstanden, das es erlaubt, komplizierte Sachverhalte prägnant darzustellen, nicht aber als ein Forschungsgegenstand dieser im Kern ingenieurwissenschaftlichen Arbeit.

Im Laufe der Arbeit werden Definitionen, Beweise, Anmerkungen und Beispiele aufgeführt. Diese werden durchnummeriert. Definitionen werden mit dem Symbol ♣, Beweise mit dem Symbol □, Anmerkungen mit dem Symbol ◇ und Beispiele mit dem Symbol ♠

geschlossen. Sätze und Hilfssätze werden durch Kursivschrift hervorgehoben. Algorithmen sind farblich unterlegt.

Die verwendete Notation ist wie folgt: Die Bezeichnungen für die Zahlenmengen sind konventionell. So wird bspw. mit $\mathbf{R}$ die Menge der reellen Zahlen bezeichnet. Es ist hervorzuheben, dass alle Funktionen – sofern nicht explizit vermerkt – über dem Körper der reellen Zahlen beschrieben werden[7]. Als Konvention für Koordinatenrichtungen wird der zugehörige Index rechts oben an die Variable geschrieben – bspw. werden Vektoren aus dem $\mathbf{R}^d$, wobei $d \in \mathbf{N}$ die Dimension des Raumes markiert, als Spaltenvektoren der Gestalt $x = (x^1, ..., x^d)^\mathsf{T} \in \mathbf{R}^d$ notiert. Für die Menge der strikt positiven, reellen Zahlen wird die gebräuchliche Notation $\mathbf{R}^+$ verwendet. Die Menge der positiven, reellen Zahlen wird mit $\mathbf{R}_0^+ := \mathbf{R}^+ \cup \{0\}$ bezeichnet. Weitere Einschränkungen werden durch einen Zusatz rechts unten am Symbol notiert; so ist bspw. $\mathbf{R}_{\geq s} := \{x \in \mathbf{R} : x \geq s\}$. Weitere Bezeichnungen für spezielle Zahlenmengen sind im Notationsverzeichnis auf S. 175 f. hinterlegt.

Eine Teilmenge des $\mathbf{R}^n$ wird als *Gebiet* bezeichnet, wenn sie offen und zusammenhängend ist. Mit $x := (x^1, ..., x^d)^\mathsf{T} \in \mathbf{R}^d$ wird üblicherweise die Ortsvariable bezeichnet. Der Parameter $t > 0$ markiert die Zeitvariable. Falls nicht anders vermerkt, bezeichnet Ω ein (Teil-)Gebiet des $\mathbf{R}^d$, wobei generell $d \in \{1, 2, 3\}$ gilt. Die polygonale Berandung von Ω wird mit $\partial \Omega$ oder Γ bezeichnet. Hierbei ist stets davon auszugehen, dass $\partial \Omega$ hinreichend glatt ist. Der Abschluss von Ω wird mit $\bar{\Omega} := \Omega \cup \partial \Omega$ bezeichnet. Weiter definiert das LEBESGUE-*Maß* $|\Omega| = \mathcal{L}^d(\Omega)$ den intuitiven Begriff des Volumens (für $d = 3$ bzw. der Fläche für $d = 2$ und der Länge für $d = 1$) des Gebietes Ω. Als Integrationssymbol für das LEBESGUE-Maß auf $\Omega \subseteq \mathbf{R}^d$ wird $dx := dx^1 \cdots dx^d$ verwendet. Weiter repräsentiert $d\Gamma$ ein Element der Hyperfläche $\Gamma = \partial \Omega$ und dt das Integrationssymbol für das LEBESGUE-Maß auf einem vorgegebenen Zeitintervall über dem Körper der positiven, reellen Zahlen.

Für *totale* bzw. für *partielle Ableitungen* von skalaren Funktionen $u(t)$, $u(x)$ bzw. $u(x, t)$ werden die Schreibweisen $d_t u := \frac{du}{dt}$, $\partial_t u := \frac{\partial u}{\partial t}$ und $\partial_{x^i} u := \frac{\partial u}{\partial x^i}$ verwendet. Der Gradient bzw. die Divergenz werden auf der Basis des NABLA-*Operators* $\nabla := (\partial_{x^1}, ..., \partial_{x^n})^\mathsf{T} \in \mathbf{R}^n$ notiert. Im Detail gilt $\nabla u = (\partial_{x^1} u, ..., \partial_{x^n} u)^\mathsf{T} \in \mathbf{R}^n$ für Funktionen $u : \mathbf{R}^n \to \mathbf{R}$ und $\nabla \cdot u = \sum_{i=1}^n \partial_{x^i} u^i$ für Funktionen $u : \mathbf{R}^n \to \mathbf{R}^n$. Die Kombination von Divergenz- und Gradientenbildung resultiert im LAPLACE-*Operator* – für eine skalarwertige Funktion u gilt $\nabla \cdot (\nabla u) = \sum_{i=1}^n \partial_{x^i x^i} u =: \Delta u$. Weiter wird die Ableitung einer skalaren Funktion u in Richtung einer vektoriellen Größe $v \in \mathbf{R}^n$, $\|v\|_2 = 1$, als $\partial_v u := \nabla u \cdot v$ notiert.

Der Träger einer Funktion $u : \mathbf{R}^d \to \mathbf{R}$ wird als $\mathrm{supp}(u) := \overline{\{x \in \mathbf{R}^d : u(x) \neq 0\}}$ angegeben. Funktionen werden als (hinreichend) glatt bezeichnet, wenn sie, in Abhängigkeit der jeweiligen Situation, hinreichend viele (stetige) Ableitungen besitzen. Präzisere Einschränkungen bzgl. Stetigkeit werden wie folgt vorgeschrieben: Der Raum stetiger

---

[7] Natürlich ist in vielen Fällen eine Verallgemeinerung auf komplexwertige Zahlen möglich. Da diese aber für die entwickelte Algorithmik irrelevant sind, wird auf deren Behandlung weitestgehend verzichtet.

Funktionen auf einem Gebiet $\Omega \subset \mathbf{R}^d$ wird als $C(\Omega) := \{u : \bar{\Omega} \to \mathbf{R} : u \text{ ist stetig auf } \bar{\Omega}\}$ notiert. Für k-mal stetig differenzierbare Funktionen ist der zugehörige Funktionenraum durch $C^k(\Omega) := \{u : \bar{\Omega} \to \mathbf{R} : \partial_{x^i} u \in C^{k-1}(\Omega), i = 1, ..., n\}$ erklärt.

So viel zu diesem einleitenden Überblick. Weitere Details werden im Verlauf der Arbeit in Bezug zum Kontext entwickelt. Für eine Übersicht sei erneut auf das Notationsverzeichnis auf S. 175 f. verwiesen.

2.2 Lösung dünnbesetzter linearer Gleichungssysteme

In diesem Abschnitt wird ein Einblick in Verfahren zur Lösung *dünnbesetzter, linearer Gleichungssysteme* der Form

$$Ax = b, \quad A \in \mathbf{R}^{n \times n}, b \in \mathbf{R}^n, n \in \mathbf{N}, \tag{2.1}$$

gegeben[8]. Die betrachteten Verfahren sind teilweise auf bestimmte Klassen von Matrizen A beschränkt. Die Räume, die sich in diesem Zusammenhang als von Bedeutung herausstellen, sind der Raum der symmetrischen Matrizen $\mathfrak{S}^n := \{A \in \mathbf{R}^{n \times n} : A = A^\mathsf{T}\}$ und der Raum der symmetrisch positiv definiten Matrizen

$$\mathfrak{S}^{n,+} := \{A \in \mathfrak{S}^n : x^\mathsf{T} A x > 0 \; \forall x \in \mathbf{R}^n \backslash \{0\}\}.$$

Zusätzlich werden *positiv definite Matrizen* als $A \succ 0$ und *positiv semi-definite Matrizen* (d. h. $x^\mathsf{T} A x \geq 0 \; \forall x \in \mathbf{R}^n \backslash \{0\}$) als $A \succcurlyeq 0$ notiert.

Zur Lösung von (2.1) werden lediglich iterative Verfahren, die eine Sequenz an Näherungslösungen

$$x_{l+1} = x_l + \mu_l s_l \quad \forall l \in \mathbf{N} \tag{2.2}$$

mit $s_l \in \mathbf{R}^n$ und $\mu_l \geq 0$, für ein beliebiges $x_0 \in \mathbf{R}^n$ bestimmen, betrachtet. Für (2.2) soll o. B. d. A. für s_l die Forderung $\|s_l\|_2 = 1$ gelten. Wie aus (2.2) ersichtlich ist, wird der Iterationsindex $l \in \mathbf{N}$ im Folgenden rechts unten an die Variable geschrieben.

2.2.1 Grundlegendes

Die betrachteten Verfahren gehören zur Klasse der *Projektionsverfahren*. Für die allgemeine Definition eines Projektionsverfahrens werden zunächst nicht weiter spezifizierte, lineare Unterräume $\{0\} \subset \mathcal{L}_1 \subset \mathcal{L}_2 \subset ... \subset \mathbf{R}^n$ eingeführt. Weiter sei

$$\mathfrak{X}^\perp := \{x \in \mathbf{R}^n : \langle x, \tilde{x} \rangle_2 = 0 \text{ für alle } \tilde{x} \in \mathfrak{X}\}$$

---

[8] Die folgenden Ausführungen sind im Wesentlichen [157] entnommen.

für einen beliebigen Unterraum $\mathfrak{X} \subset \mathbf{R}^n$. Mit Hilfe dieser Ansatzräume ist der Begriff des Projektionsverfahrens wie folgt erklärt (vgl. [196, S. 134]):

Definition 1 Seien die l-dimensionalen, linearen Unterräume $\mathfrak{L}_l$ und $\mathfrak{D}_l$ des $\mathbf{R}^n$ gegeben. Ein *Projektionsverfahren* zur Lösung von (2.1) ist eine Methode zur Berechnung einer Näherungslösung x_l in einem affinen Unterraum $x_0 + \mathfrak{L}_l$, unter Berücksichtigung der *Orthogonalitätsbedingung*

$$r_l := (b - A x_l) \in \mathfrak{D}_l^\perp \qquad (2.3)$$

bzgl. des *Residuums* r_l. ♣

Anmerkung 1 Gilt $\mathfrak{L}_l = \mathfrak{D}_l$ ist der *Residuenvektor* r_l orthogonal zu $\mathfrak{L}_l$, es liegt ein *orthogonales Projektionsverfahren* vor und (2.3) heißt GALERKIN-*Bedingung* [157, S. 112]. Für $\mathfrak{L}_l \neq \mathfrak{D}_l$ ergibt sich ein *schiefes Projektionsverfahren* – (2.3) heißt PETROV-GALERKIN-*Bedingung* [157, S. 112]. ◇

Im Folgenden werden effiziente numerische Verfahren eingeführt, die es erlauben, eine Approximation $x_l \in x_0 + \mathfrak{L}_l$ an die Lösung $x^* = A^{-1} b$ des Systems (2.1), ausgehend von einem beliebigen Startvektor $x_0 \in \mathbf{R}^n$, in einer Folge von affinen Unterräumen

$$\mathfrak{V}_0 = \{x_0\} \subset \mathfrak{V}_1 = x_0 + \mathfrak{L}_1 \subset \cdots \subset \mathfrak{V}_n = x_0 + \mathfrak{L}_n$$

bereitzustellen. Diese basieren auf einer, zur Lösung des Gleichungssystems (2.1) äquivalenten, Minimierungsaufgabe (vgl. [201, S. 514, Satz 11.20]):

Satz 1 *Sei* $A \in \mathfrak{S}^{n,+}$ *und* $b \in \mathbf{R}^n$*, dann gilt*

$$x^* = \arg\min_{x \in \mathbf{R}^n} \left\{ \mathcal{F}(x) := \frac{1}{2} \sum_{j=1}^n \sum_{k=1}^n a_{jk} x_j x_k - \sum_{j=1}^k b_j x_j \right\} \Leftrightarrow A x^* = b. \qquad (2.4)$$

Beweis Der Beweis ergibt sich unmittelbar aus den notwendigen und hinreichenden Optimalitätsbedingungen für (2.4) und ist in [201, S. 514] zu finden. □

Satz 1 liefert die Motivation, anstelle einer direkten Inversion des Systems (2.1), die Lösung $x^* \in \mathbf{R}^n$, basierend auf einer äquivalenten, iterativen Minimierung des quadratischen Funktionals $\mathcal{F}$ zu bestimmen. Diese Idee führt zur Iterationsvorschrift (2.2).

2.2.2 Schrittweitenbestimmung

Bei vorgegebener Suchrichtung $s_l \in \mathbf{R}^n$ ist die Schrittweite $\mu_l \geq 0$, wobei $\mu_l = 0$ impliziert, dass x_l der Lösung $A^{-1} b$ von (2.1) entspricht, so zu wählen, dass μ_l das Funktional $\mathcal{F}$ ausgewertet an der Stelle $x_l + \mu_l s_l$ minimiert. Dies entspricht einer (exakten) *Liniensuche*

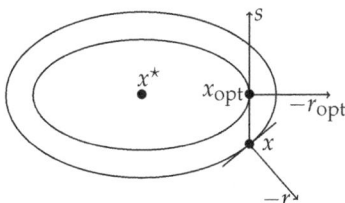

Abbildung 2.1 Geometrische Interpretation eines Iterationsschrittes (in Anlehnung an [201, S. 515, Abb. 11.7]). Die Niveaulinien $\{x \in \mathbf{R}^2 : \mathcal{F}(x) = c, c > 0\} \subset \mathbf{R}^2$ sind für ein Problem der Ordnung 2 konzentrische Ellipsen. Die Residuenvektoren stehen senkrecht zur Niveaulinie im Punkt $x \in \mathbf{R}^2$ und $x_{\text{opt}} \in \mathbf{R}^2$. Die Suchrichtung $s \in \mathbf{R}^2$ ist eine Tangente an die Niveaulinie durch x_{opt}.

(vgl. auch Abschnitt 2.3) entlang einer Geraden durch x_l, bei vorgegebener Richtung s_l. Um das zugehörige Optimalitätskriterium herzuleiten, wird für vorgegebene $x \in \mathbf{R}^n$ und $s \in \mathbf{R}^n$ die univariate Funktion $f_{x,s} : \mathbf{R} \to \mathbf{R}, f_{x,s}(\mu) := \mathcal{F}(x + \mu s)$, eingeführt. Die gesuchte, optimale Schrittweite $\mu^\star \in \mathbf{R}$ liefert folgendes Lemma (vgl. [157, S. 118, Lemma 4.51]):

Lemma 1 *Sei $A \in \mathfrak{S}^{n,+}, x \in \mathbf{R}^n$ und $s \in \mathbf{R}^n \setminus \{0\}$ gegeben. Dann gilt*

$$\mu^\star := \arg\min_{\mu \in \mathbf{R}} f_{x,s}(\mu) = \frac{\langle r, s \rangle_2}{\langle As, s \rangle_2} \tag{2.5}$$

mit $r := b - Ax$.

Beweis Die Beweisführung ist in [157, S. 118] nachzulesen. □

Eine geometrische Interpretation eines Iterationsschrittes liefert folgender Satz (vgl. [201, S. 515, Satz 11.21]):

Satz 2 *Im Minimalpunkt x_{opt} bzgl. des Optimalitätskriteriums (2.5) gilt $s \perp r_{\text{opt}}$ für $r_{\text{opt}} = b - Ax_{\text{opt}}$.*

Beweis Der Beweis ist in [201, S. 515] nachzulesen. □

Satz 2 ist in Abb. 2.1 illustriert.

Durch Lemma 1 ist ein Basislöser für eine vorgegebene Folge an Suchrichtungen $\{s_l\}_{l \in \mathbf{N}_0}$ aus $\mathbf{R}^n \setminus \{0\}$ bereitgestellt. Die Verfahrensvorschrift lautet in Analogie zu (2.2)

$$x_{l+1} = x_l + \mu_l s_l = x_l + \frac{\langle r_l, s_l \rangle_2}{\langle As_l, s_l \rangle_2} s_l, \quad l \in \mathbf{N}_0, \tag{2.6}$$

mit $r_l = b - Ax_l$ (vgl. [157, S. 118]).

2.2.3 Berechnung der Suchrichtung

Bis jetzt ist lediglich die Schrittlänge $\mu_l \geq 0$ festgelegt. Eine natürliche Wahl für die Suchrichtung $s_l \in \mathbf{R}^n \setminus \{0\}$ ist der negative Gradient des Zielfunktionals $\mathcal{F}$. Dieser ist gleich dem Residuum r_l (siehe bspw. [201, S. 514]). Dieser Ansatz führt auf die Methode des steilsten Abstiegs (MSA (engl. *steepest descent method*)). Einsetzen der Suchrichtung $s_l = -\nabla \mathcal{F}(x_l) = b - Ax_l = r_l$ in die Verfahrensvorschrift (2.6) liefert (vgl. [157, S. 119])

$$x_{l+1} = \begin{cases} x_l + \frac{\|r_l\|_2^2}{\langle Ar_l, r_l \rangle_2} r_l & \text{für } r_l \neq 0, \\ x_l & \text{für } r_l = 0. \end{cases}$$

Aus $\mu_l = \|r_l\|_2^2 / \langle Ar_l, r_l \rangle_2$ folgt die Orthogonalität zweier konsekutiver Residuenvektoren [157, S. 123]. Nach Def. 1 entspricht die MSA damit in jedem Iterationsschritt einer orthogonalen Projektionsmethode mit $\mathcal{L}_l = \text{span}\{r_{l-1}\}$ [157, S. 124].

Wegen Satz 2 hängt die Konvergenzgeschwindigkeit der MSA entscheidend von der Geometrie der Niveaumenge $\{x \in \mathbf{R}^n : \mathcal{F}(x) = c, c > 0\} \subset \mathbf{R}^n$ und dem gewählten Startvektor $x_0 \in \mathbf{R}^n$ ab. Daher erweist sich die MSA in praktischen Anwendungen als ungeeignet. Wird allerdings eine an A angepasste Basis $\{s_i\}_{i=0}^l$, $l \in \{1, ..., n-1\} \subset \mathbf{N}$, des $\mathbf{R}^n$ verwendet, lässt sich der erforderliche Rechenaufwand entscheidend reduzieren. Dieser Zugang führt auf das Konzept A-orthogonaler Vektoren (vgl. [157, S. 125, Def. 4.60]):

Definition 2 Die Vektoren $s_i \in \mathbf{R}^n \setminus \{0\}$, $i = 0, ..., l$, heißen *paarweise konjugiert* oder *A-orthogonal*, falls für $A \in \mathbf{R}^{n \times n}$, $A \succ 0$,

$$\langle s_j, s_k \rangle_A = \langle As_j, s_k \rangle_2 \overset{A=A^\top}{=} \langle s_j, As_k \rangle_2 = 0 \quad \forall j, k \in \{0, ..., l\} \subset \mathbf{N}_0 \land j \neq k \tag{2.7}$$

gilt. ♣

Anmerkung 2 Für $A = \text{diag}(1, ..., 1) \in \mathbf{R}^{n \times n}$ folgt $s_j \perp s_k \; \forall j, k \in \{0, ..., l\} \subset \mathbf{N}_0, j \neq k$, und damit, dass A-Orthogonalität eine natürliche Generalisierung des Begriffes der Orthogonalität von Vektoren ist. ◇

Basierend auf $A \succ 0$ kann für ein A-orthogonales Vektorsystem $\{s_i\}_{i=0}^l$ die lineare Unabhängigkeit der Vektoren s_i gezeigt werden (siehe [157, S. 125]). Damit spannen sie eine bzgl. des *Energieskalarprodukts* $\langle \cdot, \cdot \rangle_A$ orthogonale Basis im $\mathbf{R}^n$ auf. Es lässt sich zeigen, dass ein Verfahren der Gestalt (2.6) mit A-orthogonalen (linear unabhängigen) Suchrichtungen s_l, für jedes $x_0 \in \mathbf{R}^n$ nach n Iterationen gegen die Lösung $x^* = A^{-1}b$ des linearen Systems (2.1) konvergiert (vgl. bspw. [171, S. 103 ff.]). Insgesamt führt dies zum Begriff des *Verfahrens der konjugierten Richtungen*.

Lösung dünnbesetzter linearer Gleichungssysteme 19

Das *Verfahren der konjugierten Gradienten* (CG-Verfahren (engl. *conjugate gradient method*)) [104] nutzt dieses Konzept aus[9]. Für die Konstruktion A-orthogonaler Suchrichtungen wird eine Modifikation des GRAM-SCHMIDTschen Orthogonalisierungsverfahrens (siehe [24, S. 320]) verwendet. Als erste Näherung an eine geeignete Suchrichtung dient, analog zur MSA, der Residuenvektor $r_l = b - Ax_l$. Mit $s_0 := r_0$ berechnet sich die l-te Suchrichtung über (vgl. [157, S. 126])

$$s_l = r_l + \sum_{j=0}^{l-1} \beta_j s_j \quad \text{für } l = 1, ..., n-1. \tag{2.8}$$

Der Zerlegungskoeffizient β_j in (2.8) wird nun, im Sinne einer GRAM-SCHMIDTschen Orthogonalisierung, dazu genutzt, die Konjugiertheit der Suchrichtung s_l zu erzwingen. Aus der geforderten A-Orthogonalität ergibt sich (vgl. [157, S. 126 f.])

$$0 = \langle s_l, s_i \rangle_A \stackrel{(2.8)}{=} \langle r_l, s_i \rangle_A + \sum_{j=0}^{l-1} \beta_j \langle s_j, s_i \rangle_A \stackrel{(2.7)}{=} \langle r_l, s_i \rangle_A + \beta_i \langle s_i, s_i \rangle_A \quad \Leftrightarrow \quad \beta_i = -\frac{\langle r_l, s_i \rangle_A}{\langle s_i, s_i \rangle_A}$$

und hiermit für (2.8)

$$s_l = r_l - \sum_{j=0}^{l-1} \frac{\langle r_l, s_j \rangle_A}{\langle s_j, s_j \rangle_A} s_j \quad \text{für } l = 1, ..., n-1. \tag{2.9}$$

Die Berechnungsvorschrift in (2.9) ist ineffizient, da für die Berechnung der l-ten Suchrichtung, alle Vektoren $\{s_i\}_{i=0}^{l-1}$ benötigt werden. Im ungünstigsten Fall wird der Speicherplatz für eine vollbesetzte Matrix der Dimension $n \times n$ benötigt. Für großmaßstäbliche Probleme ist dies eine impraktikable Forderung. Die Berechnungsvorschrift in (2.9) lässt sich allerdings entscheidend verbessern. Es stellt sich heraus (vgl. [157, S. 128 ff.]), dass sich (2.9) zu

$$s_l = r_l - \frac{\langle r_l, s_{l-1} \rangle_A}{\langle s_{l-1}, s_{l-1} \rangle_A} s_{l-1} = r_l + \frac{\langle r_l, r_l \rangle_2}{\langle r_{l-1}, r_{l-1} \rangle_2} s_{l-1} \quad \text{für } l = 1, ..., n-1 \tag{2.10}$$

vereinfachen lässt. Mit (2.10) ist eine effiziente Berechnungsvorschrift für das CG-Verfahren bereitgestellt. Der resultierende Algorithmus ist in Alg. 2.1 skizziert.

Ausgehend von dem Ansatzraum $\mathfrak{L}_l = \text{span}\{s_0, ..., s_{l-1}\} \subset \mathbf{R}^n$, $l = 1, ..., n-1$ ist das CG-Verfahren wegen $r_l \in \mathfrak{L}_l^\perp$ nach Def. 1 eine orthogonale Projektionsmethode. Es kann gezeigt werden (siehe bspw. [171, S. 109 ff.]), dass für eine Iterierte $x_l \in x_0 + \mathfrak{K}_l$ gilt, wobei

$$\mathfrak{K}_l := \text{span}\{r_0, Ar_0, ..., A^{l-1}r_0\} \subset \mathbf{R}^n$$

---

[9] In der Originalarbeit [104] wurde das CG-Verfahren als ein direktes Verfahren eingeführt. Erst in [184] wurde es als iteratives Verfahren zur Lösung dünnbesetzter, linearer Gleichungssysteme etabliert.

Algorithmus 2.1 CG-Verfahren (nach [171, S. 112, Alg. 5.2]).

choose $x_0 \in \mathbf{R}^n$, $\epsilon > 0$
initialise $r_0 \leftarrow b - Ax_0$, $s_0 \leftarrow r_0$, $l \leftarrow 0$
while $\|r_l\| > \epsilon$ do
$\quad \mu_l \leftarrow \frac{\langle r_l, r_l \rangle_2}{\langle s_l, s_l \rangle_A}$
$\quad x_{l+1} \leftarrow x_l + \mu_l s_l$
$\quad r_{l+1} \leftarrow r_l + \mu_l A s_l$
$\quad s_{l+1} \leftarrow r_l + \frac{\langle r_{l+1}, r_{l+1} \rangle_2}{\langle r_l, r_l \rangle_2} s_l$
$\quad l \leftarrow l + 1$
end while

ein sog. *Krylow-Unterraum* ist. Damit zählt das CG-Verfahren zur Klasse der orthogonalen *Krylow-Unterraum-Verfahren*. Weitere Verfahren dieser Klasse, die in der vorliegenden Arbeit nicht weiter betrachtet werden, sich aber generell für die Lösung der auftretenden Systeme eignen, sind das BiCG-Verfahren (bikonjugiertes CG-Verfahren), das stabilisierte BiCG-Verfahren (BiCGSTAB) oder das GMRES-Verfahren (engl. *generalized minimal residual*).

Eine Abschätzung für die Konvergenzgeschwindigkeit des CG-Verfahrens zeigt, dass die Konvergenz direkt von der sog. Konditionszahl der Matrix A abhängt (siehe bspw. [196, S. 214] oder [157, S. 132, Satz 4.65]). Der Begriff der Konditionszahl ist wie folgt erklärt (vgl. [157, S. 25, Def. 2.37]):

Definition 3 Für $A \in \mathbf{R}^{n \times n}$ regulär heißt $\mathrm{cond}_\alpha(A) := \|A\|_\alpha \|A^{-1}\|_\alpha$ *Konditionszahl* der Matrix A bzgl. der induzierten Matrixnorm $\|\cdot\|_\alpha$. ♣

Über ein äquivalente Umformulierung von (2.1) kann versucht werden, die Konditionszahl herabzusetzen. Diese Überlegung führt zum Konzept der *Vorkonditionierung*. Für nahezu alle großmaßstäblichen Anwendungen ist, bei Verwendung des CG-Verfahrens, eine Vorkonditionierung obligatorisch [205].

2.2.4 Vorkonditionierung

Wie im vorherigen Abschnitt gesehen, hängt die Konvergenzgeschwindigkeit numerischer Verfahren zur Lösung eines Systems der Gestalt (2.1) von der Konditionszahl der Koeffizientenmatrix A ab. Eine wichtige Abschätzung für den Wertebereich der Konditionszahl liefert das folgende Lemma (vgl. [157, S. 25, Lemma 2.38]):

Lemma 2 *Für $A \in \mathbf{R}^{n \times n}$ regulär ist $\mathrm{cond}_\alpha(A)$ nach unten beschränkt und es gilt $\mathrm{cond}_\alpha(A) \geq 1 = \mathrm{cond}_\alpha(E)$.*

Beweis Ein Beweis findet sich in [157, S. 25]. □

Daneben spielen die Spektraleigenschaften der Matrix A eine entscheidende Rolle. Die notwendigen Begrifflichkeiten in diesem Zusammenhang liefert die folgende Definition (vgl. [157, S. 20, Def 2.29]):

Definition 4 Es bezeichnet $\lambda \in \mathbf{R}$ den *Eigenwert* einer Matrix $A \in \mathbf{R}^{n \times n}$, $n \in \mathbf{N}$, falls ein Vektor $v \in \mathbf{R}^n \setminus \{0\}$ existiert, so dass $Av = \lambda v$. Hierbei ist v der einem Eigenwert λ zugehörige *Eigenvektor*. Das *Spektrum* von A ist durch

$$\sigma(A) := \{\lambda \in \mathbf{R} : \det(A - \lambda E) = 0, E = \mathrm{diag}(1, \ldots, 1) \in \mathbf{R}^{n \times n}\}$$

erklärt. Weiter heißt $\rho(A) := \max_{1 \leq i \leq n} |\lambda_i|$, $\lambda_i \in \sigma(A)$, *Spektralradius* der Matrix A. ♣

Anmerkung 3 Werden die Eigenwerte $\lambda_i \in \sigma(A)$, $A \in \mathbf{R}^{n \times n}$, $i = 1, \ldots, n$, in der *Spektralmatrix* $\Lambda := \mathrm{diag}(\lambda_1, \ldots, \lambda_n) \in \mathbf{R}^{n \times n}$ und die Eigenvektoren $v_i \in \mathbf{R}^n \setminus \{0\}$, $i = 1, \ldots, n$, spaltenweise in der *Modalmatrix* $Y := (v_1, \ldots, v_n) \in \mathbf{R}^{n \times n}$ zusammengefasst, lässt sich das Eigenwertproblem als Suche nach der zugehörigen Modal- und Spektralmatrix und damit in Form einer *Eigenwertzerlegung* $A = Y\Lambda Y^{-1}$ darstellen. ◇

Basierend auf der *Spektralnorm* (siehe [201, S. 51 f.])

$$\|A\|_2 := \max_{\|x\|_2=1} \|Ax\|_2 = \max_{\|x\|_2=1} \{(Ax)^\mathsf{T}(Ax)\}^{1/2} = \sqrt{\rho(AA^\mathsf{T})}$$

lässt sich ein Zusammenhang zwischen den Eigenwerten und der Konditionszahl (*Spektralkondition*) einer Matrix herstellen (vgl. [157, S. 28 f., Korollar 2.34]):

Lemma 3 *Sei* $A \in \mathfrak{S}^{n,+}$, *dann gilt mit* $\lambda_i \in \sigma(A)$, $i = 1, \ldots, n$, *die Identität*

$$\mathrm{cond}_2(A) = \frac{\max_{1 \leq i \leq n} |\lambda_i|}{\min_{1 \leq i \leq n} |\lambda_i|}.$$

Beweis Der Beweis der Behauptung folgt unmittelbar aus den in [201, S. 52] skizzierten Zusammenhängen. □

Ziel dieses Abschnittes ist es, äquivalente Umformulierungen für (2.1) bereitzustellen, die potenziell eine Verringerung der Konditionszahl des Systems zur Folge haben. Derartige Techniken werden als *Vorkonditionierung* bezeichnet. Folgende Definition präzisiert diesen Begriff (vgl. [157, S. 200, Def. 5.1]):

Definition 5 Sei das System aus (2.1), $y \in \mathbf{R}^n$ und die regulären Matrizen $P_L \in \mathbf{R}^{n \times n}$ und $P_R \in \mathbf{R}^{n \times n}$ gegeben. Das zu (2.1) zugehörige, vorkonditionierte System ist durch $P_L^{-1} A P_R^{-1} y = P_L^{-1} b$, $x = P_R^{-1} y$ erklärt. ♣

Die Matrizen P_L und P_R heißen *Links-* bzw. *Rechtspräkonditionierer* [157, S. 200]. Gilt $P_L \neq E_n \wedge P_R \neq E_n$ mit $E_n := \mathrm{diag}(1,\ldots,1) \in \mathbf{R}^{n \times n}$, dann heißt das System *beidseitig vorkonditioniert*, wobei sich P_L und P_R in der Regel aus der Faktorisierung $P = P_L P_R$ errechnen [157, S. 200]. Entspricht jeweils nur einer der beiden Matrixoperatoren der Einheit, heißt das System *links-* bzw. *rechtspräkonditioniert* [157, S. 200].

Die Äquivalenz der Linksvorkonditionierung zu (2.1) folgt aus der Regularität der Matrix P_L. Wegen $\ker(P_L^{-1}) = \{0\}$ gilt $P_L^{-1}(Ax - b) = 0 \Leftrightarrow Ax - b = 0$. Für die Rechtsvorkonditionierung ist aus $(AP_R^{-1})y = AP_R^{-1}P_R x = Ax$ die Äquivalenz zu (2.1) ersichtlich.

Ziel einer Vorkonditionierung ist es, wie eingangs erwähnt, Matrizen P_L und P_R in der Gestalt zu bestimmen, dass $\mathrm{cond}_\alpha(P_L^{-1}AP_R^{-1}) \ll \mathrm{cond}_\alpha(A)$ bzw. die Eigenwerte der Matrix eine bessere Verteilung aufweisen, als dies für die orginäre Koeffizientenmatrix A der Fall ist. Die Beschränktheit der Konditionszahl $\mathrm{cond}_\alpha(A)$ liefert eine simple Bedingung für eine optimale Wahl der Präkonditionierung: Aus Lemma 2 ergibt sich unmittelbar die Forderung $P_L^{-1}AP_R^{-1} \approx E_n$ und damit, dass bei einer einseitigen Präkonditionierung die rechte bzw. linke Präkonditioniermatrix eine möglichst gute Approximation an A darstellen sollte. Aus Effizienzgründen ist es zweckmäßig, dass die Präkonditionierer einfach zu berechnen sind und einen geringen Speicherplatzbedarf erfordern.

Es existieren unterschiedliche Varianten der Vorkonditionierung, die bspw. auf einer Äquilibrierung (Skalierung), einer unvollständigen Zerlegung, auf Mehrgitterverfahren oder auf *Splitting*-Verfahren basieren (siehe bspw. [157, S. 200 ff.]). Die vorliegende Arbeit beschränkt sich auf letztere.

2.2.4.1 Splitting-assoziierte Vorkonditionierung

Splitting-Verfahren (siehe [157, S. 65 ff. bzw. 196, S. 95 ff.]) sind, zu den vorgestellten KRYLOW-Unterraum-Verfahren alternative, iterative Verfahren zur Lösung eines Gleichungssystems der Gestalt (2.1). Sie basieren auf einer Zerlegung der Gestalt

$$A = B + (A - B), \quad A, B \in \mathbf{R}^{n \times n},$$

so dass sich das zu (2.1) äquivalente System $Bx = (B - A)x + b$, $x \in \mathbf{R}^n$, $b \in \mathbf{R}^n$, ergibt. Für eine reguläre Matrix B resultiert die *Fixpunktform*

$$x = \underbrace{B^{-1}(B - A)}_{=: M} x + B^{-1}b.$$

Um eine schnelle Konvergenz zu garantieren, sollte B einfach zu invertieren sein und eine möglichst gute Approximation der Matrix A darstellen. Dies folgt unmittelbar aus $M = B^{-1}(B-A) = E - B^{-1}A$. Diese Beobachtung legt es nahe, für die Konstruktion eines Präkonditionierers, die in *Splitting*-Verfahren auftretende Matrix B, zu verwenden [157, S. 207, Def. 5.9]:

Definition 6 Sei die reguläre Matrix $B \in \mathbf{R}^{n\times n}$, $M \in \mathbf{R}^{n\times n}$ und $x_l \in \mathbf{R}^n$, $l = 1, 2, \ldots$ gegeben und $x_l = M x_{l-1} + B^{-1} b$ das zugehörige *Splitting*-Verfahren, dann bezeichnet $P = B$ den, mit dem *Splitting*-Verfahren assoziierten, Vorkonditionierer. ♣

Analog zu Def. 6 ergibt sich, mit der Standardzerlegung $A = D - L - R$, bspw. der zum JACOBI-Verfahren analoge Vorkonditionierer (*JACOBI-Vorkonditionierer*) zu $P_J = D$, der zum GAUSS-SEIDEL-Verfahren analoge Vorkonditionierer (*GAUSS-SEIDEL-Vorkonditionierer*) zu $P_{GS} = D + L$ und der zum Überrelaxations-Verfahren analoge Vorkonditionierer (*SOR-Vorkonditionierer*) zu $P_{SOR} = \omega(D + \omega L)$, $\omega \in (0, 2)$. Hierbei sind, bei vorliegender, regulärer Koeffizientenmatrix $A = (a_{ij})_{i,j=1}^{n,n}$, $a_{ij} \in \mathbf{R}$, $a_{ii} \neq 0$, die Matrizen $D := \mathrm{diag}(a_{11}, \ldots, a_{nn}) \in \mathbf{R}^{n\times n}$,

$$L = (l_{ij})_{i,j=1}^{n,n} \quad \text{mit} \quad l_{ij} := \begin{cases} a_{ij}, & \text{falls } i > j, \\ 0, & \text{sonst,} \end{cases}$$

und

$$R = (r_{ij})_{i,j=1}^{n,n} \quad \text{mit} \quad r_{ij} := \begin{cases} a_{ij}, & \text{falls } i < j, \\ 0, & \text{sonst.} \end{cases}$$

2.2.4.2 Präkonditioniertes CG-Verfahren

In diesem Abschnitt wird die Vorkonditionierung des in Abschnitt 2.2.3 vorgestellten CG-Verfahrens besprochen. Dies führt zum Begriff des *präkonditinionierten CG-Verfahrens* (PCG-Verfahren; engl. *preconditioned conjugate gradient method*) (siehe bspw. [157, S. 216 ff.]).

Eine Grundvorraussetzung, die an das System (2.1), im Rahmen der Herleitung des CG-Verfahrens, gestellt wurde, ist $A \in \mathfrak{S}^{n,+}$. Dieser Forderung gilt es, bei der Vorkonditionierung Rechnung zu tragen. Durch eine *Kongruenztransformation* $C^{-1} A C^{-\mathsf{T}} =: \tilde{A}$, mit $C \in \mathbf{R}^{n\times n}$ regulär, wird sichergestellt, dass die Eigenschaften der Koeffizientenmatrix A erhalten bleiben. Hieraus ergibt sich unmittelbar die zu (2.1) äquivalente Umformung $C^{-1} A C^{-\mathsf{T}} C^{\mathsf{T}} x = C^{-1} b$, die einer beidseitigen Vorkonditionierung (vgl. Def. 5), mit dem zweckmäßigen Ziel $\mathrm{cond}_2(C^{-1} A C^{-\mathsf{T}}) \ll \mathrm{cond}_2(A)$, entspricht. Die Ähnlichkeitstransformation[10] $C^{-\mathsf{T}} \tilde{A} C^{\mathsf{T}} =: \tilde{C}$ liefert eine geeignete Matrix C. Es gilt [201, S. 525]

$$C^{-\mathsf{T}} \tilde{A} C^{\mathsf{T}} = C^{-\mathsf{T}} C^{-1} A C^{-\mathsf{T}} C^{\mathsf{T}} = C^{-\mathsf{T}} C^{-1} A = (C C^{\mathsf{T}})^{-1} A \stackrel{P := CC^{\mathsf{T}}}{=} P^{-1} A$$

mit $P \in \mathfrak{S}^{+,n}$. Aus der Ähnlichkeit von $\tilde{C}$ und $\tilde{A}$ folgt, mit Lemma 3, die Identität $\mathrm{cond}_2(\tilde{A}) = \mathrm{cond}_2(P^{-1} A)$ und damit, nach Lemma 2, erneut die Forderung, dass P eine möglichst gute Approximation an A darstellen sollte.

---

[10] Siehe [24, S. 321].

Mittels elementarer Umformungen kann gezeigt werden, dass für das PCG-Verfahren lediglich eine Vorkonditionierung über die Matrix P erforderlich ist (siehe [201, S. 526 ff.]). Es muss keine Zerlegung $P = CC^T$ bestimmt werden. Infolgedessen können die Vorkonditionierer aus obigem Abschnitt direkt verwendet werden.

Für P_J folgt $C = \text{diag}(\sqrt{a_{11}}, ..., \sqrt{a_{nn}})$ und damit $\tilde{A} = C^{-1}AC^{-T} = C^{-1}AC^{-1} = L + E + L^T$ (vgl. [201, S. 528]). Letzteres Verfahren wird exklusiv verwendet.

2.3 Numerische Optimierung

Der folgende Abschnitt wird einen Einblick in Begrifflichkeiten und Verfahren der numerischen Optimierung liefern. Die Ausführungen basieren im Wesentlichen auf [171].

2.3.1 Grundlegendes

Im Rahmen dieser Arbeit werden lediglich ableitungsbasierte iterative Verfahren für unrestringierte Optimierungsaufgaben besprochen. Die betrachteten Probleme sind von der Gestalt

$$\min_{x \in \mathbf{R}^n} f(x), \qquad (2.11)$$

wobei $f : \mathbf{R}^n \to \mathbf{R}$ eine hinreichend glatte Funktion ist. Generell ist, bei der Lösung der Optimierungsaufgabe (2.11), wenig über den globalen Verlauf von f bekannt [171, S. 11]. Meist liegt der Wert der Funktion bzw. ihrer Ableitung lediglich an einigen wenigen Punkten $x_l \in \mathbf{R}^n$, $l = 0, 1, 2, ...$, vor. Die Auswertung von f (und der Ableitungen von f) an einer Stelle x_l ist typischerweise rechen- und damit zeitintensiv [171, S. 11]. Deshalb sollte sie so selten wie möglich erfolgen.

Den betrachteten Verfahren ist gemein, dass sie eine Iterationsfolge[11] $x_l \in \mathbf{R}^n$ mit vorgegebenem Startwert $x_0 \in \mathbf{R}^n$ erzeugen. Diese hat zum Ziel, dass die Werte von f monoton fallen, d.h. $f(x_{l+1}) \leq f(x_l)$ $\forall l \in \mathbf{N}$. Die Aktualisierungsvorschrift ist von der Gestalt

$$x_{l+1} = x_l + \mu_l s_l, \quad \mu_l \in \mathbf{R}_0^+, \quad l = 0, 1, ... \qquad (2.12)$$

In einem ersten Schritt wird die Suchrichtung $s_l \in \mathbf{R}^n$ bestimmt. Dann wird entlang dieser vorgegebenen Richtung nach einer geeigneten Iterierten x_{l+1} (ausgehend von der aktuellen Iterierten x_l) gesucht. Optimierungsalgorithmen dieser Form werden als *Liniensuchverfahren* (engl. *line search method*) bezeichnet (vgl. bspw. [171, S. 19 ff.] bzw. [171, S. 30 ff.]).

---

[11] Der Iterationsindex $l \in \mathbf{N}_0$ wird, wie schon in Abschnitt 2.2, unten rechts an die Variable geschrieben.

Vor dem Einstieg in die Algorithmik werden einige Begrifflichkeiten der numerischen Optimierung nähergebracht: Unter dem Begriff *globaler Minimierer* wird diejenige Lösung x^* verstanden, die $f(x^*) \leq f(x)$ $\forall x \in \text{dom}(f)$ erfüllt [171, S. 12]. Gilt dies nur für eine Umgebung $\mathfrak{U}_\varepsilon(x) := \{\tilde{x} \in \mathbf{R}^n : \|x - \tilde{x}\|_2 \leq \varepsilon\}$, $\varepsilon > 0$, des Urbildes der Funktion f, d. h. $f(x^*) \leq f(x)$ $\forall x \in \mathfrak{U}_\varepsilon(x^*) \subset \text{dom}(f)$, handelt es sich um einen *lokalen Minimierer* [171, S. 12]. Für die hier betrachteten Verfahren kann lediglich sichergestellt werden, dass das berechnete Optimum x^* ein lokaler Minimierer der Funktion f ist. Ist dieser anhand noch festzulegender Abbruchkriterien (siehe Abschnitt 2.3.4) identifiziert, terminiert die Optimierung.

Im weiteren Verlauf wird davon ausgegangen, dass die berechnete Suchrichtung $s_l \in \mathbf{R}^n$ eine *Abstiegsrichtung* ist, so dass für $f \in C^1(\mathbf{R}^n)$, $d_l := \nabla f(x_l)$, $d_l \in \mathbf{R}^n$,

$$s_l^T d_l < 0 \tag{2.13}$$

gilt [171, S. 30]. Der schematische Ablauf eines Liniensuchverfahrens ist in Alg. 2.2 dargestellt. Wie sich zeigen wird, liegen die Unterschiede der Verfahren in den Berechnungsvorschriften für die Schrittweite $\mu_l > 0$ (die sog. *Liniensuche*) und die Suchrichtung $s_l \in \mathbf{R}^n$.

Algorithmus 2.2 Schematischer Ablauf eines Liniensuchverfahrens (modifiziert aus [5, S. 69, Verfahren 4.2.1]).

```
initialise x_0 ∈ R^n, l ← 0
while convergence criteria not satisfied do
    compute f (x_l), ∇f (x_l) (possibly ∇²f (x_l))
    compute s_l ∈ R^n s. t. (2.13)
    compute μ_l > 0 s. t. f (x_l + μ_l s_l) < f (x_l)
    x_{l+1} ← x_l + μ_l s_l
    l ← l + 1
end while
```

2.3.2 Schrittweitenbestimmung

Die Forderung nach einer optimalen Schrittweite $\mu^* > 0$, für eine vorgegebene Suchrichtung $s_l \in \mathbf{R}^n$, führt auf die Idee, zu jeder Iteration, das in μ_l univariate Teilproblem [171, S. 31]

$$\mu^* = \arg\min_{\mu \in \mathbf{R}^+} \{\psi(\mu) := f(x_l + \mu s_l)\} \tag{2.14}$$

mit $\psi : (0, \infty) \to \mathbf{R}$ zu lösen[12]. Einer effizienten Implementierung wegen wird (2.14) allerdings nicht exakt, sondern nur näherungsweise gelöst [171, S. 31] – d. h.

$$\mu_l \approx \arg\min_{\mu \in \mathbf{R}^+} \{\psi(\mu) := f(x_l + \mu s_l)\}.$$

Es werden zusätzliche Bedingungen an die Iterierte x_{l+1} gestellt, um eine approximative Lösung zu ermöglichen. Die zugehörige Schrittweite μ_l hat diese Bedingungen zu erfüllen.

Eine Möglichkeit ist es, für $f \in C^1(\mathbf{R}^n)$ einen hinreichenden Abstieg des Funktionswertes, im Sinne der ARMIJO-*Bedingung* [171, S. 33]

$$f(x_l + \mu_l s_l) \leq f(x_l) + \beta \mu_l d_l^T s_l, \tag{2.15}$$

zu fordern. Hierbei wird $\beta \in (0,1)$ gewählt. Ist (2.15) erfüllt, dann impliziert (2.13) [99, S. 138]

$$f(x_l) + \beta \mu_l d_l^T s_l < f(x_l) \overset{(2.15)}{\Rightarrow} \underbrace{f(x_l + \mu_l s_l)}_{= f(x_{l+1})} < f(x_l),$$

so dass (2.15) die geforderte Sequenz monoton fallender Funktionswerte erzeugt. Die Abstiegsbedingung (2.15) ist allerdings kein Garant für eine schnelle Konvergenz, da (2.15) für hinreichend kleine β stets erfüllt ist [165]. Um eine Mindestschrittweite zu garantieren, muss eine zusätzliche Bedingung an die Abstiegsrichtung gestellt werden. Dies führt auf die sog. WOLFE-*Bedingungen* [171, S. 34]

(W1) $\quad f(x_l + \mu_l s_l) \leq f(x_l) + \beta \mu_l d_l^T s_l,$ \hfill (2.16.a)

(W2) $\quad s_l^T \nabla f(x_l + \mu_l s_l) \geq \lambda s_l^T d_l^T,$ \hfill (2.16.b)

mit $0 < \beta < \lambda < 1$. Die Bedingung (W1) in (2.16.a) entspricht der ARMIJO-Bedingung aus (2.15). Die Bedingung (W2) in (2.16.b) heißt *Krümmungsbedingung*. Typische Werte für die Konstanten in (2.16) sind $\beta = 1 \times 10^{-4}$ und $\lambda \in [1 \times 10^{-1}, 9 \times 10^{-1}]$ [171, S. 33 ff.].

Basiert die Liniensuche auf den Bedingungen (2.16) wird das Verfahren als WOLFE-POWELL-*Schrittweitenverfahren* bezeichnet (vgl. bspw. [5, S. 95 ff.]). *Strenge* WOLFE-*Bedingungen* liegen vor, wenn anstelle von (2.16.b) die Krümmungsbedingung

$$|s_l^T \nabla f(x_l + \mu_l s_l)| \geq \lambda |s_l^T d_l|$$

verwendet wird [171, S. 34].

---

[12] Die Einschränkung auf strikt positive μ folgt aus (2.13).

Algorithmus 2.3   Armijo-Liniensuche als *Backtracking*-Verfahren (nach [171, S. 37]).

choose $\mu_I > 0, \beta \in (0,1), \rho \in (0,1)$
$\mu_{LS} \leftarrow \mu_I$
while $f(x_l + \mu_{LS} s_l) \geq f(x_l) + \beta \mu_{LS} d_l^\mathsf{T} s_l$ **do**
　　$\mu_{LS} \leftarrow \rho \mu_{LS}$
end while
$\mu_I \leftarrow \mu_{LS}$

Die Krümmungsbedingung (W2) erzeugt einen zusätzlichen Rechenaufwand. Sowohl der Wert der Funktion f als auch der Gradient an der Stelle x_l liegen vor. Damit muss für die Beachtung der Bedingung (W1) die Funktion f in einem Durchlauf der Liniensuche lediglich an der Stelle $x_l + \mu_{LS} s_l$, $\mu_{LS} > 0$, ausgewertet werden. Wird zusätzlich die Abstiegsbedingung (W2) in (2.16.b) beachtet, ist darüber hinaus der Gradient an der Stelle $x_l + \mu_{LS} s_l$ zu bestimmen. Diese zusätzlichen Kosten können mit Hilfe eines *Backtracking-Verfahrens* vermieden werden (vgl. [171, S. 37]). Die Idee ist es, anstelle der Bedingung (W2) in (2.16.b), eine Annäherung an eine maximal zulässige Schrittweite, im Sinne der Armijo-Bedingung (2.16.a), ausgehend von einer sukzessiven Kontraktion (gesteuert über den *Kontraktionsfaktor* $\rho \in (0,1)$), zu bestimmen. Dieses Verfahren wird in der Literatur als Armijo-*Schrittweitenverfahren* (vgl. bspw. [171, S. 37 ff.]) bezeichnet. Alg. 2.3 stellt es schematisch vor. Die Wahl der initialen Schrittweite für die Liniensuche ($\mu_I > 0$) hängt von dem verwendeten Ansatz zur Berechnung der Suchrichtung s_l ab. Für Newton- und Quasi-Newton-Verfahren (siehe Abschnitt 2.3.3.2 bzw. Abschnitt 2.3.3.3) gilt $\mu_I = 1$. Für die praktische Anwendung ist die Kontraktion der Schrittweite auf eine geringe Anzahl an Durchläufen zu beschränken, da bei kleinen Schrittweiten der Unterschied zwischen den Iterierten zu einem frühen Zeitpunkt zu gering wird.

2.3.3 Berechnung der Suchrichtung

Die folgenden Ausführungen beantworten die Frage nach der Wahl einer geeigneten Suchrichtung für die Vorschrift (2.12). Die betrachteten Verfahren sind von der Gestalt [171, S. 31]

$$s_l = -B_l^{-1} d_l \quad \text{u. d. Nb.} \quad B_l \succ 0 \tag{2.17}$$

und unterscheiden sich damit lediglich in der Wahl der Matrix $B_l \in \mathbf{R}^{n \times n}$. Einleitend ist festzuhalten, dass für $B_l \succ 0$ die Bedingung (2.13) erfüllt ist, denn [171, S. 31]

$$s_l^\mathsf{T} d_l = -\underbrace{d_l^\mathsf{T} B_l^{-1} d_l}_{>0} < 0.$$

2.3.3.1 Methode des steilsten Abstiegs

Die Suchrichtung

$$s_l = -d_l = -\nabla f(x_l), \quad l = 1,2,\ldots, \tag{2.18}$$

führt auf die sog. *Methode des steilsten Abstiegs* (MSA) (d. h. für (2.17) gilt nach (2.18) $B_l = \mathrm{diag}(1,\ldots,1) \in \mathbf{R}^{n\times n}$) [171, S. 20]. Die MSA geht aus der TAYLOR-*Entwicklung* (Linearisierung) $f(x_l + \mu x_l) = x_l + \mu s_l^\mathsf{T} d_l + \mathcal{O}(\mu^2)$ hervor [171, S. 21]. Die Implementierung ist unkompliziert, die Konvergenzrate allerdings in aller Regel gering (lineare Konvergenz).

Neben den in Abschnitt 2.3.2 vorgestellten Verfahren zur Schrittweitenbestimmung, ist, im Zusammenhang mit der Abstiegsrichtung (2.18), die *MSA mit regulärer Schrittweite* [112, S. 426, ff.] zu erwähnen. Zur Stabilisierung wird hierbei die Schrittweite $\mu_l > 0$ halbiert, sobald ein Richtungswechsel in s_l zu verzeichnen ist.

2.3.3.2 Newton-Verfahren

Eine Verbesserung in Bezug auf die Konvergenz liefert das sog. NEWTON-*Verfahren* (siehe bspw. [50, S. 86 ff.]). Es basiert auf der Idee, das Optimierungsproblem (2.11) durch eine sukzessive Minimierung einer quadratischen Näherung $q_s : \mathbf{R}^n \to \mathbf{R}$ zu lösen. Präziser: Der Wert für eine hinreichend glatte Funktion f kann an der Stelle $x_l + s_l$ durch die TAYLOR-*Entwicklung*

$$f(x_l + s_l) \approx f(x_l) + s_l^\mathsf{T} d_l + \frac{1}{2} s_l^\mathsf{T} H_l s_l =: q_s(x_l)$$

mit $H_l := \nabla^2 f(x_l), H_l \in \mathbf{R}^{n\times n}$, angenähert werden [171, S. 22]. Aus der Annahme, dass in einer Umgebung eines Minimierers $H_l \succcurlyeq 0$ gilt, folgt, dass die aus der Minimierung von q_s gewonnene Suchrichtung adäquat ist. Nullsetzen der Ableitung $\partial_{s_l} q_s$ liefert die NEWTON-*Richtung*

$$s_l = -H_l^{-1} d_l \tag{2.19}$$

und damit die Verfahrensvorschrift $x_{l+1} = x_l - H_l^{-1} d_l$ [171, S. 12]. Aus (2.17) folgt unmittelbar die Forderung $H_l \succ 0$ um sicherzustellen, dass (2.19) eine Abstiegsrichtung ist. Ist die HESSE-*Matrix* fast singulär, kann eine Korrekturmatrix[13] $K_l \in \mathbf{R}^{n\times n}$ eingeführt werden, so dass $(H_l + K_l) \succ 0$ gilt. Hieraus ergibt sich die *modifizierte* NEWTON-*Richtung* $s_l = -\left(H_l + K_l\right)^{-1} d_l$.

Für das NEWTON-Verfahren stellt sich eine lokal quadratische Konvergenz ein [171, S. 44 ff.]. Um den Konvergenzbereich zu erweitern, kann (2.19) durch eine Schrittweitensteuerung $\mu_l \in (0,1)$ ergänzt werden.

---

[13] Typischerweise wird $K_l := \epsilon \, \mathrm{diag}(1,\ldots,1) \in \mathbf{R}^{n\times n}, \epsilon > 0$, gewählt.

Die Berechnung der HESSE-Matrix ist allerdings aufwändig [171, S. 23]. Eine effiziente Alternative ist die Verwendung von Quasi-NEWTON-Verfahren.

2.3.3.3 Quasi-Newton-Verfahren

Quasi-NEWTON-Verfahren (QN-Verfahren) [171, S. 135] sind eine attraktive Alternative zum NEWTON-Verfahren. Aus Effizienzgründen wird auf eine explizite Berechnung der (Inversen der) HESSE-Matrix $H_l \in \mathbf{R}^{n \times n}$ (bzw. auf das Lösen des Gleichungssystems $H_l s_l = -d_l$) verzichtet. Stattdessen wird H_l durch eine Approximation $B_l \in \mathbf{R}^{n \times n}$ ersetzt. Diese wird in jedem Iterationsschritt $l \in \mathbf{N}_0$ aktualisiert und ist so gewählt, dass B_l die *Sekantengleichung (QN-Bedingung)*

$$B_{l+1}(x_{l+1} - x_l) = d_{l+1} - d_l \qquad (2.20)$$

erfüllt [171, S. 24]. Durch (2.20) ist B_l nicht eindeutig bestimmt. Weitere Bedingungen sind anzugeben. Diese führen auf unterschiedliche QN-Verfahren. Ein prominenter Vertreter ist das *BROYDEN-FLETCHER-GOLDFARB-SHANNO-Verfahren (BFGS-Verfahren)* (siehe [171, S. 136 ff.]). Zusätzlich zu (2.20) wird $B_l \in \mathfrak{S}^{n,+}$ gefordert. Mit $y_l := d_{l+1} - d_l, y_l \in \mathbf{R}^n$, und $q_l := x_{l+1} - x_l = \mu_l s_l, q_l \in \mathbf{R}^n$, lautet die Aktualisierungsvorschrift des BFGS-Verfahrens für die Matrix B_l [171, S. 140]

$$B_{l+1} = B_l + \frac{y_l y_l^\mathsf{T}}{y_l^\mathsf{T} q_l} - \frac{B_l q_l q_l^\mathsf{T} B_l}{q_l^\mathsf{T} B_l q_l} \qquad (2.21)$$

mit einer vorgegebenen Matrix $B_0 \in \mathfrak{S}^{n,+}$. Für diese kann u. a. $B_0 = \operatorname{diag}(1, ..., 1) \in \mathbf{R}^{n \times n}$ verwendet werden. Die erste Iteration ist nach (2.17) äquivalent zur MSA. Für QN-Verfahren stellt sich trotz des approximativen Charakters eine superlineare Konvergenz ein.

Aus (2.17) ist ersichtlich, dass anstelle von B_l die Inverse B_l^{-1} zu bestimmen ist. Die Lösung eines linearen Systems kann durch die Aktualisierungsvorschrift [171, S. 140]

$$B_{l+1}^{-1} = \left(E - \frac{q_l y_l^\mathsf{T}}{y_l^\mathsf{T} q_l} \right) B_l^{-1} \left(E - \frac{y_l q_l^\mathsf{T}}{y_l^\mathsf{T} q_l} \right) + \frac{q_l q_l^\mathsf{T}}{y_l^\mathsf{T} q_l} \qquad (2.22)$$

mit $E = \operatorname{diag}(1, ..., 1) \in \mathbf{R}^{n \times n}$ vermieden werden.

Eine Verbesserung des BFGS-Algorithmus, im Sinne einer Speicherplatzoptimierung, ist das sog. *limited-memory BFGS-Verfahren (L-BFGS)* [170]. Im Gegensatz zum BFGS-Verfahren wird B_l nicht explizit gespeichert, sondern die Aktualisierungsvorschriften (2.21) bzw. (2.22) in Form weniger Vektoren implizit repräsentiert. Die Grundidee lässt sich direkt aus (2.21) bzw. (2.22) ablesen. Anstelle der Matrix B_l werden die Vektoren y_l und q_l gespeichert. Damit sind nach l Iterationen anstatt $l \times n \times n$ Werten, nur noch $2l \times n$ Werte im Speicher zu halten. Für große l und großmaßstäbliche Probleme stellt dies allerdings nicht wirklich eine Verbesserung dar. Beim L-BFGS-Verfahren wird deshalb lediglich eine Untermenge der Vektoren y_k und q_k, $k = 1, ..., l$, zur Berechnung der Matrix B_l in (2.21) (bzw. der Inversen in (2.22)) verwendet. Präziser werden für ein vorgegebenes $L \in \mathbf{N}_{<l}$ nach l Iterationen die Vektoren $y_l, y_{l-1}, ..., y_{l-L}$ und $q_l, q_{l-1}, ..., q_{l-L}$, mit $l > L$ genutzt. Hierbei gilt $B_{l-L} := B_0$. Damit reduziert sich der Speicherplatzbedarf von $2l \times n$ auf $2L \times n$ Werte. Für großmaßstäbliche Probleme stellt sich bereits für kleine L ($L \in \{3, 5, 7\}$) eine hinreichende Performanz ein [99 & 145].

2.3.4 Abbruchkriterien

Als Abbruchkriterien werden Standardbedingungen aus der Literatur verwendet [73, S. 305 ff.]. Diese sind durch

(K1) $\|f(x_{l-1}) - f(x_l)\| < \tau (1 + \|f(x_l)\|)$

(K2) $\|x_{l-1} - x_l\| < \sqrt{\tau} (1 + \|x_l\|)$

(K3) $\|d_l\| < \sqrt[3]{\tau} (1 + \|f(x_l)\|)$

(K4) $\|d_l\| < \varepsilon$

(K5) $l > l_{\max}$

erklärt. Hierbei bezeichnet $\tau > 0$ eine vorgegebene Konstante, $l_{\max} \in \mathbf{N}$ eine maximal zugelassene Iterationszahl und $\varepsilon > 0$ die Maschinengenauigkeit. Die Optimierung wird angehalten, falls ((K1) $\wedge$ (K2) $\wedge$ (K3)) $\vee$ (K4) $\vee$ (K5) erfüllt ist. Die Kriterien (K1), (K2) und (K3) deuten auf eine Konvergenz des Verfahrens hin. Die Abbruchbedingungen (K4) und (K5) können als eine Form von „Notfallkriterien" aufgefasst werden. Es wird garantiert, dass das Verfahren, nach einer bestimmten Anzahl an Schritten, oder wenn die Berechnungen auf Zahlen in der Größenordnung der Maschinengenauigkeit führen, terminiert.

2.4 Fazit

In den vorangegangenen Abschnitten wurden Verfahren zur Lösung dünnbesetzter, linearer Gleichungssysteme (siehe Abschnitt 2.2) und zur numerischen Optimierung unrestringierter Optimierungsaufgaben (siehe Abschnitt 2.3) vorgestellt. Einer prägnanten Darstellung wegen wurde nur das Wesentliche besprochen. Weder die Lösung linearer Gleichungssysteme noch die numerische Optimierung werden als Forschungsgegenstand dieser Arbeit verstanden. Der geneigte Leser sei auf ergänzende Literatur zu Verfahren der Lösung linearer Gleichungssysteme [157, 196 & 213] oder zur numerischen Optimierung [5, 50, 73 & 171] verwiesen. In der konkreten Implementierung sind die Verfahren unterschiedlichen Bibliotheken entliehen. Details sind in Abschnitt zusammengetragen.

3

Vorwärtsmodellierung: Das direkte Problem

Nachdem die Grundlagen bereitgestellt sind, widmet sich die Arbeit im Folgenden der Modellierung der Ausbreitung kanzeröser Zellen im zerebralen Gewebe. Nach einer Einführung in das Grundlegende wird im weiteren Verlauf das Modell entwickelt. Im Anschluss werden Verfahren zur Diskretisierung und Lösung des *direkten Problems* (*Vorwärtsproblem*) bereitgestellt. Die vorgestellte Strategie wird abschließend durch numerische Experimente bestätigt.

Teile der hier vorgestellten Methodik und Ergebnisse sind in [EZ05, EK08 & EK41] veröffentlicht.

3.1 Einführung in die Problemstellung

Es existiert eine Vielzahl an Veröffentlichungen, die sich dem Thema der mathematischen Modellierung der Progression von primären Hirntumoren widmen. Einen Überblick über sämtliche Arbeiten zu liefern, ist an dieser Stelle nicht möglich. Deshalb wird nachstehend lediglich auf die für diese Arbeit relevanten Vorarbeiten eingegangen. Ein Einblick in das Spektrum der mathematischen Modellierung von Tumorwachstum kann durch die Lektüre der Übersichtsarbeiten [17, 31, 49, 97, 148, 193, 198, 231 & 240] gewonnen werden.

Dieser einleitende Teil liefert einen Einblick in die Schwierigkeiten, die es zu lösen gilt und die verwendeten Arbeitshypothesen. Die relevanten Vorarbeiten werden im weiteren Verlauf themenbezogen besprochen. Dies ist zweckmäßig, da nachstehend sowohl die

Modellbildung als auch die numerische Behandlung des mathematischen Problems diskutiert wird. Damit ist das Spektrum zu breit, um Teilaspekte losgelöst vom Kontext zu besprechen.

Bei der Entwicklung mathematischer Modelle der Progression primärer Hirntumoren gilt es, einer Vielzahl an Sachverhalten Rechnung zu tragen. Wird die unmittelbare Mikroumgebung betrachtet, wird das Wachstum von Tumoren bspw. durch (i) die gegenseitige Wechselwirkung tumoröser Zellen untereinander, (ii) produzierte Chemikalien, (iii) die Versorgung mit Nährstoffen und die Oxygenierung, basierend auf der extrazellulären Matrix und dem vaskulären Netzwerk und (iv) die Eigenschaften des Wirtsgewebes beeinflusst. Hieraus ist ersichtlich, dass die generelle Schwierigkeit einer realitätsgetreuen Abbildung, der mit dem Fortschreiten der Krankheit in Verbindung stehenden physiologischen und morphologischen Veränderungen, nicht allein in einer mathematischen Übersetzung liegt. Eine entscheidende Schwierigkeit stellt die enorme Komplexität und Dimension des betrachteten biologischen Systems dar. Erschwerend kommt hinzu, dass sowohl auf medizinischer als auch auf biologischer Seite noch nicht alle Abläufe der Entstehung und Entwicklung der Krankheit hinreichend gut verstanden sind. Hierhinter verbirgt sich allerdings nicht nur eine zentrale Schwierigkeit, sondern enormes Potenzial. Die mathematische Modellierung ermöglicht eine systematische Analyse der physiologischen Prozesse und eine Identifikation der das System beherrschenden Abläufe. Das aus der Modellierung gewonnene, tiefere Verständnis kann nicht nur neue Einblicke in *in vitro* und *in vivo* gewonnene Untersuchungen liefern, sondern auch für den Entwurf neuer Experimente gewinnbringend eingesetzt werden.

Die Komplexität des betrachteten Systems erfordert es, Vereinfachungen vorzunehmen. Die Problemdimension zu reduzieren ist möglich, indem lediglich Phänomene innerhalb einer physikalischen Ebene betrachtet werden. Hiervon leitet sich die klassische Einteilung in *molekulare*, *mikroskopische* und *makroskopische* Modelle ab[14]. Molekular meint die Modellierung biochemischer Prozesse und deren Regulation innerhalb einer Zelle. Mikroskopisch meint die Modellierung der Interaktion einzelner Zellen mit ihrer Mikroumgebung. Makroskopisch bezeichnet die großmaßstäbliche Progression des Tumors auf Gewebeebene, wie sie sich bspw. in der MRT-Bildgebung darstellt (vgl. hierzu auch Abschnitt 1.2.2).

Im Zusammenhang mit einer mikroskopischen Modellierung wird eine zusätzliche Unterteilung anhand der unterschiedlichen Wachstumsphasen eines Tumors vorgenommen: *avaskuläres Wachstum*, *Angiogenese* und *vaskuläres Wachstum* [30]. In der avaskulären Phase ist der vorherrschende Prozess die Zellvermehrung (Mitose). Die Versorgung erfolgt durch das existierende Kapillarsystem. Es bildet sich ein solider Tumor aus. Durch die Beschränktheit der Ressourcen entsteht im Laufe der Zeit ein nekrotischer

---

[14] Es ist anzumerken, dass in den letzten Jahren vermehrt Multiskalenansätze in das Zentrum des Interesses rücken.

Kern. Lediglich die Berandung des Tumors beherbergt in diesem Stadium proliferierende Zellen. Zwischen dem nekrotischen Kern und dem proliferierenden Ring existiert eine Lage ruhender Zellen. Nach einer gewissen Zeit stellt sich ein Gleichgewicht zwischen Proliferation und Nekrose ein – der Tumor hat eine kritische Größe erreicht. Die Angiogenese (Vaskularisation) setzt ein. Neue Kapillaren werden akquiriert – die Versorgung des Tumors ist damit sichergestellt. Die vaskuläre Wachstumsphase hat begonnen: Die kritische Größe ist überschritten und die tumorösen Zellen vermehren sich rapide. Zudem haben die Zellen die Befähigung erworben, umliegendes, gesundes Gewebe zu infiltrieren. Der Tumor wird nicht länger als solide bezeichnet.

Das bis hierhin Beschriebene unterliegt sehr starken Vereinfachungen. Bis heute sind die präzisen Prozesse, die mit dem Durchschreiten dieser drei Wachstumsphasen in Verbindung stehen, nicht hinreichend verstanden.

Die vorliegende Arbeit beschränkt sich auf eine Modellierung auf Gewebeebene. Ziel ist es, ein besseres Verständnis für die in der klinischen Bildgebung beobachtete großmaßstäbliche Progression der Tumoren zu entwickeln. Die Dimension des Problems macht es in der technischen Umsetzung schwierig, feingranulären Phänomenen Rechnung zu tragen. Eine Erhöhung der Problemdimension steht darüber hinaus in Konflikt mit der im Verlauf dieser Arbeit aufgegriffenen Idee, das Modell an patientenindividuelle Bilddaten anzupassen. Entsprechend werden nicht einzelne Zellen, sondern eine Zellpopulation in Form einer Dichtefunktion betrachtet. Dies führt auf eine Erhaltungsgleichung – präziser – auf eine partielle Differenzialgleichung (PDGL). Neben einer rein zeitlichen Veränderung der Gesamtanzahl tumoröser Zellen wird die räumliche Lokalisation und Ausdehnung des Tumors im Modell berücksichtigt. Diese Aspekte sind aus Sicht der Klinik von entscheidender Bedeutung, da sie die Operabilität und damit verknüpft eine Risikoeinstufung, die Invasivität des Tumors und den Übergang von malignem zu benignem Gewebe (d. h. die (histologische) Umrandung des Tumors) definieren.

Das verwendete Modell berücksichtigt lediglich zwei Prozesse: Eine rapide Zellvermehrung tumoröser Zellen sowie eine Migration von tumorösen Zellen in gesundes, umliegendes Gewebe. Weitere Details – so auch etwaige in der Literatur beschriebene Erweiterungen – werden im Rahmen der Entwicklung des Modells (siehe Abschnitt 3.3) besprochen. Vorher wird der Begriff der PDGL näher gebracht.

3.2 Partielle Differenzialgleichungen

PDGLs beschreiben eine Vielzahl an Vorgängen und Zuständen in Natur und Technik. Das in der vorliegenden Arbeit betrachtete Modell (siehe Abschnitt 3.3) ist ebenfalls durch eine PDGL erklärt. In diesem Abschnitt werden einige grundlegende Begrifflichkeiten aus der Theorie der PDGLs eingeführt. Eine umfassende Behandlung dieses Themenfeldes ist im Rahmen dieser Arbeit weder möglich noch zweckmäßig. Für eine weiterführende Lektüre sei auf die Übersichtsarbeiten [139 & 235] verwiesen.

Im Rahmen von PDGLs werden multivariate Funktionen der Gestalt $u : \mathfrak{X} \subseteq \mathbf{R}^n \to \mathbf{R}$ betrachtet. Die Funktion u wird als *Zustandsfunktion* bezeichnet.

Für eine kompakte Darstellung höherer partieller Ableitungen wird folgende Multiindex-Schreibweise eingeführt (vgl. [139, S. 6]):

Definition 7 Für eine Funktion $u \in C^{|\alpha|}(\mathfrak{X})$, $\mathfrak{X} \subset \mathbf{R}^n$, $n \in \mathbf{N}$, bezeichnet die Multiindex-Notation

$$D^\alpha u := \partial_{x^1}^{\alpha_1} \partial_{x^2}^{\alpha_2} \cdots \partial_{x^n}^{\alpha_n} u, \quad \alpha = (\alpha_1, ..., \alpha_n) \in \mathbf{N}_0^n,$$

die partielle Ableitung der Ordnung $|\alpha| = \sum_{j=1}^n \alpha_j$. ♣

Basierend auf Def. 7 ist der Begriff der PDGL wie folgt definiert (vgl. [25, S. 174]):

Definition 8 Sei $\mathfrak{X} \subseteq \mathbf{R}^n$, $n \in \mathbf{N}$, eine offene Menge und die unabhängige Veränderliche $x := (x^1, ..., x^n)^\mathsf{T} \in \mathfrak{X}$, $k \in \mathbf{N}$, gegeben. Eine Gleichung der Gestalt

$$\mathcal{L}u = F\left(\nabla^k u(x), \nabla^{k-1} u(x), ..., \nabla u(x), u(x), x\right) = 0, \quad (3.1)$$

mit der unbekannten Funktion $u \in \mathfrak{U} \subseteq \{\tilde{u} : \mathfrak{X} \to \mathbf{R}\}$ und $\nabla^k u(x) := \{D^\alpha u(x) : |\alpha| = k\}$, $\alpha = (\alpha_1, ..., \alpha_n) \in \mathbf{N}_0^n$, wird als PDGL der Ordnung k bezeichnet, wenn die Funktion

$$F : \mathrm{dom}(F) \subset \mathbf{R}^{n^k} \times \mathbf{R}^{n^{k-1}} \times \cdots \times \mathbf{R}^n \times \mathbf{R} \times \mathfrak{X} \to \mathbf{R}$$

mit dem Definitionsbereich $\mathrm{dom}(F)$ nicht konstant von $\nabla^k u$ abhängt. ♣

Anmerkung 4 Eine weitere Forderung ist, dass die Ableitungen in mindestens zwei unabhängigen Variablen x^i auftreten. Ansonsten handelt es sich um eine *gewöhnliche Differenzialgleichung* (GDGL). ◇

Anmerkung 5 Wie aus Def. 8 ersichtlich werden lediglich skalare Funktionen u betrachtet. Die vorgestellten Konzepte können allerdings direkt auf vektorwertige Funktionen $u : \mathfrak{X} \to \mathbf{R}^d$, $d \in \mathbf{N}$, übertragen werden. ◇

3.2.1 Klassifikation

Generell existiert keine einheitliche Theorie und damit keine einheitliche Lösungsstrategie für PDGLs. Deshalb wird über eine Kategorisierung eine geschlossene Theorie innerhalb der einzelnen Klassen entwickelt. Die Klassifikation von PDGLs erfolgt anhand der nachstehenden Kriterien (aus [197, S. 9 f.]):

Definition 9 Eine PDGL der Gestalt (3.1) heißt:

(i) *Linear*, falls die Lösungsfunktion u und die Differenzialoperatoren nur linear in F eingehen; d. h. die PDGL ist durch

$$\sum_{|\alpha|\leq k} a_\alpha(x) D^\alpha u(x) = f(x)$$

charakterisiert, wobei die Koeffizientenfunktionen $a_\alpha : \mathfrak{X} \to \mathbf{R}$ vorgegeben sind. Gilt $f(x) = 0$, spricht man von einer *homogenen* PDGL.

(ii) *Quasilinear*, falls die Koeffizientenfunktionen a_α der partiellen Ableitungen höchster Ordnung nur von Ableitungen niederer Ordnung und u abhängen; d. h. die PDGL ist von der Gestalt

$$\sum_{|\alpha|=k} a_\alpha(\nabla^{k-1}u,...,\nabla u, u, x) D^\alpha u + a(\nabla^{k-1}u,...,\nabla u, u, x) = 0.$$

(iii) *Semilinear*, falls F nichtlinear von u und den auftretenden partiellen Ableitungen der Ordnung $k-1$ und zusätzlich linear von denen der höchsten Ordnung k abhängt; d. h. die PDGL hat die Form

$$\sum_{|\alpha|=k} a_\alpha(x) D^\alpha u + a(\nabla^{k-1}u,...,\nabla u, u, x) = 0.$$

(iv) *Stark nichtlinear*, falls die PDGL nichtlinear bis hin zu den höchsten Ableitungen ist.

♣

Eine zentrale Rolle in der Theorie und Anwendung spielen lineare PDGLs zweiter Ordnung (vgl. bspw. [25, S. 184]):

Definition 10 Sei $\mathfrak{X} \subseteq \mathbf{R}^n$, $n \in \mathbf{N}$, $x \in \mathfrak{X}$, und die hinreichend glatten Koeffizientenfunktionen $a_{ij} : \mathfrak{X} \to \mathbf{R}$, $b_j : \mathfrak{X} \to \mathbf{R}$, $c : \mathfrak{X} \to \mathbf{R}$ und $f : \mathfrak{X} \to \mathbf{R}$ gegeben. Eine Gleichung der Form

$$\mathcal{L}(u)(x) = -\sum_{i,j=1}^{n} a_{ij}(x)\partial_{x^i x^j} u(x) + \sum_{j=1}^{n} b_j(x) \partial_{x^j} u(x) + c(x) u(x) = f(x) \quad (3.2)$$

mit $u : \mathfrak{X} \to \mathbf{R}$ wird als *lineare PDGL zweiter Ordnung* bezeichnet. ♣

Anhand der Eigenwerte (siehe Def. 4 auf S. 21) der Koeffizientenmatrix $A = (a_{ij})_{i,j=1}^{n,n}$, $a_{ij} \in \mathbf{R}$, ergeben sich die Haupttypen (siehe bspw. [83, S. 15]) der *elliptischen* (alle Eigenwerte $\lambda^i \in \sigma(A)$ sind ungleich Null und haben dasselbe Vorzeichen), *parabolischen* (alle Eigenwerte von A bis auf einen verschwindenden Eigenwert haben dasselbe Vorzeichen) und *hyperbolischen* (alle Eigenwerte sind ungleich Null und die Vorzeichen aller Eigenwerte, sind – mit Ausnahme eines Eigenwertes – gleich) PDGL. Prototypen für die genannten Klassen sind (in eben dieser Reihenfolge) die POISSON-Gleichung, die Wärmeleitungsgleichung und die Wellengleichung.

Zu einer präziseren Einordnung von (3.2) wird ein d-dimensionales (räumliches) Gebiet $\Omega \subseteq \mathbf{R}^d$ eingeführt. Ist Ω beschränkt, sind für (3.2) zusätzlich *Randbedingungen* anzugeben (siehe Abschnitt 3.2.2). Der *Rand* von Ω wird als $\Gamma = \partial\Omega$ und der *Abschluss* als $\bar{\Omega} := \partial\Omega \cup \Omega$ notiert. Eine Hinzunahme von Randbedingungen ist notwendig für die Aussicht auf eine eindeutige Lösung u – sollte diese existieren.

Gilt $\mathfrak{X} = \Omega \subset \mathbf{R}^d$ heißt die PDGL, inklusive der Zusatzbedingungen, *Randwertproblem*. Handelt es sich in (3.2) um ein zeitabhängiges Problem (mit dem Raum-Zeit-Zylinder $\mathfrak{X} = \Omega \times \mathbf{R}_0^+$), ist zusätzlich eine *Anfangsbedingung* anzugeben. Ist $\mathfrak{X} = \mathbf{R}^d \times \mathbf{R}_0^+$ (d. h. $\Omega = \mathbf{R}^d$) ergibt sich ein *Anfangswertproblem* (*CAUCHY-Problem*). Für $\mathfrak{X} = \Omega \times \mathbf{R}_0^+$, $\Omega \subset \mathbf{R}^d$, ergibt sich, entsprechend dem in Abschnitt 3.3 besprochenen Fall, ein *Anfangsrandwertproblem* (ARWP).

Nach dieser einleitenden Klassifikation werden konkrete Ausprägungen der Randbedingungen behandelt.

3.2.2 Randbedingungen

Sei $\Omega \subset \mathbf{R}^d$, $d \in \mathbf{N}$, ein offenes, beschränktes Gebiet mit Rand $\Gamma = \partial\Omega$ und $u \in \mathfrak{U}$ die gesuchte Zustandsfunktion, definiert in einem hinreichend glatten Funktionenraum[15] $\mathfrak{U} \subset \{\tilde{u} : \bar{\Omega} \to \mathbf{R}\}$, dann wird

$$\mathcal{B}u = u_{BC} \quad \text{auf } \partial\Omega \tag{3.3}$$

als eine *Randbedingung* bezeichnet. Hierbei ist $\mathcal{B}$ ein *Randoperator* und $u_{BC} : \partial\Omega \to \mathbf{R}$ eine auf $\partial\Omega$ vorgeschriebene Funktion. Für $u_{BC} = 0$ heißt die Randbedingung *homogen*.

Sei $\partial\Omega := \bigcup_{i=1}^{3} \Gamma_i$, $\Gamma_i \cap \Gamma_j = \emptyset$ für $i \neq j$ eine polygonale Berandung, bestehend aus stückweise stetig differenzierbaren Kurven und die Funktionen $u_l : \partial\Omega \to \mathbf{R}$, $l \in \{D, N, R\}$, gegeben, dann bestehen u. a. folgende Möglichkeiten für die konkrete Ausprägung der Randbedingungen (siehe bspw. [83, S. 17]):

$$u = u_D \quad \text{auf } \Gamma_D := \Gamma_1, \tag{3.4.a}$$

$$\partial_n u = u_N \quad \text{auf } \Gamma_N := \Gamma_2, \tag{3.4.b}$$

$$\partial_n u + \sigma u = u_R \quad \text{auf } \Gamma_R := \Gamma_3. \tag{3.4.c}$$

Es gilt $\mathcal{B}_D = \text{id}$ für (3.4.a), $\mathcal{B}_N = \partial_n$ für (3.4.b) und $\mathcal{B}_R = \partial_n + \sigma \, \text{id}$ für (3.4.c). In den letzteren beiden Fällen ist $n \in \mathbf{R}^d$, $\|n\|_2 = 1$, ein *Normaleneinheitsvektor*, der senkrecht auf der Berandung $\partial\Omega$ steht und von Ω nach $\Omega^c := \mathbf{R}^d \setminus \Omega$ zeigt (siehe Abb. 3.1). Die

---

[15] Die Diskussion der Randbedingungen beschränkt sich auf Randwertprobleme.

Mathematisches Modell 37

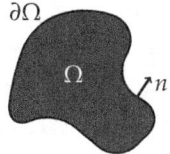

Abbildung 3.1 Grundgebiet Ω mit Rand $\partial\Omega$ und dem zugehörigen Normaleneinheitsvektor $n : \partial\Omega \to \mathbf{R}^d$.

Bedingung (3.4.a) wird als DIRICHLET-*Randbedingung*, (3.4.b) als NEUMANN-*Randbedingung* und (3.4.c) als ROBIN-*Randbedingung* bezeichnet. Eine kompakte Darstellung für den Randoperator $\mathcal{B}$, die (3.4.a)–(3.4.c) subsummiert, ist

$$\mathcal{B} = \sum_{i=1}^{d} b_i(x)\partial_{x^i} + c(x) \quad \text{für alle } x \in \partial\Omega,$$

wobei die Koeffizientenfunktionen $b_i : \partial\Omega \to \mathbf{R}$ und $c : \partial\Omega \to \mathbf{R}$, entsprechend der gewünschten Bedingung zu wählen sind.

Wie aus (3.4.a) und (3.4.b) ersichtlich ist, schreiben DIRICHLET-Randbedingungen den Lösungswert und NEUMANN-Randbedingungen die Normalenableitung der Lösungsfunktion u an der Intervallgrenze $\partial\Omega$ vor. Gilt in (3.4.b) $u_N = 0$ (homogene NEUMANN-Randbedingung), dann ist der Rand undurchlässig (isoliert). Die ROBIN-Randbedingungen in (3.4.c) sind eine Mischform.

Ist die betrachtete PDGL auf einem unbeschränkten Gebiet $\Omega = \mathbf{R}^d$ definiert (d. h. $u : \mathbf{R}^d \to \mathbf{R}$), gilt $u(x) \xrightarrow{\|x\|\to\infty} 0$. Diese Randbedingung wird als *offen* bezeichnet.

3.2.3 Anfangsbedingungen

Für zeitabhängige PDGLs, sind Anfangsbedingungen anzugeben. Diese haben die allgemeine Form

$$u(x,t_0) = u_0(x) \quad \text{in } \Omega, \quad u : \mathbf{R}^d \times \mathbf{R}_0^+ \to \mathbf{R}, \tag{3.5}$$

und einer auf $\Omega \subset \mathbf{R}^d$ vorgegebenen Funktion $u_0 \in \mathfrak{U}_0$ mit $\mathfrak{U}_0 \subset \{\tilde{u}_0 : \bar{\Omega} \to \mathbf{R}\}$.

3.3 Mathematisches Modell

Im Folgenden wird das betrachtete Modell für die Progression von primären Hirntumoren entwickelt. Die Ursprünge gehen auf die Arbeiten in [27, 44, 232 & 247] zurück. Bevor die konkrete Ausprägung des Modells dargestellt wird, werden einleitende Grundgedanken aufbereitet.

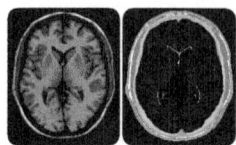  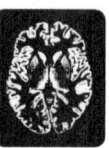

Abbildung 3.2 Illustration des digitalen MRT-Phantoms (axialer Schnitt; Schicht 74). Von links nach rechts: T1w-MRT-Datensatz, Gewebekarte $G = (G_1, ..., G_n)$ und die unscharfen Gewebekarten $\omega_k : \bar{\Omega} \to [0,1]$, $k \in \{W, G\}$, für die weiße und graue Substanz.

3.3.1 Verwendete Datenbasis

Wie sich im weiteren Verlauf zeigt, bedarf eine numerische Simulation der Progression von Hirntumoren eines exakten Vorwissens über die vorliegende Anatomie. Dieses Vorwissen wird einem digitalen Atlas[16] entnommen (siehe Abb. 3.2 (links)) [38]. Die Daten liegen im stereotaktischen Raum nach TALAIRACH vor. Der Atlas beinhaltet, neben einem T1w-MRT-Template $T : \bar{\Omega} \to \mathbf{R}$, eine *Gewebekarte* $G : \bar{\Omega} \to \mathbf{N}^n$, $G = (G_1, ..., G_n)$. Letztere umfasst $n \in \mathbf{N}$ Karten G_k, $k = 1, ..., n$, mit Kennsatznummern für die einzelnen Gewebetypen. Von entscheidender Bedeutung sind die Gewebetypen innerhalb des Gehirns (bestehend aus Großhirn (Cerebrum) und Kleinhirn (Cerebellum)). Das Gehirn wird durch das Gebiet $\Omega_B \subset \Omega$ repräsentiert.

Es liegen Kennsatznummern für folgende Gewebetypen vor: Hintergrund ($\Omega_{BG} \subset \Omega_B^c$ mit $\Omega_B^c := \Omega \setminus \Omega_B$), Liquor ($\Omega_Z \subset \Omega_B^c$), graue Substanz ($\Omega_G \subset \Omega_B$), weiße Substanz ($\Omega_W \subset \Omega_B$), Fettgewebe ($\Omega_F \subset \Omega_B^c$), Muskelgewebe ($\Omega_M \subset \Omega_B^c$), Haut ($\Omega_H \subset \Omega_B^c$), Schädel ($\Omega_S \subset \Omega_B^c$), Bindegewebe ($\Omega_C \subset \Omega_B^c$) und Gliagewebe ($\Omega_{GG} \subset \Omega_B$). Mit $L := \{BG, Z, G, W, F, M, H, S, C, GG\}$ gilt insbesondere, dass $\bigcap_{k \in L} \Omega_k = \emptyset$. Neben diesen Kennsatznummern stellt der verwendete Atlas einen Satz an unscharfen Gewebekarten $\omega_k : \bar{\Omega} \to [0,1]$, $k \in L$, zur Verfügung (siehe Abb. 3.2 (rechts)). Diese finden ebenfalls Verwendung. Die Dimension der Datensätze ist $m = (181, 217, 181)^\mathsf{T}$ mit einer Zellgröße von $h = (1 \times 10^{-3}\,\mathrm{m}, 1 \times 10^{-3}\,\mathrm{m}, 1 \times 10^{-3}\,\mathrm{m})^\mathsf{T}$.

Weiter fließen in das Modell *Diffusions-Tensor-Daten* (*DT-Daten*) ein. Diese basieren auf einem probabilistischen Tensor-Atlas[17] [166]. Die Erstellung des Atlas beruht auf der Normalisierung von DT-Daten von 81 gesunden Probanden (Auflösung: $m = (181, 217, 181)^\mathsf{T}$, $h = (1 \times 10^{-3}\,\mathrm{m}, 1 \times 10^{-3}\,\mathrm{m}, 1 \times 10^{-3}\,\mathrm{m})^\mathsf{T}$). Als Referenzdatensatz für die Erstellung des ICBM DTI-81 Atlas dient der ICBM-152 Atlas. Dieser liegt ebenfalls im TALAIRACH-Raum vor. Die einzelnen Matrixeinträge des Atlas ($d = 3$) sind in Abb. 3.3 dargestellt. Aus dieser Abbildung geht hervor, dass die Hauptinformation von der Hauptdiagonalen des Tensors v getragen wird.

---

[16] Derselbe Atlas wird bspw. in [179] verwendet.
[17] Öffentlich zur Verfügung gestellt durch das *International Consortium of Brain Mapping* (ICBM; ICBM DTI-81 Atlas). Dieser Atlas wird bspw. in [168] im Kontext der Modellierung von Tumorwachstum verwendet.

Mathematisches Modell 39

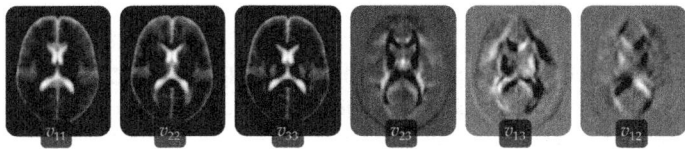

Abbildung 3.3 Skalarkarten $v_{i_1 i_2} : \bar{\Omega} \to \mathbf{R}$ für die individuellen Matrixeinträge des Tensorfeldes $v : \bar{\Omega} \to \mathfrak{S}^{3,+}$, $v = (v_{i_1 i_2})_{i_1, i_2=1}^{3,3}$, $v_{i_1 i_2} \in \mathbf{R}$, des verwendeten Tensor-Atlas [166]. Die Reihung der Einzeleinträge folgt der VOIGTschen Notation.

3.3.2 Formale Definition des direkten Problems

In diesem Abschnitt wird der Begriff des *direkten Problems* präzisiert. Hierzu wird der Terminus des mathematischen Modells eingeführt (vgl. [185, S.14, Def. 1.5.1]):

Definition 11 Die Abbildung $A : \mathfrak{U} \to \mathfrak{Q}$, von der Menge der Ursachen $\mathfrak{U}$ in die Menge der Wirkungen $\mathfrak{Q}$, bezeichnet ein *mathematisches Modell* $q = A(w)u$ mit vorgegebenen Systemparametern $w \in \mathfrak{W}$. ♣

Das direkte Problem leitet sich aus Def. 11 wie folgt her (vgl. [185, S.14, Def. 1.5.1]):

Definition 12 Als ein *direktes Problem* wird die Berechnung der Wirkung $q \in \mathfrak{Q}$ aus der Eingabe $u \in \mathfrak{U}$ bei gegebenen Systemparametern $w \in \mathfrak{W}$ bezeichnet. ♣

Hierbei handelt es sich um eine sehr allgemein gehaltene Definition. Eine Präzisierung bedarf einer genaueren Betrachtung des Modellproblems. Wie sich in Abschnitt 3.3.4 zeigt, führt die Modellierung der raumzeitlichen Dynamik tumoröser Zellen, in Form einer Dichtefunktion $u \in \mathfrak{U} \subset \{\bar{u} : \bar{\Omega} \times \mathbf{R}_0^+ \to \mathbf{R}\}$, auf ein ARWP, definiert auf dem Raum-Zeit-Zylinder $\Omega \times \mathbf{R}_0^+$, $\Omega \subset \mathbf{R}^d$, $d \in \{1,2,3\}$. Für eine sachgemäße Problemstellung, sind zwingend Anfangs- und Randbedingungen anzugeben. Diese Zusatzbedingungen werden in dem Operator $\mathcal{L}_Z : \mathfrak{U} \to \mathfrak{U}_Z$ zusammengefasst. Es gilt

$$\mathcal{L}_Z u = u_Z \quad \text{auf } \partial\Omega \times \mathbf{R}^+ \cup \Omega \times \{0\}.$$

Weiter sei die betrachtete PDGL in Form einer *Operatorgleichung* durch $\mathcal{L}(w)u = f$ in $\Omega \times \mathbf{R}^+$ mit $f \in \mathfrak{F}$ und $\mathcal{L}(w) : \mathfrak{U} \to \mathfrak{F}$ erklärt. Einer kompakten Repräsentation wegen wird der Operator A eingeführt, der $\mathcal{L}(w)$ und $\mathcal{L}_Z$ (formal repräsentiert durch ein Tupel $(\mathcal{L}(w), \mathcal{L}_Z)$) subsummiert. Das Vorwärtsproblem ergibt sich zu

$$A(w) := (\mathcal{L}(w), \mathcal{L}_Z) : \mathfrak{U} \to \mathfrak{F} \times \mathfrak{U}_Z, \quad A(w)u = (f, u_Z)^\mathsf{T} =: q, \tag{3.6}$$

mit $f \in \mathfrak{F}$ und $u_Z \in \mathfrak{U}_Z$. Es sei angemerkt, dass in Kapitel 5 die Operatorgleichung (3.6), im Sinne einer Nebenbedingung als $C(w, u) := A(w)u - q = 0$ notiert[18] wird.

---
[18] Die verwendete Notation ist dsbzgl. an die Arbeiten [87, 88, 237 & 238] angelehnt.

3.3.3 Modellprobleme

Im weiteren Verlauf werden unterschiedliche Fragestellungen in Zusammenhang mit der Lösung direkter und inverser Probleme besprochen, bei denen PDGLs eine zentrale Rolle spielen. Um Wesentliches zu zeigen, werden zwei einfache Testprobleme (in Anlehnung an [88]) bereitgestellt. Als erstes wird ein elliptisches Problem mit DIRICHLET-Randbedingungen betrachtet:

Problem 1 *Sei* $\Omega = (\omega_1^1, \omega_2^1) \times \cdots \times (\omega_1^d, \omega_2^d) \subset \mathbf{R}^d, d \in \{2,3\}, G \subseteq \Omega$ *und* $w : \bar{G} \to \mathbf{R}^+$. *Finde ein* $u : \bar{G} \to \mathbf{R}_0^+$, *so dass*

$$\nabla \cdot (w\nabla u) = b, \quad \text{auf } G, \qquad (3.7.a)$$

$$u = u_{BC}, \quad \text{auf } \partial G, \qquad (3.7.b)$$

erfüllt ist.

Als zweites Testproblem wird ein parabolisches ARWP mit NEUMANN-Randbedingungen bereitgestellt:

Problem 2 *Sei* $\Omega = (\omega_1^1, \omega_2^1) \times \cdots \times (\omega_1^d, \omega_2^d) \subset \mathbf{R}^d, d \in \{2,3\}, G \subseteq \Omega, n : \partial G \to \mathbf{R}^d, \tau > 0$, $u_0 : \bar{G} \to \mathbf{R}_0^+$ *und* $w : \bar{G} \to \mathbf{R}^+$. *Finde ein* $u : \bar{G} \times \mathbf{R}_0^+ \to \mathbf{R}_0^+$, *so dass*

$$\partial_t u - \nabla \cdot (w\nabla u) = 0, \quad \text{in } G \times (t_0, \tau], \qquad (3.8.a)$$

$$u(\cdot, t_0) = u_0, \quad \text{auf } G, \qquad (3.8.b)$$

$$\nabla u \cdot n = 0, \quad \text{in } \partial G \times (t_0, \tau], \qquad (3.8.c)$$

erfüllt ist.

Als Koeffizientenfunktion w wird wahlweise

$$w(x) = w_0 \quad \forall x \in G \qquad (3.9)$$

oder

$$w(x) = w_0 \left(0{,}5 + \exp\left(-10 \sum_{i=1}^{2} (x^i - 0{,}5(\omega_2^i - \omega_1^i))^2\right)\right) \quad \forall x \in G \qquad (3.10)$$

verwendet. Für ein zweidimensionales (dimensionsloses) Gebiet $G = (\omega_1^1, \omega_2^1) \times (\omega_1^2, \omega_2^2) \subset \mathbf{R}^2$ mit $\omega_1^i = 0$, $\omega_2^i = 1$ und $m = (8,8)^\mathsf{T}$ (Anzahl der Diskretisierungspunkte; vgl. Abschnitt 3.4 auf S. 51) ist die Koeffizientenfunktion (3.10) in Abb. 3.4 dargestellt.

Mathematisches Modell

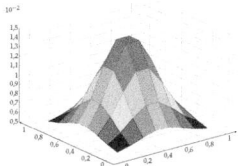

Abbildung 3.4 Illustration der diskretisierten Koeffizientenfunktion w aus (3.10) für ein Gebiet $\Omega = (0,1)^d \subset \mathbf{R}^2$ auf der Basis von $m = (8,8)^\mathsf{T}$ Diskretisierungspunkten.

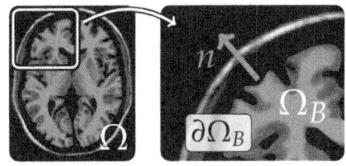

Abbildung 3.5 Illustration des räumlichen Gebietes Ω_B und dessen Berandung $\partial \Omega_B$. Der Normaleneinheitsvektor, der orthogonal auf der polygonalen Berandung $\partial \Omega_B$ steht, wird mit n bezeichnet.

3.3.4 Entwicklung der Modellgleichung

In einem ersten Schritt wird das betrachtete Modell in einer allgemeinen Form entwickelt. Mit $\Omega := (\omega_1^1, \omega_1^2) \times \cdots \times (\omega_d^1, \omega_d^2) \subset \mathbf{R}^d$, $d \in \mathbf{N}$, wird das der räumlichen Koordinate $x := (x^1, \ldots, x^d) \in \mathbf{R}^d$ zugehörige Gebiet mit Berandung $\partial \Omega$ bezeichnet. Da die Lösung lediglich innerhalb des Gehirns von Interesse ist, wird zusätzlich ein Untergebiet $\Omega_B \subset \Omega$ mit der polygonalen Berandung $\partial \Omega_B$ und dem Abschluss $\bar{\Omega}_B := \Omega_B \cup \partial \Omega_B$ eingeführt (siehe Abb. 3.5). Das betrachtete Zeitintervall ist durch $[t_0, \tau] \subseteq \mathbf{R}_0^+$ erklärt. Im Gegensatz zu [44 & 221] wird die Heterogenität tumoröser Zellen vernachlässigt. Damit ist die gesuchte Zustandsfunktion[19] u der Gestalt $u : \bar{\Omega}_B \times \mathbf{R}_0^+ \to \mathbf{R}_0^+$. Einer kompakten Darstellung wegen wird der hinreichend glatte, nicht weiter spezifizierte Funktionenraum $\mathfrak{U} \subseteq \{\tilde{u} : \bar{\Omega}_B \times \mathbf{R}_0^+ \to \mathbf{R}_0^+\}$ eingeführt. Selbiges gilt für die Startverteilung $u_0 \in \mathfrak{U}_0 \subseteq \{\tilde{u} : \bar{\Omega}_B \to \mathbf{R}_0^+\}$ und die Randwerte $u_{BC} \in \mathfrak{U}_{BC} \subseteq \{\tilde{u} : \partial \Omega_B \to \mathbf{R}_0^+\}$.

Die resultierende PDGL folgt, in ihrer konkreten Ausprägung, der Primärliteratur [169, S. 537 ff.] (und den Referenzen darin (siehe Abschnitt 3.3.5 auf S. 49)) und basiert auf der Annahme, dass sich die Zustandsfunktion u, an einem Ort $x \in \Omega_B$ und über die Zeit $t \in [t_0, \tau]$ lediglich auf der Basis von zwei Prozessen ändern kann: Zellen können sich bewegen (*Migration*) oder sich vermehren (*Proliferation*). Diese Prozesse werden über eine tensorwertige Koeffizientenfunktion $v : \bar{\Omega} \to \mathbf{R}^{d \times d}$ und einen Wachstumsparameter

---

[19] Eine Interpretationsmöglichkeit für u ist die einer Wahrscheinlichkeitsverteilung, die angibt, wie wahrscheinlich es ist, dass an einer Stelle x zu einem Zeitpunkt t, maligne Zellen vorliegen.

$\gamma > 0$ kontrolliert. Diese Systemparameter werden in einem Tupel $w := (v, \gamma)$ zusammengefasst, womit der Zusammenhang zu Abschnitt 3.3.2 hergestellt ist. Für v wird zusätzlich der Funktionenraum $\mathfrak{V} \subseteq \{\tilde{v} : \bar{\Omega} \to \mathbf{R}^{d \times d}\}$ eingeführt. Die Modellierung der Migration bzw. der Proliferation erfolgt auf der Basis der Operatoren $\mathcal{L}_M(v) : \mathfrak{U} \to \mathfrak{F}$ (Migrationsmodell) bzw. $\mathcal{L}_R(\gamma) : \mathfrak{U} \to \mathfrak{F}$ (Reaktionsmodell). Das resultierende ARWP lautet in seiner allgemeinen Form:

Problem 3 Sei $\Omega := (\omega_1^1, \omega_2^1) \times \cdots \times (\omega_1^d, \omega_2^d) \subset \mathbf{R}^d$, $d \in \mathbf{N}$, $\Omega_B \subset \Omega$, $[t_0, \tau] \subset \mathbf{R}_0^+$, die Systemparameter $w := (v, \gamma)$, $v \in \mathfrak{V}$, $\gamma > 0$, und die Funktionen $u_{BC} \in \mathfrak{U}_{BC}$ und $f \in \mathfrak{F}$ gegeben. Finde ein $u \in \mathfrak{U}$, so dass

$$\mathcal{L}(w)u = \partial_t u - \mathcal{L}_M(v)u - \mathcal{L}_R(\gamma)u = f \quad \text{in } \Omega_B \times (t_0, \tau], \quad (3.11.a)$$

$$\mathcal{B}u = u_{BC} \quad \text{auf } \partial\Omega_B \times (t_0, \tau], \quad (3.11.b)$$

$$u(\cdot, t_0) = u_0 \quad \text{in } \bar{\Omega}_B, \quad (3.11.c)$$

mit $\mathcal{L}(w) : \mathfrak{U} \to \mathfrak{F}$, $\mathcal{L}_M(w) : \mathfrak{U} \to \mathfrak{F}$, $\mathcal{L}_R(\gamma) : \mathfrak{U} \to \mathfrak{F}$, $\mathcal{B} : \mathfrak{U} \to \mathfrak{U}_{BC}$ und $u_0 \in \mathfrak{U}_0$ erfüllt ist.

Der Operator $\mathcal{B} : \mathfrak{U} \to \mathfrak{U}_{BC}$ in (3.11.b) schreibt Randbedingungen und die Funktion $u_0 \in \mathfrak{U}_0$ in (3.11.c) Anfangsbedingungen vor.

Zusätzlich können Therapieeffekte [44, 57, 179, 187, 188 & 219] bzw. weitere zellphysiologische Prozesse [210, 211 & 221] in der Modellierung berücksichtigt werden. Diese Phänomene werden allerdings, aus den in Abschnitt 1.1 dargelegten Gründen, nicht weiter betrachtet.

Im Folgenden wird die präzise Form der einzelnen Bausteine von Prb. 3 entwickelt.

3.3.4.1 Parabolischer Differenzialoperator

Der zentrale Bestandteil des Modells in Prb. 3 ist der Differenzialoperator $\mathcal{L}_M$. Für das Folgende ist eine an die Zustandsfunktion u gestellte Grundannahme, dass sie gutartige Eigenschaften, wie Stetigkeit und Differenzierbarkeit, aufweist[20].

Für das, was folgt, wird der GAUSSSCHE Integralsatz benötigt. Dieser lautet [63, S. 180, Satz 3]:

Satz 3 Sei $G \subset \mathbf{R}^d$ eine kompakte Menge mit stückweise glattem Rand $\partial G = \Gamma$. Dann gilt für jedes k-mal stetig differenzierbare Vektorfeld $\psi \in C^k(\Omega)^d$, $k \in \mathbf{N}$, $\Omega \supset G$,

$$\int_G \nabla \cdot \psi(x) \, dx = \oint_{\partial G} \langle \psi(x), n(x) \rangle \, d\Gamma. \quad (3.12)$$

---

[20] Wird eine hinreichend große Population u betrachtet, erscheint dies eine vernünftige Annahme.

Mathematisches Modell 43

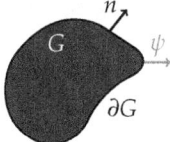

Abbildung 3.6 Zweidimensionale Illustration einer Flussfunktion $\psi : \partial G \to \mathbf{R}^2$, die über der Berandung ∂G eines Teilgebietes $G \subset \mathbf{R}^2$ vorgeschrieben ist. Die Orientierung des Randes wird durch den Normaleneinheitsvektor $n : \partial G \to \mathbf{R}^2$ vorgegeben.

Hierbei bezeichnet $n : \partial G \to \mathbf{R}^d$ *das in* $\mathbf{R}^d \backslash G$ *weisende Einheitsnormalenfeld. Gl. (3.12) heißt Integralsatz von* GAUSS.

Beweis Der Beweis kann in [63, S. 181] nachgelesen werden. □

Der Operator $\mathcal{L}_M$ in (3.11.a) kann aus Überlegungen basierend auf Bilanzgleichungen gewonnen werden: Die auf einem beschränkten Testgebiet $G \subset \Omega_B$ mit glattem Rand ∂G zu einem Zeitpunkt $t \geq 0$ vorliegende Gesamtpopulation ist durch

$$\int_G u \, dx$$

gegeben. Eine Änderung der Gesamtpopulation in G kann entweder durch einen Fluss $\psi : \mathbf{R}^d \to \mathbf{R}^d$ über den Rand ∂G (vgl. Abb. 3.6) oder über Quellen (bzw. Senken) ϕ erfolgen. Es folgt

$$d_t \int_G u \, dx = - \int_{\partial G} \langle \psi, n \rangle \, d\Gamma + \int_G \phi \, dx. \tag{3.13}$$

Durch Vertauschen von Integration und Differenziation und durch Anwenden des GAUSSschen Integralsatzes (siehe Satz 3) ergibt sich aus (3.13)

$$\int_G \partial_t u + \nabla \cdot \psi - \phi \, dx = 0.$$

Da G beliebig gewählt ist, folgt die allgemeingültige Differenzialgleichung

$$\partial_t u + \nabla \cdot \psi - \phi = 0 \quad \text{in } \Omega_B \times \mathbf{R}_0^+. \tag{3.14}$$

Für die Wahl des Reaktionsmodells ϕ bestehen unterschiedliche Möglichkeiten. Diese werden in Abschnitt 3.3.4.4 separat behandelt. Für die Flussfunktion ψ werden in der Regel zwei Modelle betrachtet: Zum einen ein *Konvektionsstrom* $\psi_K = v_K u$ mit vorgegebenem, hinreichend glatten Geschwindigkeitsfeld $v_K : \mathbf{R}^d \to \mathbf{R}^d$. Zum anderen liefert das erste *Ficksche Gesetz* den Fluss $\psi_D = -v_D \nabla u$ mit der hinreichend glatten Koeffizientenfunktion $v_D : \mathbf{R}^d \to \mathbf{R}^{d \times d}$. Einsetzen in (3.14) resultiert in dem konstitutiven Gesetz

$$\partial_t u + \nabla \cdot (v_D \nabla u + v_K u) - \phi = 0 \quad \text{in } \Omega_B \times \mathbf{R}_0^+. \tag{3.15}$$

Gl. (3.15) heißt *Reaktions-Diffusions-Konvektions-Gleichung* (RDKG; siehe bspw. [111]). Die Modellierung der Migration tumoröser Zellen, basierend auf passiver Diffusion, ist eine akzeptierte Modellannahme [18, 35, 107, 114, 132, 134, 215, 218 & 220]. Eine konvektive Bewegung wird bspw. in [77, 78, 106 & 107] berücksichtigt. In der vorliegenden Arbeit gilt allerdings $v_K = 0$. Damit ergibt sich $\mathcal{L}_M$ zu[21]

$$\mathcal{L}_M(v)u = \nabla \cdot (v \nabla u) = \text{div}\,(v \nabla u) \quad \text{in } \Omega_B \times \mathbf{R}_0^+ \tag{3.16}$$

mit $v := v_D$. Die konkrete Ausprägung der Koeffizientenfunktion v wird in einem separaten Abschnitt behandelt (siehe Abschnitt 3.3.4.5). Vorher werden die Rand- und Anfangsbedingungen besprochen.

3.3.4.2 Randbedingungen

Wie in Abschnitt 3.2.2 skizziert stehen unterschiedliche *Randbedingungen* zur Auswahl. Diese sind auf $\partial \Omega_B$ vorzuschreiben (siehe Abb. 3.5). Die physiologische Motivation für das Einbringen von Randbedingungen ist, dass die tumorösen Zellen nur im betroffenen Organ (Gehirn) auftreten – es kommt zu keiner Metastasenbildung. Das System wird als abgeschlossen angesehen. Es folgt unmittelbar, dass physiologisch plausible Randbedingungen $\partial \Omega_B$ als undurchlässig modellieren. Diese Überlegung führt auf homogene NEUMANN-*Randbedingungen* (vgl. Abschnitt 3.2.2). Es gilt

$$\mathcal{B}u = \partial_n u = 0 \quad \Leftrightarrow \quad \langle \psi, n \rangle = \langle v \nabla u, n \rangle = 0,$$

wobei $\langle v \nabla u, n \rangle$ als *Konormalenableitung* bezeichnet wird [126, S. 11] und $\psi : \mathbf{R}^d \to \mathbf{R}^d$ die im vorangegangenen Abschnitt eingeführte Flussfunktion repräsentiert.

3.3.4.3 Anfangsbedingungen

Die Anfangsbedingung u_0 in Prb. 3 ist der Primärliteratur [169, S. 547] entnommen und durch

$$u_0(x) = u_I \exp\left(-\|x_I - x\|_2 / \sigma_I\right) \quad \text{in } \bar{\Omega}_B \tag{3.17}$$

mit $x_I \in \Omega_B$, $\sigma_I > 0$, $u_I > 0$, erklärt. Damit ergibt sich rein formal $\mathfrak{U}_0 = C^\infty(\Omega_B, \mathbf{R}_0^+)$.

---

[21] Dieses Modell unterliegt sehr starken Vereinfachung. Es wird weder eine aktive Bewegung entlang vorliegender Nervenbahnen noch eine Invasion, basierend auf dem aktiven Abbau der extrazellulären Matrix, berücksichtigt. Derartig feingranuläre Prozesse bedürfen einer Modellierung auf der zellulären Ebene (siehe bspw. [EZ01, EZ02, EZ04, EK02, EK03, EK05, EK06, EK10]).

3.3.4.4 Modellierung der Zellvermehrung

In der Literatur werden verschiedene *Reaktionsmodelle* $\phi_\gamma := \mathcal{L}_R(\gamma)$ vorgestellt [234]. Das einfachste Modell ist eine exponentielle Vermehrung tumoröser Zellen (*Modell von* MALTHUS). Dieses basiert auf der Vorschrift

$$\phi_{E,\gamma} = \gamma u. \tag{3.18}$$

Diese wird bspw. in [18, 27, 35, 44, 218, 220, 232 & 247] verwendet. Eine exponentielle Zunahme der Gesamtpopulation gilt nur in einer frühen Wachstumsphase [138]. Für große Populationen ist eine konstante Wachstumsrate γ unrealistisch. Die Beschränkung von Ressourcen in einem Lebensraum führt dazu, dass sich eine obere Schranke $u_L \in (0, u_M]$, $\lim_{t\to\infty} \phi_\gamma \to u_L$, für eine vorgegebene *Trägerkapazität* u_M ausbildet. Soll ϕ_γ gegen u_L konvergieren, muss die Wachstumsrate von der Zustandsfunktion u abhängen. Gesucht ist eine Funktion $\beta(u) > 0$ für $u \in (0, u_L)$ und $\beta(u) < 0$ für $u \geq u_L$.

Die Herleitung der Rechenvorschrift für das gesuchte, selbstlimitierende Reaktionsmodell ϕ_γ basiert auf dem linearen Ansatz $\beta(u) = \gamma(u_L - u)$ (vgl. [56, S. 9]). Ersetzt man γ in (3.18) durch die Funktion β, ergibt sich die als *logistisches Reaktionsmodell* bezeichnete Rechenvorschrift

$$\phi_{L,\gamma} = \gamma u(u_L - u) = \gamma u_L u - \gamma u^2. \tag{3.19}$$

Für $u \ll u_L$ nimmt (3.19) die Form eines exponentiellen Wachstumsmodells an. Nähert sich u dem Wert u_L an, nimmt die Zellvermehrung ab bis u schließlich den Grenzwert u_L annimmt. Der Term $-\gamma u^2$ beschreibt hierbei den Wettbewerb um Ressourcen bei zunehmender Population u.

Im experimentellen Teil dieser Arbeit nimmt (3.19) eine zentrale Rolle ein. Deshalb wird dieses Modell näher betrachtet[22]. Aus (3.19) ist ersichtlich, dass $u < u_L \Rightarrow \partial_t u > 0$ und $u > u_L \Rightarrow \partial_t u < 0$. Weiter ist $\partial_{tt} u = \partial_t[\gamma u(u_L - u)] = \gamma^2(u_L - 2u)(u_L - u)u$, so dass $u \in (0, u_L/2) \cup (u_L, \infty) \Rightarrow \partial_{tt} u > 0$ und $u_L \in (u_L/2, u_L) \Rightarrow \partial_{tt} u < 0$. Demnach haben Lösungen von (3.19) einen Wendepunkt bei $u_L/2$ und sind für $u \in (u_L/2, u_L)$ konvex, sonst konkav.

Weitere Eigenschaften werden anhand der analytischen Lösung untersucht: Umstellen von (3.19) liefert $\frac{\partial_t u}{u(u_L - u)} = \gamma$. Hieraus folgt mittels der Partialbruchzerlegung $\frac{1}{u(u_L-u)} = \frac{1}{u_L}\left(\frac{1}{u} + \frac{1}{u_L - u}\right)$ und durch Integration $\ln(u) - \ln|u_L - u| = u_L \gamma t + c$, $c \in \mathbf{R}$. Folglich gilt

$$u(u_L - u)^{-1} = c_1 \exp(u_L \gamma t) \quad \Leftrightarrow \quad u = \frac{c_1 u_L \exp(u_L \gamma t)}{1 + c_1 \exp(u_L \gamma t)} = \frac{u_L}{1 + c_2 \exp(-u_L \gamma t)}$$

mit $c_i \in \mathbf{R}$ beliebig. Mit $u|_{t_0} = u_0$ folgt

---

[22] Das Folgende basiert auf den Ausführungen in [56, S. 9 ff.].

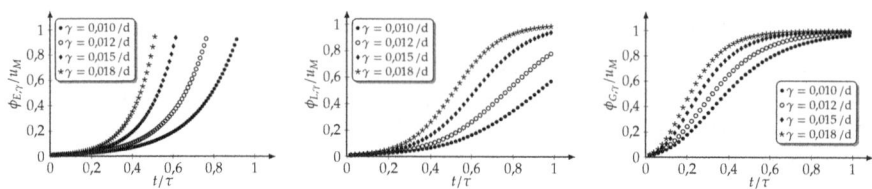

Abbildung 3.7 Zeitlicher Verlauf unterschiedlicher Reaktionsmodelle $\phi_{l,\gamma}$, $l \in \{E, L, G\}$, für $\gamma \in \{0{,}010\,\mathrm{d}^{-1}, 0{,}015\,\mathrm{d}^{-1}, 0{,}020\,\mathrm{d}^{-1}, 0{,}025\,\mathrm{d}^{-1}\}$ (links: $\phi_{E,\gamma}$; mittig: $\phi_{L,\gamma}$; rechts: $\phi_{G,\gamma}$). Hierbei ist $\tau > 0$ der betrachtete Simulationszeitraum und $u_L = u_M$.

$$u = \frac{u_L u_0}{u_0 + (u_L - u_0)\exp(-u_L \gamma(t - t_0))}$$

und damit, dass für ein strikt positives u_0 die Funktion u für alle t strikt positiv ist. Weiter ist $\lim_{t \to \infty} u = u_L$ direkt ersichtlich. Das Reaktionsmodell (3.19) wird bspw. in [77, 107, 132, 134, 187 & 191] verwendet.

Das GOMPERTZsche Wachstumsmodell ist artverwandt. Ein deskriptiver Charakter für eine Modellierung der Vermehrung von Krebszellen wurde erstmals in [138] nachgewiesen. Das Modell ist durch

$$\phi_{G,\gamma} = \gamma u \ln(u_L/u) \tag{3.20}$$

erklärt und wird bspw. in [33] verwendet. Der Verlauf der Funktionen $\phi_{l,\gamma}$, $l \in \{E, L, G\}$, ist in Abb. 3.7 gegenübergestellt.

3.3.4.5 Modellierung der Migration tumoröser Zellen

Das Modell für die Migration tumoröser Zellen im zerebralen Gewebe beruht auf passiver Diffusion [169, S. 542 ff.] (vgl. Abschnitt 3.3.4.1). Die Steuerung der Richtung und Geschwindigkeit der Ausbreitung erfolgt über ein hinreichend glattes *Tensorfeld* $v \in \mathfrak{V} \subseteq \{\tilde{v} : \bar{\Omega} \to \mathfrak{S}^{d,+}, d \in \mathbf{N}\}$.

Ursprünglich wurde eine homogene Ausbreitung der tumorösen Zellen angenommen [44]. Neuere Arbeiten verwenden inhomogene Ansätze [18, 35, 107, 114, 132, 191, 215, 218 & 220]. Das zugehörige Modell lässt sich kompakt über

$$v(x) = s(x)v_T(x) \quad \forall x \in \bar{\Omega} \tag{3.21}$$

mit $s : \bar{\Omega} \to \mathbf{R}_0^+$ und $v_T : \bar{\Omega} \to \mathfrak{S}^{d,+}$ darstellen. Die Funktion s ermöglicht es, eine experimentell bestätigte [71 & 72] gewebedifferenzierte Ausbreitungsgeschwindigkeit in der weißen (d. h. in $\Omega_W \subset \Omega$) und grauen (d. h. in $\Omega_G \subset \Omega$) Substanz zu berücksichtigen. Es gilt

Mathematisches Modell

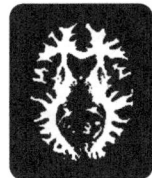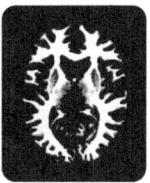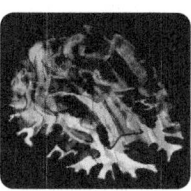

Abbildung 3.8 Illustration unterschiedlicher Koeffizientenkarten $s : \Omega \to \mathbf{R}_0^+$ der mittleren Diffusivität im Gehirn (axialer Schnitt (Schicht 80); links: stückweise konstante Koeffizientenkarte s_{SK} (invertierte Grauwertskala); mittig: unscharfe Koeffizientenkarte s_U (invertierte Grauwertskala); rechts: s_U und eine Oberflächensynthese der weißen Substanz und des Hirnventrikels).

$$s_{SK}(x) := \begin{cases} w_l, & \text{falls } x \in \bar{\Omega}_l, l \in \{W, G\}, \\ 0, & \text{sonst,} \end{cases} \qquad (3.22)$$

mit $w_l > 0, l \in \{W, G\}, w_G \ll w_W$. Die benötigte Gewebekarte basiert auf einem synthetischen MRT-Atlas [37 & 38] (siehe Abschnitt 3.3.1). Wie aus (3.22) ersichtlich, ist s stückweise konstant. Diesem Sachverhalt ist bei der Diskretisierung Rechnung zu tragen (siehe Abschnitt 3.4).

Eine Verfeinerung[23] von (3.22) kann durch eine Berücksichtigung der Unsicherheit der Gewebedifferenzierung auf Basis einer unscharfen Logik erfolgen. Die zugehörige inhomogene Wichtung ist über

$$s_U(x) := w_W \, \omega_W(x) + w_G \, \omega_G(x) \qquad (3.23)$$

erklärt. Die Funktionen $\omega_l : \bar{\Omega} \to [0,1]$ entsprechen unscharfen Gewebekarten für die graue und weiße Substanz [37 & 38] (vgl. auch Abschnitt 3.3.1), wobei $\forall x \in \bar{\Omega} :$ $\omega_W(x) + \omega_G(x) \leq 1$ gilt. Ein ähnlicher Ansatz ist in [191] beschrieben. Basierend auf der Beobachtung, dass vereinzelte Zellen in den Liquor vordringen, wird in [191] Gl. (3.23) um eine Wahrscheinlichkeitskarte für den Liquor erweitert. In der vorliegenden Arbeit wird an den Randbedingungen aus Abschnitt 3.3.4.2 festgehalten und damit ein Ausströmen tumoröser Zellen in den Liquor unterbunden.

Ein Vorteil unscharfer Gewebekarten liegt in der Verbesserung der Stetigkeit des Modells. Im Vergleich zu (3.22) liegt s_U nicht mehr im Raum der stückweise konstanten Funktionen (mit beschränkter Variation) vor, sondern in einem, bzgl. numerischer Verfahren verträglicherem, glatten Funktionenraum. Die Koeffizientenkarten s_{SK} und s_U sind in Abb. 3.8 gegenübergestellt.

Zu klären bleibt die Frage nach der konkreten Ausprägung der Funktion $v_T : \bar{\Omega} \to \mathbf{R}^{d \times d}$ in (3.21).

---

[23] Diese ist in den Arbeiten [EK01, EK08 & EZ05] beschrieben.

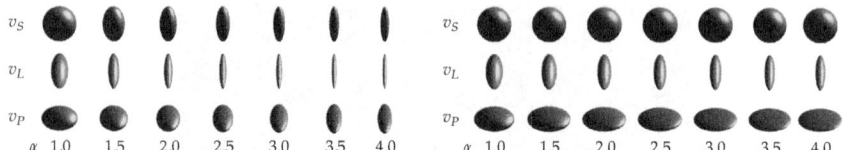

Abbildung 3.9 Effekt der Skalierung der Anisotropie auf die Tensor-Geometrie. Dargestellt ist eine Skalierung des der Hauptrichtung der Diffusion zugehörigen Eigenwertes (links) sowie die Anwendung der Rechenvorschrift (3.27) (rechts) auf die Tensoren $v_S = \mathrm{diag}(1,0,1,0,1,0) \in \mathbf{R}^{3\times 3}$ (obere Reihe), $v_L = \mathrm{diag}(1,0,0,5,0,5) \in \mathbf{R}^{3\times 3}$ (mittlere Reihe) und $v_P = \mathrm{diag}(1,0,1,0,0,4) \in \mathbf{R}^{3\times 3}$ (untere Reihe) für unterschiedliche $\alpha \in \{1,0, 1,5, 2,0, 2,5, 3,0, 3,5, 4,0\}$ (von links nach rechts).

3.3.4.5.1 Inhomogene, isotrope Diffusion

Ein verbreitetes Modell für die Ausbreitung tumoröser Zellen ist eine inhomogene, isotrope Diffusion [107, 215, 218 & 220]. Das Modell ist durch

$$v(x) = s(x)E_d \quad \forall x \in \bar{\Omega} \tag{3.24}$$

mit $E_d = \mathrm{diag}(1, ..., 1) \in \mathbf{R}^{d\times d}$ erklärt.

3.3.4.5.2 Inhomogene, anisotrope Diffusion

Es ist experimentell bestätigt [71 & 72], dass sich tumoröse Zellen bevorzugt in der weißen Substanz ausbreiten. Diese Beobachtung legt es nahe, eine entlang der Nervenfaserbündel gerichtete Migration zu modellieren. Diese Modellannahme kann auf der Basis eines mittels DT-Bildgebung gewonnen anisotropen DT-Feldes berücksichtigt werden [18, 35, 114, 132, 134 & 191]. In Anlehnung an (3.24) gilt

$$v(x) = s(x)v_D(x) \quad \forall x \in \bar{\Omega} \tag{3.25}$$

mit $v_D \in \mathfrak{V} \subseteq \{\tilde{v} : \bar{\Omega} \to \mathfrak{S}^{d,+}\}$. Die Koeffizientenfunktion $s : \bar{\Omega} \to \mathbf{R}_0^+$ ist wie eingangs dargestellt gewählt. Das Tensorfeld v_D ist in Abhängigkeit von den Gewebekarten durch

$$v_D(x) = \begin{cases} v_{DTI}(x) & x \in \Omega_W, \\ E_d & \mathrm{sonst}, \end{cases} \tag{3.26}$$

erklärt. Hierbei ist $v_{DTI} \in \mathfrak{V}$ eine mittels DT-Bildgebung [15] gewonnene Tensor-Karte[24]. Diese Karte wird einem Atlas entnommen [166] (vgl. Abschnitt 3.3.1).

---

[24] Der Allgemeingültigkeit wegen ist die Dimensionalität $d \in \mathbf{N}$ nicht festgelegt. Es ist anzumerken, dass die DT-Bildgebung ein dreidimensionales bildgebendes Verfahren ist – die gemessenen Daten entsprechen 3×3 Matrizen.

Mathematisches Modell 49

Basierend auf (3.26) entspricht die Migration tumoröser Zellen einer entlang der Nervenbahnen gerichteten Diffusion von Wasser. Diese Modellannahme stellt sich als eine zu starke Vereinfachung heraus [36, 114, 132, 134 & 168]. In [114] wird vorgeschlagen, die Anisotropie des Tensorfeldes v_{DTI} zu erhöhen. Eine Diagonalisierung $v_{DTI} = Y \Lambda Y^{-1}$ nach Anm. 3 legt es nahe, den zur Hauptrichtung $v_1 \in \mathbf{R}^d \setminus \{0\}$ gehörenden Eigenwert $\lambda_1 > 0$ zu skalieren. Die zugehörige Skalierungsvorschrift lautet $v^* = YS\Lambda Y^{-1}$ mit $S = \text{diag}(\alpha, 1, ..., 1) \in \mathbf{R}^{d \times d}$ und dem Skalierungsparameter $\alpha > 0$. Ein Nachteil dieser Rechenvorschrift ist, dass die durch den Eigenvektor v_1 repräsentierte Raumrichtung favorisiert wird. Abhilfe schafft die in [114] vorgeschlagene Rechenvorschrift. Für $d = 3$ gilt (modifiziert aus [114])

$$v^*(x) = \psi(v_{DTI}(x)) := \kappa \sum_{i=1}^{3} \langle c_i(\alpha), \theta \rangle [\lambda_i e_i \otimes e_i](x). \tag{3.27}$$

Hierbei ist $\theta := (s_L, s_P, s_S)^T \in \mathbf{R}^3$, $c_1 = (\alpha, \alpha, 1)^T$, $c_2 = (1, \alpha, 1)^T$, $c_3 = (1, 1, 1)^T$, $\lambda_i \in \sigma(v_{DTI}), i = 1, ..., d$, $\kappa > 0$, $\alpha > 0$ und $\otimes$ das äußere Produkt zwischen zwei Vektoren. Der Parameter κ ermöglicht es, die durch v_{DTI} vorgegebene mittlere Diffusivität zu erhalten. Es gilt [114]

$$\kappa := \frac{\text{spur}(v_{DTI}(x))}{\sum_{i=1}^{3} \langle c^i(\alpha), \theta \rangle \lambda^i(x)}$$

mit den kanonischen Einheitsvektoren $e_i \in \mathbf{R}^d, i = 1, ..., d$. Der Parameter α kontrolliert die Anisotropie des Tensors. Die Einträge s_L, s_P und s_S des Vektors θ entsprechen den in [245 & 246] vorgestellten Formindizes. Über die Formindizes wird die Geometrie des ursprünglichen Tensors v_{DTI} berücksichtigt: Ist die Diffusion in alle Raumrichtungen gleich wahrscheinlich, ist es sinnvoll, keine Umskalierung vorzunehmen. Erfolgt die Diffusion planar, werden die korrespondierenden Eigenvektoren $v_i, i = 1, 2$, gleich behandelt.

Beispiel 1 Für vorgegebene Tensoren $v_S = \text{diag}(1, 1, 1)$, $v_P = \text{diag}(1, 1, 0{,}4)$ und $v_L = \text{diag}(1, 0{,}5, 0{,}5)$ ist die Anwendung der Vorschrift (3.27) in Abb. 3.9 dargestellt. Die Tensoren entsprechen jeweils einer der drei Tensor-Klassen v_S: (sphärisch), v_P (planar), und v_L (linear). ♠

Die Auswirkungen der Rechenvorschrift (3.27) auf die Tensorgeometrie synthetischer und echter Tensorfelder ist in Abb. 3.10 und Abb. 3.11 dargestellt. Die Skalierungsvorschrift (3.27) wird ebenfalls in [132 & 134] verwendet.

3.3.5 Kompakte Darstellung des direkten Problems

Dieser Abschnitt hat, ausgehend von einer allgemeinen Definition des ARWP in Prb. 3, nach und nach die einzelnen Bausteine des Modells präzisiert. Abschließend werden

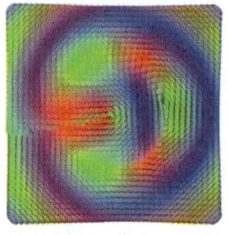

Abbildung 3.10 Anwendung der Rechenvorschrift (3.27) auf einen Testdatensatz (links: $\alpha = 2$; rechts: $\alpha = 10$).

Abbildung 3.11 Anwendung der Rechenvorschrift (3.27) auf den verwendeten DT-Atlas.

diese zur späteren Verwendung in Form einer kompakten Problemformulierung zusammengetragen:

Problem 4 *Sei* $\Omega := (\omega_1^1, \omega_2^1) \times \cdots \times (\omega_1^d, \omega_2^d) \subset \mathbf{R}^d$, $\Omega_B \subset \Omega$, $\phi_\gamma : \mathfrak{U} \to \mathbf{R}$, $v \in \mathfrak{V}$ *und* $[t_0, \tau]$ *gegeben. Finde ein* $u \in \mathfrak{U}$, *so dass*

$$\partial_t u = \nabla \cdot (v \nabla u) + \phi_\gamma \quad \text{in } \Omega_B \times (t_0, \tau], \tag{3.28.a}$$

$$\partial_n u = 0 \quad \text{auf } \partial\Omega_B \times (t_0, \tau], \tag{3.28.b}$$

$$u(\cdot, t_0) = u_0 \quad \text{in } \bar{\Omega}_B, \tag{3.28.c}$$

erfüllt ist.

3.3.6 Zwischenbilanz

In den vorangehenden Abschnitten wurden, ausgehend von einer generischen Problembeschreibung (Prb. 3), die einzelnen Bausteine des mathematischen Modells motiviert. Das Modell ist in seiner präzisen Ausprägung entwickelt und in Prb. 4 kompakt dargestellt. Nun gilt es, Lösungen für Prb. 4 zu errechnen. Wegen der Komplexität ist es nicht möglich, diese analytisch zu bestimmen. Numerische Verfahren sind zu verwenden. Die verfolgte Strategie wird im Folgenden, beginnend mit der Diskretisierung, dargelegt.

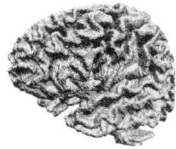 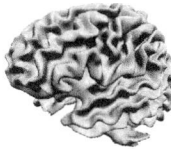 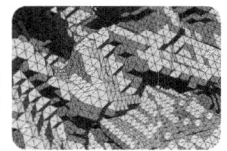 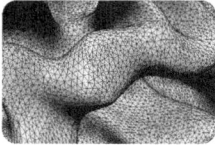

Abbildung 3.12 *Oberflächensynthese* der weißen Substanz. Dargestellt ist die aus den Daten extrahierte Oberfläche, eine geglättete Repräsentation und eine Detailansicht der jeweiligen Oberflächen mit dem zugrunde liegenden unstrukturierten Gitter (für die polygonale Berandung von Ω_W).

3.4 Diskretisierung

Die Diskretisierung von Prb. 4 führt auf ein algebraisches System mit einer endlichen Anzahl an Freiheitsgraden und Unbekannten. Diese sind auf einem *Gitter* $\Omega_B^h \times Q^h$, mit noch zu präzisierenden Diskretisierungen $\Omega^h \in \mathbf{R}^{dm^1 \times \cdots \times m^d}$, $m^i \in \mathbf{N}, i = 1, \ldots, d, d \in \mathbf{N}$ und $Q^h \in \mathbf{R}_0^{m_t,+}$, $m_t \in \mathbf{N}$, des Raum-Zeit-Zylinders $\Omega_B \times [t_0, \tau]$ allokiert. Die Hochstellung h zeigt hierbei und im Folgenden an, dass die betrachteten Mengen, Funktionen und Funktionenräume diskreter Natur sind.

Bevor die Operatoren und Funktionen in Prb. 4 diskretisiert werden können, ist es notwendig, die Zerlegung des betrachteten Gebietes zu präzisieren.

3.4.1 Gebietszerlegung

Die Zustandsfunktion u wird an einer endlichen Menge an Stützstellen ausgewertet. Diese Koordinatenmenge wird als *Rechengitter* (kurz *Gitter*) bezeichnet. Die Konstruktion dieser Gitter kann über unterschiedliche *Gebietszerlegungsverfahren* erfolgen. In Anbetracht der komplexen Geometrie von Ω_B (vgl. Abb. 3.5 auf S. 41 bzw. Abb. 3.12) wird zunächst der Frage nachgegangen, welche *Topologie* und *Gitterzellgeometrie* für einen effizienten und akkuraten numerischen Rahmen am geeignetsten erscheint.

Generell wird zwischen *strukturierten* (regelmäßige Topologie; (un)regelmäßige Zellgeometrie) und *unstrukturierten* (freie Topologie; unregelmäßige Zellgeometrie) Gittern unterschieden. Die komplexe Geometrie von Ω_B legt die Verwendung unstrukturierter Gitter nahe. Diese führen im Vergleich zu *regulären Gittern* (strukturierte Gitter mit regelmäßiger Zellgeometrie) jedoch zu einem höheren Implementationsaufwand und einer aufwändigeren Datenverwaltung. Die Konstruktion effizienter, numerischer Löser ist erschwert [183]. Insbesondere für explizite Löser können lokale Instabilitäten auftreten. Eine Modellierung von Deformationen erfordert für eine Aufrechterhaltung der Approximationsgüte der Diskretisierung u. U. ein rechenintensives *Remeshing* [183]. Neben pragmatischen Gründen sprechen unpräzise geometrische und physiologische Informationen und eine mangelnde Kenntnis über die präzisen Stoffgesetze für eine Verwendung

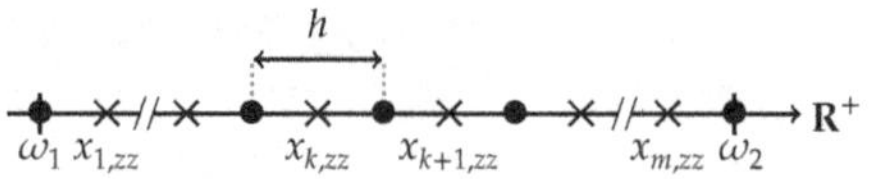

$$\underset{\omega_1\ x_{1,zz}}{\bullet}\underset{}{\times\text{-}/\text{-}\times}\underset{x_{k,zz}}{\bullet}\underset{}{\times}\underset{x_{k+1,zz}}{\bullet}\underset{}{\times}\underset{\overset{h}{\longleftrightarrow}}{\quad}\underset{}{\times\text{-}/\text{-}\times}\underset{x_{m,zz}\ \omega_2}{\bullet}\longrightarrow \mathbf{R}^+$$

Abbildung 3.13 Kartesische Rechengitter im Eindimensionalen für ein vorgegebenes Gebiet $\Omega = (\omega_1, \omega_2) \subset \mathbf{R}$. Hierbei sind die Gitterkoordinaten für das nodale Gitter durch ● und für ein zellzentriertes Gitter durch × markiert (in Anlehnung an [162, S. 21, Abb. 3.1]).

von regulären Gittern [105]. Allerdings ergeben sich hinsichtlich der komplexen Geometrie unweigerlich Schwierigkeiten, die einer besonderen Aufmerksamkeit bedürfen. Im Speziellen ist die Behandlung der Randbedingungen diffizil.

3.4.1.1 Diskretisierung des Raumintervalls

Die Auswertung der diskreten Gitterfunktionen kann für (reguläre) *kartesische Gitter* an unterschiedlichen Positionen erfolgen. Am verbreitetsten ist die Auswertung in den Zellmitten (*zellzentriertes Gitter*, engl. *cell-centered grid*), an den Zellecken (*nodales* (knotenzentriertes) *Gitter*, engl. *nodal grid*) und auf den Zellrändern (*versetztes Gitter*, engl. *staggered grid*). Eine Illustration der unterschiedlichen Rechengitter ist in Abb. 3.13 für $d = 1$ bzw. Abb. 3.14 für $d = 2$ gegeben.

Im Folgenden werden Definitionen für diese Gittertypen bereitgestellt. Für eine kompakte Beschreibung der Diskretisierungsschemata werden sich folgende Operatoren als nützlich erweisen:

Definition 13 Sei $A \in \mathbf{R}^{n \times n}$ und $B \in \mathbf{R}^{n \times n}$. Das HADAMARD-*Produkt* ist durch $(A \odot B)_{i_1 i_2} := (A)_{i_1 i_2} (B)_{i_1 i_2}$ und die HADAMARD-*Division* durch $(A \oslash B)_{i_1 i_2} := (A)_{i_1 i_2} / (B)_{i_1 i_2}$ erklärt. ♣

Eine weiterer nützlicher Operator ist das KRONECKER-*Produkt* (vgl. [76, S. 180] bzw. [22]):

Definition 14 Seien die Zahlen $m_i \in \mathbf{N}$ und $n_i \in \mathbf{N}$, $i = 1, 2$, gegeben. Das KRONECKER-*Produkt* zwischen zwei Matrizen ist eine Abbildung $\otimes : \mathbf{R}^{m_1 \times m_2} \times \mathbf{R}^{n_1 \times n_2} \to \mathbf{R}^{n_1 m_1 \times n_2 m_2}$,

$$A \otimes B := \begin{pmatrix} a_{11}B & \cdots & a_{1m_2}B \\ \vdots & \ddots & \vdots \\ a_{m_1 1}B & \cdots & a_{m_1 m_2}B \end{pmatrix} \in \mathbf{R}^{n_1 m_1 \times n_2 m_2},$$

für alle $A \in \mathbf{R}^{m_1 \times m_2}$ und $B \in \mathbf{R}^{n_1 \times n_2}$. ♣

Nun zur Konstruktion der Rechengitter: Ein vorliegendes Gebiet

$$\Omega := (\omega_1^1, \omega_2^1) \times \cdots \times (\omega_1^d, \omega_2^d) \subset \mathbf{R}^d$$

Diskretisierung 53

wird in $m := (m^1, ..., m^d)^\mathsf{T} \in \mathbf{N}^d$ d-dimensionale *Gitterzellen*[25] $\Omega_k^{h,d}$ (kurz: *Zelle*) der Größe (*Schrittweite* oder *Maschenweite*) $h := (h^1, ..., h^d)^\mathsf{T} \in \mathbf{R}^{d,+}$ zerlegt. Die Schrittweite h bestimmt die Dimension des numerischen Problems. Eine Gitterzelle ist für einen vorgegebenen Gitterindex $k := (k^1, ..., k^d)^\mathsf{T} \in \mathbf{Z}^d$ durch (vgl. [162, S. 22])

$$\Omega_k^{h,d} := \{x \in \mathbf{R}^d : -h^i/2 \leq x^i - (k^i - 0{,}5)h^i \leq h^i/2, i = 1, ..., d\} \subset \mathbf{R}^d \quad (3.29)$$

erklärt.

Ist das Datum im Zentrum einer Zelle allokiert, ergibt sich ein zellzentriertes Gitter der Gestalt

$$\Omega_{zz}^{h,d} := (x_{k,zz}) \in \mathbf{R}^{dm^1 \times \cdots \times m^d}, \quad (3.30)$$

$$x_{k,zz} := \left((k^1 - 0.5)h^1, ..., (k^d - 0.5)h^d\right)^\mathsf{T} = h \odot (k - 0.5e) \in \mathbf{R}^d,$$

$k^i = 1, ..., m^i$, $i = 1, ..., d$, $e = (1, ..., 1)^\mathsf{T} \in \mathbf{N}^d$. Sind die Daten an den Zellecken gelegen, ergibt sich ein nodales Gitter der Form

$$\Omega_n^{h,d} := (x_{k,n}) \in \mathbf{R}^{d(m^1+1) \times \cdots \times (m^d+1)}, \quad (3.31)$$

$$x_{k,n} := (k^1 h^1, ..., k^d h^d)^\mathsf{T} = k \odot h \in \mathbf{R}^d,$$

$k^i = 1, ..., m^i + 1$, $i = 1, ..., d$. Wie bereits angemerkt wird mit $m = (m^1, ..., m^d)^\mathsf{T} \in \mathbf{N}^d$ die Anzahl der Zellen in jeder Raumrichtung gezählt. Die Koordinaten $x_{k,zz}$ und $x_{k,n}$ sind in Abb. 3.13 bzw. in Abb. 3.14 durch × bzw. • markiert.

Für die Konstruktion des versetzten Gitters ist es zweckmäßig, die in (3.30) und (3.31) angegebenen Matrizen $\Omega_l^{h,d}, l \in \{n, zz\}$, in ein Vektorformat zu überführen. Spaltenweises Untereinanderschreiben (*lexikographische Anordnung*; siehe Def. 15 auf S. 57) resultiert für ein zellzentriertes Gitter in $\omega_{zz}^{h,d} := (\tilde{x}_{zz}^1, ..., \tilde{x}_{zz}^d)^\mathsf{T} \in \mathbf{R}^{dm^1 \cdots m^d}$ mit dem Komponentenvektor $\tilde{x}_{zz}^i = (x_{1,...,1,zz}^i, ..., x_{m^1,...,m^d,zz}^i)^\mathsf{T} \in \mathbf{R}^{m^1 \cdots m^d}$, $i = 1, ..., d$. Für das nodale Gitter ergibt sich $\omega_n^{h,d} := (\tilde{x}_n^1, ..., \tilde{x}_n^d)^\mathsf{T} \in \mathbf{R}^{d(m^1+1) \cdots (m^d+1)}$ mit dem Komponentenvektor $\tilde{x}_n^i = (x_{1,...,1,n}^i, ..., x_{m^1+1,...,m^d+1,n}^i)^\mathsf{T} \in \mathbf{R}^{(m^1+1) \cdots (m^d+1)}$, $i = 1, ..., d$.

Diese Umsortierung erlaubt es, d-dimensionale Gitter auf der Basis eindimensionaler Gitter zu konstruieren. Diese sind jeweils durch $\omega_{i,zz}^{h,1} \in \mathbf{R}^{m^i}$ bzw. durch $\omega_{i,n}^{h,1} \in \mathbf{R}^{m^i+1}$, $i = 1, ..., d$, für die zugehörige i-te Raumrichtung erklärt. Ein d-dimensionales Gitter kann auf einfache Art und Weise über eine Rechenvorschrift, die auf dem in Def. 14 eingeführten Kronecker-Produkt basiert, gewonnen werden. Im Zwei- bzw. im Dreidimensionalen ergibt sich für den zellzentrierten Fall

---

[25] Als weitere Bezeichnung der Teilgebiete $\Omega_k^{h,d}$ dient der Begriff des *Kontrollgebietes*.

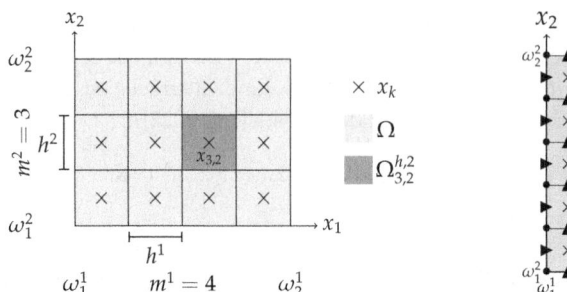
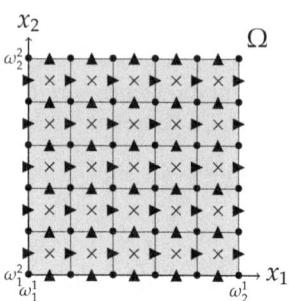

Abbildung 3.14 Kartesische Rechengitter im Zweidimensionalen. Links: Illustration der Gitterstruktur (zellzentriertes Gitter; in Anlehnung an [162, S. 21, Abb. 3.2]). Rechts: Illustration eines nodalen (•), eines zellzentrierten (×) und eines versetzten (▶ bzw. ▲) Gitters für ein vorgegebenes Gebiet $\Omega := (\omega_1^1, \omega_2^1) \times (\omega_1^2, \omega_2^2) \subset \mathbf{R}^2$ (in Anlehnung an [91, Abb. 1]).

$$\omega_{zz}^{h,2} = \begin{pmatrix} e_{m^2} \otimes \omega_{1,zz}^{h,1} \\ \omega_{2,zz}^{h,1} \otimes e_{m^1} \end{pmatrix} \in \mathbf{R}^{n_2}, \quad \omega_{zz}^{h,3} = \begin{pmatrix} e_{m^3} \otimes e_{m^2} \otimes \omega_{1,zz}^{h,1} \\ e_{m^3} \otimes \omega_{2,zz}^{h,1} \otimes e_{m^1} \\ \omega_{3,zz}^{h,1} \otimes e_{m^2} \otimes e_{m^1} \end{pmatrix} \in \mathbf{R}^{n_3},$$

mit $n_d := d \prod_{i=1}^{d} m^i, e_{m^i} = (1, ..., 1) \in \mathbf{R}^{m^i}$ und $\omega_{i,zz}^{h,1} \in \mathbf{R}^{m^i}, i = 1, ..., d$. Für den nodalen Fall gilt

$$\omega_n^{h,2} = \begin{pmatrix} e_{m^2+1} \otimes \omega_{1,n}^{h,1} \\ \omega_{2,n}^{h,1} \otimes e_{m^1+1} \end{pmatrix} \in \mathbf{R}^{\tilde{n}_2}, \quad \omega_n^{h,3} = \begin{pmatrix} e_{m^3+1} \otimes e_{m^2+1} \otimes \omega_{1,n}^{h,1} \\ e_{m^3+1} \otimes \omega_{2,n}^{h,1} \otimes e_{m^1+1} \\ \omega_{3,n}^{h,1} \otimes e_{m^2+1} \otimes e_{m^1+1} \end{pmatrix} \in \mathbf{R}^{\tilde{n}_3},$$

mit $\tilde{n}_d := d \prod_{i=1}^{d} (m^i + 1), e_{m^i} = (1, ..., 1)^\mathsf{T} \in \mathbf{R}^{m^i+1}$ und $\omega_{i,n}^{h,1} \in \mathbf{R}^{m^i+1}, i = 1, ..., d$. Die Kombination eindimensionaler zellzentrierter und nodaler Rechengitter liefert für die i-te Raumachse ein versetztes Gitter $\omega_{i,v}^{h,d}$. Im Detail wird das Gitter in d versetzte Gitter aufgespalten. In diesen liegt die jeweilige i-te Komponente des Positionsvektors $x_k \in \mathbf{R}^d$ auf einem nodalen Gitter und die verbleibenden Komponenten auf einem zellzentrierten Gitter. Im Zweidimensionalen gilt

$$\omega_{1,v}^{h,2} = \begin{pmatrix} e_{m^2} \otimes \omega_{1,n}^{h,1} \\ \omega_{2,zz}^{h,1} \otimes e_{m^1+1} \end{pmatrix} \in \mathbf{R}^{2(m^1+1)m^2}, \quad \omega_{2,v}^{h,2} = \begin{pmatrix} e_{m^2+1} \otimes \omega_{1,zz}^{h,1} \\ \omega_{2,n}^{h,1} \otimes e_{m^1} \end{pmatrix} \in \mathbf{R}^{2m^1(m^2+1)},$$

und im Dreidimensionalen

$$\omega_{1,v}^{h,3} = \begin{pmatrix} e_{m^3} \otimes e_{m^2} \otimes \omega_{1,n}^{h,1} \\ e_{m^3} \otimes \omega_{2,zz}^{h,1} \otimes e_{m^1+1} \\ \omega_{3,zz}^{h,1} \otimes e_{m^2} \otimes e_{m^1+1} \end{pmatrix} \in \mathbf{R}^{3(m^1+1)m^2 m^3},$$

Diskretisierung 55

$$\omega_{2,v}^{h,3} = \begin{pmatrix} e_{m^3} \otimes e_{m^2+1} \otimes \omega_{1,zz}^{h,1} \\ e_{m^3} \otimes \omega_{2,n}^{h,1} \otimes e_{m^1} \\ \omega_{3,zz}^{h,1} \otimes e_{m^2+1} \otimes e_{m^1} \end{pmatrix} \in \mathbf{R}^{3m^1(m^2+1)m^3},$$

$$\omega_{3,v}^{h,3} = \begin{pmatrix} e_{m^3+1} \otimes e_{m^2} \otimes \omega_{1,zz}^{h,1} \\ e_{m^3+1} \otimes \omega_{2,zz}^{h,1} \otimes e_{m^1} \\ \omega_{3,n}^{h,1} \otimes e_{m^2} \otimes e_{m^1} \end{pmatrix} \in \mathbf{R}^{3m^1m^2(m^3+1)}.$$

Das versetzte Gitter $\Omega_v^{h,d}$ setzt sich also aus d Einzelgittern $\omega_{i,v}^{h,d}, i = 1, ..., d$, der Dimension $m_{i,v} \in \mathbf{N}^d, i = 1, ..., d$, wobei $m_{i,v}$ durch $m_v = e_d m^\mathsf{T} + E_d, e_d = (1, ..., 1)^\mathsf{T} \in \mathbf{R}^d, E_d = \mathrm{diag}(1, ..., 1) \in \mathbf{R}^{d \times d}, m_v = (m_{1,v}, ..., m_{d,v})^\mathsf{T} \in \mathbf{R}^{d \times d}$, gegeben ist. Dieser Sachverhalt ist auch aus der Darstellung in Abb. 3.14 (für $d = 2$) ersichtlich.

Abschließend wird die Konstruktion der Rechengitter an einem konkreten Beispiel illustriert[26].

Beispiel 2 Sei $\Omega = (0,0,2,0) \times (0,0,1,5) \subset \mathbf{R}^2$ durch ein zellzentriertes Gitter, bestehend aus $m = (4,3)^\mathsf{T}$ Zellen der Größe $h = (0,5,0,5)^\mathsf{T}$, überdeckt. Das Gitter $\Omega_{zz}^{h,2} \in \mathbf{R}^{8 \times 3}$ ergibt sich hiermit zu

$$\Omega_{zz}^{h,2} = \begin{pmatrix} (0{,}25, 0{,}25)^\mathsf{T} & (0{,}25, 0{,}75)^\mathsf{T} & (0{,}25, 1{,}25)^\mathsf{T} \\ (0{,}75, 0{,}25)^\mathsf{T} & (0{,}75, 0{,}75)^\mathsf{T} & (0{,}75, 1{,}25)^\mathsf{T} \\ (1{,}25, 0{,}25)^\mathsf{T} & (1{,}25, 0{,}75)^\mathsf{T} & (1{,}25, 1{,}25)^\mathsf{T} \\ (1{,}75, 0{,}25)^\mathsf{T} & (1{,}75, 0{,}75)^\mathsf{T} & (1{,}75, 1{,}25)^\mathsf{T} \end{pmatrix}.$$

Spaltenweises Untereinanderschreiben bzgl. der Einzelkomponenten liefert die Komponentenvektoren $\omega_{zz}^{h,2} = (\tilde{x}_{zz}^1, \tilde{x}_{zz}^2)^\mathsf{T} \in \mathbf{R}^{24}$,

$$\tilde{x}_{zz}^1 = (0{,}25, 0{,}75, 1{,}25, 1{,}75, 0{,}25, 0{,}75, 1{,}25, 1{,}75, 0{,}25, 0{,}75, 1{,}25, 1{,}75)^\mathsf{T},$$
$$\tilde{x}_{zz}^2 = (0{,}25, 0{,}25, 0{,}25, 0{,}25, 0{,}75, 0{,}75, 0{,}75, 0{,}75, 1{,}25, 1{,}25, 1{,}25, 1{,}25)^\mathsf{T}.$$

Weiter sei $\omega_{1,zz}^{h,1} = (0{,}25, 0{,}75, 1{,}25, 1{,}75)^\mathsf{T}, e_3 = (1,1,1)^\mathsf{T}, \omega_{2,zz}^{h,1} = (0{,}25, 0{,}75, 1{,}25)^\mathsf{T}$ und der Vektor $e_4 = (1,1,1,1)^\mathsf{T}$ gegeben. Hieraus ist direkt ersichtlich, dass die Anwendung der Rechenvorschrift

$$\omega_{zz}^{h,2} = \begin{pmatrix} e_3 \otimes \omega_{1,zz}^{h,1} \\ \omega_{2,zz}^{h,1} \otimes e_4 \end{pmatrix}$$

ebenfalls auf die durch spaltenweises Untereinanderschreiben bzgl. der Einzelkomponenten resultierende lexikographische Anordnung führt. ♠

---

[26] Abgewandelt aus [162, Bsp. 3.2, S. 21 f.].

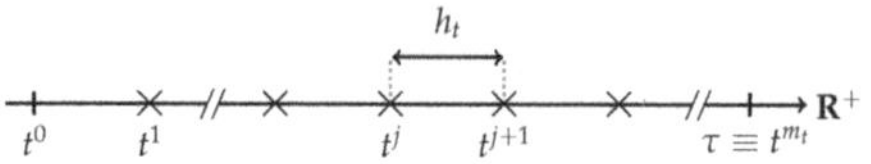

Abbildung 3.15 Diskretisierung der Zeitachse.

Generell wird in der gesamten Arbeit davon ausgegangen, dass die Daten auf einem zellzentrierten Gitter vorliegen. Es wird sich herausstellen, dass gewisse Formen der Diskretisierung es u. U. erfordern, die Daten auf einem versetzten Gitter auszuwerten. Für den *Gitterwechsel* ist es erforderlich, *Gitterwechseloperatoren* einzuführen. Bevor diese besprochen werden, wird ein Blick auf die verwendete Diskretisierung des Zeitkontinuums geworfen.

3.4.1.2 Diskretisierung des Zeitintervalls

Neben der Diskretisierung des Gebietes Ω ist, wie aus Prb. 4 unmittelbar ersichtlich, eine Diskretisierung der Zeitachse $[t_0, \tau] \subset \mathbf{R}_0^+$ erforderlich. Hierfür ist es notwendig, die Zeitachse in Teilintervalle der Gestalt

$$Q^h = \left\{ t^j \in \mathbf{R}_0^+ : t_0 \leq t^j \leq \tau, t^j = t_0 + jh_t, h_t = \frac{\tau - t_0}{m_t}, j \in \mathbf{N}_0, m_t \in \mathbf{N} \right\} \quad (3.32)$$

zu zerlegen. Die Diskretisierung der Zeitachse ist in Abb. 3.15 illustriert.

3.4.1.3 Gitterwechseloperatoren

Die *Gitterwechseloperatoren* werden zunächst im Eindimensionalen entwickelt, da hier das Wesentliche einfach zugängiglich ist. Außerdem ist es, wie schon in Abschnitt 3.4.1.1, auf einfache Art und Weise möglich, die d-dimensionalen Operatoren mittels KRONECKER-Produkt zu konstruieren. Einer übersichtlichen Darstellung wegen werden die Operatoren matrixbasiert notiert (vgl. bspw. [162, S. 139]).

Der Wechsel von einem nodalen zu einem zellzentrierten Gitter erfolgt im Eindimensionalen über den Mittelungsoperator $M_{n \to zz}^m : \mathbf{R}^{m+1} \to \mathbf{R}^m$,

$$M_{n \to zz}^m = \frac{1}{2} \begin{pmatrix} 1 & 1 & & \\ & \ddots & \ddots & \\ & & 1 & 1 \end{pmatrix} \in \mathbf{R}^{m \times m+1}.$$

Der Gitterwechseloperator $M_{zz \to n}^m : \mathbf{R}^m \to \mathbf{R}^{m+1}$, der im Eindimensionalen Daten auf einem zellzentrierten Gitter in eine Diskretisierung auf einem nodalen Gitter überführt, ist über

Diskretisierung 57

$$M_{zz \to n}^m = \frac{1}{2} \begin{pmatrix} 3 & -1 & & & \\ 1 & 1 & & & \\ & \ddots & \ddots & & \\ & & 1 & 1 & \\ & & & -1 & 3 \end{pmatrix} \in \mathbf{R}^{m+1 \times m} \qquad (3.33)$$

erklärt. Die Behandlung der Randpunkte basiert auf einer linearen Extrapolation. Im Eindimensionalen gilt für die rechte Seite des betrachteten Intervalls

$$u(x_{m+1}) = u(x_{m-1}) + \frac{x_{m+1} - x_{m-1}}{x_m - x_{m-1}} \left(u(x_m) - u(x_{m-1}) \right)$$

$$\Leftrightarrow u(x_{m+1}) = 2u(x_m) - u(x_{m-1})$$

und es folgt $\frac{1}{2} \left(u(x_m) + u(x_{m+1}) \right) = \frac{1}{2} \left(3u(x_m) - u(x_{m-1}) \right)$.

Mit den Mittelungsoperatoren $M_{n \to zz}^m$ und $M_{zz \to n}^m$ lässt sich eine eindimensionale, skalare Funktion – ausgewertet an den entsprechenden Stützstellen – von einer nodalen in eine zellzentrierte bzw. von einer zellzentrierten in eine nodale Diskretisierung überführen. Die Konstruktion höherdimensionaler Gitterwechseloperatoren erfolgt, wie eingangs erwähnt, über ein KRONECKER-Produkt. Um die Operatoren auf die Gitterfunktion[27] u^h : $\Omega_l^{h,d} \to \mathbf{R}, l \in \{zz, n\}$, anwenden zu können, ist es notwendig, u^h in eine lexikographische Anordnung[28] $u^h = (u_{1,\ldots,1}, \ldots, u_{m^1,\ldots,m^d})^\mathsf{T} \in \mathbf{R}^n, n = \prod_{i=1}^d m^i = \#\Omega^h$, zu überführen. Die Umsortierung erfolgt über eine Bijektion[29] der vorliegenden Indexmengen anhand der folgenden Rechenvorschrift (modifiziert und erweitert aus [20, S. 221]):

Definition 15 Sei $k = (k^1, \ldots, k^d) \in \mathbf{Z}^d, l \in \mathbf{Z}, m = (m^1, \ldots, m^d) \in \mathbf{N}^d, \mathfrak{I}_i = \{1, \ldots, m^i\} \subset \mathbf{N}^{m^i}, i = 1, \ldots, d$ und $\mathfrak{I}_v = \{1, \ldots, n\} \subset \mathbf{N}^n, n = \prod_{i=1}^d m^i$. Die Indexbijektion $\psi_d : \mathfrak{I}_1 \times \cdots \times \mathfrak{I}_d \to \mathfrak{I}_v$ ist durch

$$\psi_d(k) = k^1 + \sum_{i=2}^d (k^i - 1) \prod_{j=1}^{i-1} m^j$$

und $\psi_2^{-1}(l) = (l \bmod m^1, \lfloor l/m^1 \rfloor + 1)^\mathsf{T}$ im Zweidimensionalen bzw.

$$\psi_3^{-1}(l) = (l \bmod m^1, (\lfloor l/m^1 \rfloor \bmod m^2) + 1, \lfloor l/m^1 m^2 \rfloor + 1)^\mathsf{T}$$

im Dreidimensionalen erklärt. ♣

---

[27] Die folgenden Ausführungen beziehen sich lediglich auf die räumliche Diskretisierung. Die zeitliche Abhängigkeit der Zustandsfunktion wird vernachlässigt.

[28] Um die Notation nicht zu verkomplizieren, wird beim Wechsel von der Darstellung als Gitterfunktion in eine Vektorrepräsentation auf die Definition einer neuen Variable verzichtet. Die Bedeutung wird im Zusammenhang klar.

[29] Im Matrixkalkül wird die lineare Transformation, die eine Matrix in ein Vektorformat überführt, als *Vektorisierung* bezeichnet und häufig als Operator vec : $\mathbf{R}^{m^1 \times \cdots \times m^n} \to \mathbf{R}^{m^1 \cdots m^n \times 1}, m^i \in \mathbf{N}, i = 1, \ldots, n$, repräsentiert.

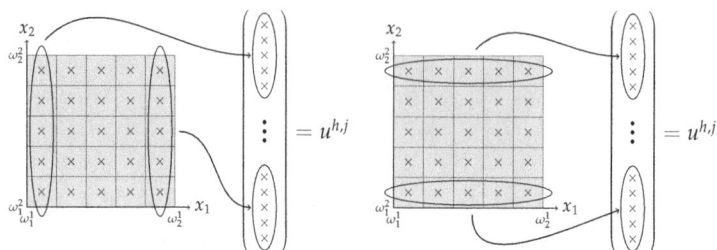

Abbildung 3.16 Vektorisierung von, auf einem zweidimensionalen zellzentrierten Gitter vorliegenden, Daten (in Anlehnung an [20, S. 221]). Links: Spaltenweise Anordnung. Rechts: Zeilenweise Anordnung.

Anmerkung 6 Die in Def. 15 eingeführte Allokation einer Matrix als lineare Datenreihe wird als *spaltenweise Anordnung* (spaltenweises Untereinanderschreiben; engl. *column-major order*) bezeichnet. Eine Alternative ist die *zeilenweise Anordnung* (zeilenweises Untereinanderschreiben; engl. *row-major order*). Jegliche andere Anordnung ist denkbar, solange sie konsistent verwendet wird. ◇

Eine Illustration der beschriebenen Umsortierungen ist in Abb. 3.16 dargestellt.

Nach diesem Einschub zurück zur Konstruktion der Gitterwechseloperatoren. Der Operator, der den Wechsel von skalaren Daten von einem zellzentrierten Gitter in ein versetztes Gitter realisiert, ist im Zweidimensionalen durch

$$M^2_{zz \to v} = \begin{pmatrix} E_{m^2} \otimes M^{m^1}_{zz \to n} \\ M^{m^1}_{zz \to n} \otimes E_{m^1} \end{pmatrix} \in \mathbf{R}^{(m^1+1)m^2 + m^1(m^2+1) \times m^1 m^2} \tag{3.34}$$

und im Dreidimensionalen durch

$$M^3_{zz \to v} = \begin{pmatrix} E_{m^3} \otimes E_{m^2} \otimes M^{m^1}_{zz \to n} \\ E_{m^3} \otimes M^{m^2}_{zz \to n} \otimes E_{m^1} \\ M^{m^3}_{zz \to n} \otimes E_{m^2} \otimes E_{m^1} \end{pmatrix} \in \mathbf{R}^{m_v \times m^1 m^2 m^3} \tag{3.35}$$

erklärt, wobei $m_v := (m^1+1)m^2 m^3 + m^1(m^2+1)m^3 + m^1 m^2(m^3+1)$. Die *Besetzungsstruktur* der dünnbesetzten Matrizen $M^m_{zz \to n}$ und $M^k_{zz \to v}$, $k = 2,3$, ist in Abb. 3.17 dargestellt.

Damit sind die für diese Arbeit relevanten Gitterwechseloperatoren erklärt. Zusätzliche Operatoren für den Wechsel der Daten auf andere Gitter (oder für die Anwendung auf vektorwertige Funktionen) können auf ähnliche Weise konstruiert werden. Diese werden jedoch im weiteren Verlauf dieser Arbeit nicht benötigt und deshalb nicht betrachtet.

3.4.2 Numerische Differenziation

Bei der Diskretisierung von PDGLs spielt die *numerische Differenziation* eine entscheidende Rolle. Typischerweise erfolgt die Annäherung der Ableitungsoperatoren über

Diskretisierung 59

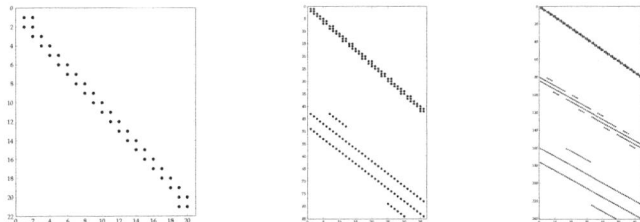

Abbildung 3.17 Illustration der Besetzungsstruktur eines Gitterwechseloperators, der eine skalare Funktion von einem zellzentrierten Gitter in eine versetzte Diskretisierung überführt ($d = 1$ (links; $m = 20$; 42 von Null verschiedene Einträge (10,0%)), $d = 2$ (mittig; $m = (6,6)^\mathsf{T}$; 168 von Null verschiedene Einträge (5,6%)) und $d = 3$ (rechts; $m = (4,4,4)^\mathsf{T}$; 480 von Null verschiedene Einträge (3,1%))).

eine Differenzenbildung zwischen Werten der Gitterfunktion, die in benachbarten Zonen liegen. Erneut wird das Wesentliche im Eindimensionalen hergeleitet.

3.4.2.1 Differenzenquotienten

Folgendes Lemma stellt die verbreitetsten Differenzenquotienten vor (aus [126, S. 20]):

Lemma 4 *Sei $\Omega = (x - h, x + h) \subset \mathbf{R}$, $x \in \mathbf{R}$, $h > 0$. Approximationen der ersten und zweiten Ableitung einer hinreichend glatten Funktion $u : \bar{\Omega} \to \mathbf{R}$ sind durch die* Differenzenquotienten

$$\partial_x u = \frac{u(x+h) - u(x)}{h} + hr, \qquad |r| \leq \frac{1}{2}\|\partial_{xx} u\|_\infty, \quad u \in C^2(\bar{\Omega}),$$

$$\partial_x u = \frac{u(x) - u(x-h)}{h} + hr, \qquad |r| \leq \frac{1}{2}\|\partial_{xx} u\|_\infty, \quad u \in C^2(\bar{\Omega}),$$

$$\partial_x u = \frac{u(x+h) - u(x-h)}{2h} + h^2 r, \qquad |r| \leq \frac{1}{6}\|\partial_{xxx} u\|_\infty, \quad u \in C^3(\bar{\Omega}),$$

$$\partial_{xx} u = \frac{u(x+h) - 2u(x) + u(x-h)}{h^2} + h^2 r, \quad |r| \leq \frac{1}{12}\|\partial_{xxxx} u\|_\infty, \quad u \in C^4(\bar{\Omega}),$$

erklärt.

Beweis Der Beweis erfolgt, für ein hinreichend glattes u, über eine Taylor-Entwicklung (siehe [24, S. 445]) und ist in [126, S. 20] nachzulesen. □

Anmerkung 7 Der Ausdruck

$$\partial^{h,+} u(x) := \frac{u(x+h) - u(x)}{h} \qquad (3.36)$$

heißt einseitiger *Vorwärts-Differenzenquotient*,

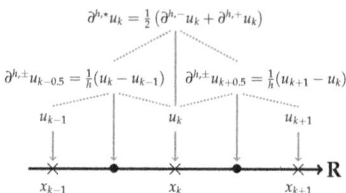

Abbildung 3.18 Numerische Differenziation im Eindimensionalen. Dargestellt ist die Anwendung langer und kurzer symmetrischer Differenzen auf eine Gitterfunktion $u^h : \Omega^h \to \mathbf{R}$, $u_k := u(x_k)$, $u_k \in \mathbf{R}$, $k \in \mathbf{Z}$, an den Stützpunkten $x_k \in \mathbf{R}$ eines zellzentrierten Gitters Ω^h.

$$\partial^{h,-}u(x) := \frac{u(x) - u(x-h)}{h} \tag{3.37}$$

heißt einseitiger *Rückwärts-Differenzenquotient* und

$$\partial^{h,\pm}u(x) := \frac{u(x+h) - u(x-h)}{2h} = \frac{1}{2}\left(\partial^{h,-}u(x) + \partial^{h,+}u(x)\right) \tag{3.38}$$

heißt *symmetrischer Differenzenquotient*. Die jeweilige *Konsistenzordnung* ist $O(h)$ für (3.36) und (3.37) bzw. $O(h^2)$ für (3.38). Im Grenzwert $h \to 0$ konvergieren diese Quotienten für ein hinreichend glattes u gegen die Ableitung. Damit stellt sich, für h hinreichend klein, eine gute Approximationsgüte ein. ◇

Der Differenzenquotient aus (3.38) wird als *lange* symmetrische Differenz bezeichnet. Dieselbe Approximationsgüte kann durch die Verwendung des Differenzenquotienten

$$\partial^{h,\pm}u(x) = \frac{u(x+0{,}5h) - u(x-0{,}5h)}{h} \tag{3.39}$$

erreicht werden (siehe bspw. [162, S. 125]). Dieser führt zum Begriff der *kurzen* symmetrischen Differenzen. Diese Form der Approximation resultiert in einem Gitterwechsel; d. h. liegen die Daten auf einem zellzentrierten Gitter vor, werden die Ableitungen auf einem nodalen Gitter ($d = 1$) bzw. auf einem versetzten Gitter ($d \in \{2,3\}$) ausgewertet. Um die Ausdrücke in (3.38) und (3.39) zu differenzieren, wird für (3.38) die Bezeichnung $\partial^{h,*}$ eingeführt. Eine Illustration der Anwendung beider Differenzenquotienten ist in Abb. 3.18 gezeigt.

Der zentrale Nachteil der Verwendung langer Differenzen ist, dass stark oszillierende Funktionen (z. B. eine Sinusschwingung mit der Periode $2h$) im Kern des Operators liegen. Die Verwendung kurzer symmetrischer Differenzen hingegen liefert, auch für stark oszillierende Funktionen, Werte, die der analytischen Ableitung entsprechen. Einer stabilen numerischen Implementierung wegen, sind diese Operatoren zu bevorzugen. Diesen Sachverhalt illustriert folgendes Beispiel (modifiziert aus [162, S. 125]):

Diskretisierung

Beispiel 3 Sei $u^h = (4, 0, 4, 0, 4, 0, 4, 0, 4, 0)^T \in \mathbf{R}^{10}$ auf einem zellzentrierten Gitter gegeben. Für lange symmetrische Differenzen ergibt sich $(0, 0, 0, 0, 0, 0)^T \neq \partial_x u$ und für kurze symmetrische Differenzen $(-4, 4, -4, 4, -4, 4, -4, 4, -4)^T \approx \partial_x u$. ♦

Die Gestalt der numerischen Differenziation führt zum Begriff der *Finite-Differenzen-Methode* (FDM; *Differenzenverfahren*; siehe bspw. [214]). Diese wird in Zusammenhang mit der Diskretisierung des vorliegenden ARWP in Abschnitt 3.4.3.1 näher besprochen. In Abschnitt 3.4.3.2 wird ein zweites Verfahren – die *Finite-Volumen-Methode* (FVM) – vorgestellt (siehe bspw. [126, S. 295 ff., 111, S. 265 ff. & 59]).

Zunächst wird eine matrixbasierte Darstellung der numerischen Differenziation eingeführt. Diese ist im Mehrdimensionalen einfacher zugänglich, als eine Beschreibung über eine Indizierung (vgl. Abschnitt 3.4.3).

3.4.2.2 Matrixbasierte Darstellung

Für die matrixbasierte Notation der numerischen Differenziation wird – wie schon in Abschnitt 3.4.1.3 – davon ausgegangen, dass die diskrete Zustandsfunktion in einem Vektorformat vorliegt.

Im Eindimensionalen ist der Operator für kurze symmetrische Differenzen, der von einem zellzentrierten auf ein nodales Gitter abbildet, durch

$$\partial_m^{h,\pm} = \frac{1}{h} \begin{pmatrix} b_1 & b_2 & & & \\ -1 & 1 & & & \\ & & \ddots & \ddots & \\ & & & -1 & 1 \\ & & & b_3 & b_4 \end{pmatrix} \in \mathbf{R}^{m+1 \times m} \qquad (3.40)$$

erklärt. Die Koeffizienten b_i, $i = 1, \ldots, 4$, stehen für die Randbedingungen[30] und $m \in \mathbf{N}$ für die Anzahl der Gitterzellen innerhalb eines vorgegebenen Gebietes $\Omega := (\omega_1, \omega_2) \subset \mathbf{R}$. Der Operator für die Diskretisierung kurzer symmetrischer Differenzen auf einem nodalen Gitter hat dieselbe Struktur wie (3.40), ist der Dimension $m \times m + 1$.

Für die Diskretisierung der zweiten Ableitung gilt für den eindimensionalen Fall

$$\partial_m^{h,+}\partial_m^{h,-} := \frac{1}{h^2} \begin{pmatrix} b_1 & b_2 & & & \\ 1 & -2 & 1 & & \\ & \ddots & \ddots & \ddots & \\ & & 1 & -2 & 1 \\ & & & b_3 & b_4 \end{pmatrix} \in \mathbf{R}^{m \times m}. \qquad (3.41)$$

---

[30] Details können Abschnitt 3.4.3.3 entnommen werden.

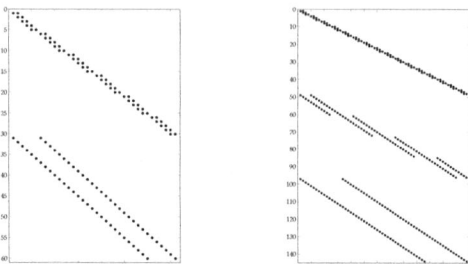

Abbildung 3.19 Visualisierung der Besetzungsstruktur des Gradientenoperators $\nabla^{h,d}$ für $d = 2$ (links; $m = (6,6)^{\mathsf{T}}$; 120 von Null verschiedene Einträge (5.6%)) und $d = 3$ (rechts; $m = (4,4,4)^{\mathsf{T}}$; 288 von Null verschiedene Einträge (3.1%)).

Höherdimensionale *Ableitungsoperatoren* (*Gradientenoperatoren*) können auf einfache Art und Weise über ein KRONECKER-Produkt gewonnen werden (vgl. [162, S. 127]). Es wird lediglich der Fall kurzer symmetrischer Differenzen betrachtet. Mit $\partial_m^{h,\pm}$ aus (3.40) gilt im Eindimensionalen

$$\nabla^{h,1} := \partial_m^{h,\pm} \in \mathbf{R}^{m+1 \times m}, \tag{3.42}$$

im Zweidimensionalen

$$\nabla^{h,2} := \begin{pmatrix} E_{m^2} \otimes \partial_{m^1}^{h,\pm} \\ \partial_{m^2}^{h,\pm} \otimes E_{m^1} \end{pmatrix} \in \mathbf{R}^{m_{v,2} \times m_{z,2}} \tag{3.43}$$

und im Dreidimensionalen

$$\nabla^{h,3} := \begin{pmatrix} E_{m^3} \otimes E_{m^2} \otimes \partial_{m^1}^{h,\pm} \\ E_{m^3} \otimes \partial_{m^2}^{h,\pm} \otimes E_{m^1} \\ \partial_{m^3}^{h,\pm} \otimes E_{m^2} \otimes E_{m^1} \end{pmatrix} \in \mathbf{R}^{m_{v,3} \times m_{z,3}}. \tag{3.44}$$

mit $m_{z,d} := \prod_{i=1}^{d} m^i$ und $m_{v,d} := \sum_{i=1}^{d} \left((m^i + 1) \prod_{j \in \{1,\ldots,d\} \setminus \{i\}} m^j \right)$. Die Besetzungsstruktur der Matrizen (3.43) und (3.44) ist in Abb. 3.19 dargestellt. Die in (3.42)–(3.44) verwendeten kurzen symmetrischen Differenzoperatoren können durch andere Differenzoperatoren ersetzt werden – die Konstruktionsvorschrift bleibt erhalten, es ändert sich lediglich die Dimension der Matrizen $\nabla^{h,d}$, $d \in \{1,2,3\}$.

Der diskrete *Divergenzoperator* ist im Zweidimensionalen durch

$$[\nabla \cdot]^{h,2} := \begin{pmatrix} E_{m^2} \otimes \partial_{m^1}^{h,\pm} & \partial_{m^2}^{h,\pm} \otimes E_{m^1} \end{pmatrix} \in \mathbf{R}^{m_{z,2} \times m_{v,2}} \tag{3.45}$$

und im Dreidimensionalen durch

$$[\nabla \cdot]^{h,3} := \begin{pmatrix} E_{m^3} \otimes E_{m^2} \otimes \partial_{m^1}^{h,\pm} & E_{m^3} \otimes \partial_{m^2}^{h,\pm} \otimes E_{m^1} & \partial_{m^3}^{h,\pm} \otimes E_{m^2} \otimes E_{m^1} \end{pmatrix} \tag{3.46}$$

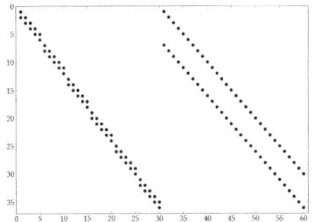 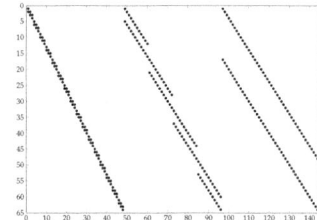

Abbildung 3.20 Visualisierung der Besetzungsstruktur des Divergenzoperators für $m = (6,6)^\mathsf{T}$ (links; von Null verschiedene Einträge: 120 (5.6%)) und $m = (4,4,4)^\mathsf{T}$ (rechts; von Null verschiedene Einträge: 288 (3.1%)).

mit $[\nabla \cdot]^{h,3} \in \mathbf{R}^{m_{z,3} \times m_{v,3}}$ erklärt. Die Besetzungsstruktur der Divergenzoperatoren (3.45) und (3.46) ist in Abb. 3.20 dargestellt.

Unter Einschränkungen in Bezug auf die Randbedingungen (siehe Abschnitt 3.4.3.3) kann der Divergenzoperator $[\nabla \cdot]^{h,d}$ aus dem Gradientenoperator $\nabla^{h,d}$ über die Rechenvorschrift [88]

$$[\nabla \cdot]^{h,d} := -(\nabla^{h,d})^\mathsf{T} \qquad (3.47)$$

gewonnen werden. Obwohl (3.47) u. U. die Randbedingungen verletzt, wird diese Darstellung verwendet. Es ist in Erinnerung zu behalten, dass eine explizite Konstruktion von $[\nabla \cdot]^{h,d}$ in der Regel obligatorisch ist.

3.4.3 Diskretisierung des direkten Problems

Bei der Diskretisierung des direkten Problems wird davon ausgegangen, dass die Daten auf einem zellzentrierten Gitter vorliegen. Dieses wird als $\Omega^h \in \mathbf{R}^{dm^1 \times \cdots \times m^d}$, $m^i \in \mathbf{N}$, $d \in \{1,2,3\}$, notiert.

Die Lösung von Prb. 4 (siehe S. 50) liegt nur an den Gitterpunkten $x_k \in \Omega^h$, $k \in \mathbf{Z}^d$, zu diskreten Zeitpunkten $t^j \in Q^h$ vor. Ist die Näherungslösung an anderen Stellen von Interesse, kann diese über Interpolation gewonnen werden. Die Gitterfunktion wird mit $u^h : \Omega^h \times Q^h \to \mathbf{R}_0^+$ bzw. $v^h : \Omega^h \to \mathfrak{S}^{d,+}$ bezeichnet.

Im weiteren Verlauf werden die Abkürzung $u_k^j := u^h(x_k, t^j)$ bzw. $v_k := v^h(x_k)$, $v_k = (v_{ijk})_{i,j=1}^{d,d} \in \mathbf{R}^{d \times d}$, verwendet. Im Gegensatz zur kontinuierlichen Formulierung ist festzuhalten, dass die Gitterfunktionen nicht auf Ω_B^h beschränkt sind, sondern über dem gesamten Gitter Ω^h definiert sind. Die Randbedingungen sind weiterhin auf $\partial \Omega_B$ (bzw. $\partial \Omega_B^h$) vorzuschreiben.

Prinzipiell stehen drei Strategien für die Diskretisierung von PDGLs zur Auswahl: Die *Finite-Differenzen-Methode* (FDM), die *Finite-Element-Methode* (FEM) und die *Finite-Volumen-Methode* (FVM). Diese Arbeit beschränkt sich auf erstere und letztere.

Als erstes wird die Diskretisierung der PDGL in (3.28.a) (siehe Prb. 4) auf der Basis der FDM vorgestellt.

3.4.3.1 Finite-Differenzen-Methode

Die FDM zeichnet sich durch ihre Übersichtlichkeit und Effizienz aus [142]. Sie wird bspw. in [191 & 192] für die Diskretisierung des betrachteten ARWP verwendet. Ein zentraler Nachteil liegt in der Bindung an reguläre Gitter. Die Herleitung der Differenzenquotienten über die TAYLOR-Entwicklung (siehe Lemma 4 (siehe S. 59)) liefert Glattheitsvoraussetzungen, denen die Funktion, die es zu differenzieren gilt, genügen muss. Diese sind in einer Vielzahl von Anwendungen nicht erfüllt. Abhilfe schafft das in Abschnitt 3.4.3.2 beschriebene Verfahren.

Für die Diskretisierung von Prb. 4 wird typischerweise [114, 167, 191 & 192] eine zu der PDGL (3.28.a) äquivalente Darstellung verwendet:

Lemma 5 *Sei* $v : \mathbf{R}^d \to \mathbf{R}^{d \times d}$, $u \in \mathfrak{U} \subseteq \{\tilde{u} : \mathbf{R}^d \times \mathbf{R}_0^+ \to \mathbf{R}_0^+\}$ *und* $\phi_\gamma : \mathfrak{U} \to \mathbf{R}_0^+$ *gegeben. Für* $v \in C^1(\mathbf{R}^d, \mathbf{R}^{d \times d})$ *ergibt sich die zu* (3.28.a) *äquivalente Darstellung*

$$\partial_t u = \sum_{i=1}^d \sum_{j=1}^d \partial_{x^i} v_{ij} \partial_{x^j} u + \sum_{i=1}^d \sum_{j=1}^d v_{ij} \partial_{x^i x^j} u + \phi_\gamma. \tag{3.48}$$

Beweis Es gilt

$$\partial_t u = \nabla \cdot (v \nabla u) + \phi_\gamma = \sum_{i=1}^d \sum_{j=1}^d \partial_{x^i} (v_{ij} \partial_{x^j} u) + \phi_\gamma$$

$$\stackrel{(\star)}{=} \sum_{i=1}^d \sum_{j=1}^d \partial_{x^i} v_{ij} \partial_{x^j} u + \sum_{i=1}^d \sum_{j=1}^d v_{ij} \partial_{x^i x^j} u + \phi_\gamma,$$

wobei für die Gleichheit ($\star$) die LEIBNIZregel (siehe [61, S. 157, Satz 2]) verwendet wird.
□

Anmerkung 8 Es sei darauf hingewiesen, dass aus theoretischer Sicht für eine Anwendung der LEIBNIZregel die Glattheitsvorraussetzungen an v zwingend erfüllt sein müssen. Sind diese nicht erfüllt, so sollte aus theoretischer Sicht eine andere Form der Diskretisierung verwendet werden. ◇

3.4.3.1.1 Diskretisierung des elliptischen Differenzialoperators

Für die Diskretisierung der räumlichen Ableitungen in (3.48) wird der zentrale Differenzenquotient verwendet. Für $i = 1, ..., d$ gilt

Diskretisierung 65

$$\partial_{x^i}^{h,\pm} u_k^j = \frac{u_{k+e_i}^j - u_{k-e_i}^j}{2h^i} \quad \text{und} \quad \partial_{x^i x^i}^{h} u_k^j = \frac{u_{k+e_i}^j - 2u_k^j + u_{k-e_i}^j}{h^i h^i}.$$

Hierbei bezeichnet $k = (k^1, \ldots, k^d)^\top \in \mathbf{Z}^d$ den Gitterindex und $e_i = (e^1, \ldots, e^d)^\top \in \mathbf{R}^d$ einen Einheitsvektor, wobei $e^l = 1$ für $l = i$ und $e^l = 0$ für $l \neq i$ gilt.

Für das konkrete Modellproblem ergibt sich für $\mathcal{L}_M$ in (3.28.a) (siehe S. 50) durch Einsetzen und Umsortieren im Zweidimensionalen

$$\mathcal{L}_{M,k}^h(v_k) u_{k^1,k^2}^j = \alpha_{1,k} u_{k^1-1,k^2+1}^j + \alpha_{2,k} u_{k^1,k^2+1}^j + \alpha_{3,k} u_{k^1+1,k^2+1}^j + \alpha_{4,k} u_{k^1-1,k^2}^j$$
$$+ \alpha_{5,k} u_{k^1,k^2}^j + \alpha_{6,k} u_{k^1+1,k^2}^j + \alpha_{7,k} u_{k^1-1,k^2-1}^j + \alpha_{8,k} u_{k^1,k^2-1}^j$$
$$+ \alpha_{9,k} u_{k^1+1,k^2-1}^j$$

mit $k = (k^1, k^2) \in \mathbf{Z}^2$ und den Koeffizienten $v_k^\star := v_{12,k} \stackrel{v \in \mathfrak{S}^2}{=} v_{21,k}$, $-\alpha_{1,k} = -\alpha_{9,k} = \alpha_{3,k} = \alpha_{7,k} = 2\frac{v_k^\star}{4h^1h^2}$,

$$\alpha_{2,k} = \frac{v_{22,k}}{(h^2)^2} + \sum_{i=1}^2 \frac{v_{i2,k+e_{i,2}} - v_{i2,k-e_{i,2}}}{4h^ih^2}, \quad \alpha_{4,k} = \frac{v_{11,k}}{(h^1)^2} - \sum_{i=1}^2 \frac{v_{i1,k+e_{i,2}} - v_{i1,k-e_{i,2}}}{4h^1h^i},$$

$$\alpha_{6,k} = \frac{v_{11,k}}{(h^1)^2} + \sum_{i=1}^2 \frac{v_{i1,k+e_{i,2}} - v_{i1,k-e_{i,2}}}{4h^1h^i}, \quad \alpha_{8,k} = \frac{v_{22,k}}{(h^2)^2} - \sum_{i=1}^2 \frac{v_{i2,k+e_{i,2}} - v_{i2,k-e_{i,2}}}{4h^ih^2}$$

und $\alpha_{5,k} = -2 \sum_{i=1}^2 \frac{v_{ii,k}}{(h^i)^2}$. Im Dreidimensionalen folgt

$$\mathcal{L}_{M,k}^h(v_k) u_{k^1,k^2,k^3}^j = \beta_{1,k} u_{k^1-1,k^2-1,k^3}^j + \beta_{2,k} u_{k^1-1,k^2,k^3-1}^j + \beta_{3,k} u_{k^1-1,k^2,k^3}^j$$
$$+ \beta_{4,k} u_{k^1-1,k^2,k^3+1}^j + \beta_{5,k} u_{k^1-1,k^2+1,k^3}^j + \beta_{6,k} u_{k^1,k^2-1,k^3-1}^j$$
$$+ \beta_{7,k} u_{k^1,k^2-1,k^3}^j + \beta_{8,k} u_{k^1,k^2-1,k^3+1}^j + \beta_{9,k} u_{k^1,k^2,k^3-1}^j$$
$$+ \beta_{10,k} u_{k^1,k^2,k^3}^j + \beta_{11,k} u_{k^1,k^2,k^3+1}^j + \beta_{12,k} u_{k^1,k^2+1,k^3-1}^j$$
$$+ \beta_{13,k} u_{k^1,k^2+1,k^3}^j + \beta_{14,k} u_{k^1,k^2+1,k^3+1}^j + \beta_{15,k} u_{k^1+1,k^2-1,k^3}^j$$
$$+ \beta_{16,k} u_{k^1+1,k^2,k^3-1}^j + \beta_{17,k} u_{k^1+1,k^2,k^3}^j + \beta_{18,k} u_{k^1+1,k^2,k^3+1}^j$$
$$+ \beta_{19,k} u_{k^1+1,k^2+1,k^3}^j$$

mit $k = (k^1, k^2, k^3) \in \mathbf{Z}^3$ und den Koeffizienten $v_{12,k} = v_{21,k} =: v_{1,k}^\star$, $v_{23,k} = v_{32,k} =: v_{2,k}^\star$, $v_{13,k} = v_{31,k} =: v_{3,k}^\star$ (wegen $v \in \mathfrak{S}^3$), $\beta_{1,k} = -\beta_{5,k} = -\beta_{15,k} = \beta_{19,k} = \frac{v_{1,k}^\star}{2h^1h^2}$, $\beta_{6,k} = -\beta_{8,k} = -\beta_{12,k} = \beta_{14,k} = \frac{v_{2,k}^\star}{2h^2h^3}$, $\beta_{2,k} = -\beta_{4,k} = -\beta_{16,k} = \beta_{18,k} = \frac{v_{3,k}^\star}{2h^1h^3}$,

$$\beta_{3,k} = \frac{v_{11,k}}{(h^1)^2} - \sum_{i=1}^{3} \frac{v_{i1,k+e_{i,3}} - v_{i1,k-e_{i,3}}}{4h^1 h^i}, \quad \beta_{7,k} = \frac{v_{22,k}}{(h^2)^2} - \sum_{i=1}^{3} \frac{v_{i2,k+e_{i,3}} - v_{i2,k-e_{i,3}}}{4h^2 h^i},$$

$$\beta_{9,k} = \frac{v_{33,k}}{(h^3)^2} - \sum_{i=1}^{3} \frac{v_{i3,k+e_{i,3}} - v_{i3,k-e_{i,3}}}{4h^3 h^i}, \quad \beta_{11,k} = \frac{v_{33,k}}{(h^3)^2} + \sum_{i=1}^{3} \frac{v_{i3,k+e_{i,3}} - v_{i3,k-e_{i,3}}}{4h^3 h^i},$$

$$\beta_{13,k} = \frac{v_{22,k}}{(h^2)^2} + \sum_{i=1}^{3} \frac{v_{i2,k+e_{i,3}} - v_{i2,k-e_{i,3}}}{4h^2 h^i}, \quad \beta_{17,k} = \frac{v_{11,k}}{(h^1)^2} + \sum_{i=1}^{3} \frac{v_{i1,k+e_{i,3}} - v_{i1,k-e_{i,3}}}{4h^1 h^i}$$

und $\beta_{10,k} = -2 \sum_{i=1}^{3} \frac{v_{ii,k}}{(h^i)^2}$. Die Operatoren $\mathcal{L}_{M,k}^h$ können als Differenzstern dargestellt werden. In dem was folgt wird eine Darstellung in Form einer großen, dünnbesetzten Matrix $\mathcal{L}_M^h = (a_{v,i_1 i_2})_{i_1,i_2=1}^{n,n} \in \mathbf{R}^{n \times n}$, $n = \prod_{i=1}^{d} m^i$, von Interesse sein. Hierfür ist die Gitterfunktion, in eine lexikographische Anordnung $u^{h,j} \in \mathbf{R}^n$ zu überführen. Mit Def. 15 (siehe S. 57) gilt $(u^{h,j})_{\psi(k)} = u_k^j$ bzw. $(u^{h,j})_l = u_{\psi^{-1}(l)}^j$. Die zugehörigen Matrixeinträge sind durch $a_{v,i\psi(k)} = \alpha_{l_2,k}$, $l_2 = 1,...,9$, bzw. $a_{v,i\psi(k)} = \beta_{l_3,k}$, $l_3 = 1,...,19$, für $i = 1,...,n$, erklärt. Der jeweilige Gitterindex k definiert sich hierbei durch das dem Koeffizienten $\alpha_{l_2}, l_2 = 1,...,9$, bzw. $\alpha_{l_3}, l_3 = 1,...,19$, zugehörige Datum u_k^j. Insgesamt ergibt sich $\mathcal{L}_M^h$ zu einer Matrix mit neun ($d = 2$) bzw. 19 ($d = 3$) von null verschiedenen Haupt- und Nebendiagonaleinträgen. Neben der Symmetrie der Tensormatrix v_k sind im isotropen Fall (vgl. Abschnitt 3.3.4.5) die Nebendiagonaleinträge des Tensors gleich null. Damit ist die Anzahl der von null verschiedenen Haupt- und Nebendiagonaleinträge der Koeffizientenmatrix $\mathcal{L}_M^h$ auf fünf ($d = 2$) bzw. sieben ($d = 3$) reduziert.

3.4.3.1.2 Vertikale Linienmethode

Bis hierhin wurde die Diskretisierung der Ableitungen lediglich bzgl. der räumlichen Koordinaten betrachtet. Wird die zeitliche Variable weiterhin als kontinuierlich angesehen, so liefert dies die semidiskrete Gitterfunktion $u_S^h : \bar{\Omega}^h \times [t_0, \tau] \to \mathbf{R}_0^+$. Die Überführung in eine lexikographische Anordnung $\tilde{u}_S^h = (u_{S,1,...,1},...,u_{S,m^1,...,m^d})^\mathsf{T} \in \mathbf{R}^n$, $u_{S,k}(t) := u_S^h(x_k, t)$, $k = (k^1,...,k^d) \in \mathbf{Z}^d$, gemäß Def. 15 (siehe S. 57) führt auf ein hochdimensionales System GDGLs der Gestalt

$$d_t \tilde{u}_S^h(t) = \mathcal{L}_M^h(v^h) \tilde{u}_S^h(t) + \mathcal{L}_R^h(\tilde{u}_S^h(t)). \tag{3.49}$$

Der Vektoroperator $\mathcal{L}_R^h \in \mathbf{R}^n$ repräsentiert eine semidiskrete Darstellung des Reaktionsmodells (vgl. Abschnitt 3.3.4.4 bzw. Abschnitt 3.4.3.4 für die Volldiskretisierung). Das System (3.49) kann über Standardverfahren der numerischen Integration von GDGLs gelöst werden (siehe Abschnitt 3.5). Diese Vorgehensweise zur näherungsweisen Lösung einer PDGL wird als *vertikale Linienmethode* (engl. *method of lines*) bezeichnet (vgl. [111, S. 94 ff.]).

Diskretisierung

In Abhängigkeit von der gewählten Volldiskretisierung entsteht ein großes, schwachbesetztes, lineares Gleichungssystem, das über KRYLOW-Unterraum-Verfahren gelöst werden kann (vgl. Abschnitt 2.2 auf S. 15 ff.). So lässt sich über eine Diskretisierung der zeitlichen Ableitung aus (3.49) direkt das implizite Verfahren

$$(E + h_t \mathcal{L}_M^h) u^{h,j+1} - h_t \phi_\gamma^{h,j+1} = u^{h,j}, \quad j = 1, \ldots, m_t,$$

mit $\mathcal{L}_M^h \in \mathbf{R}^{n \times n}$, wie in Abschnitt 3.4.3.1 beschrieben, $\phi_\gamma^{h,j} \in \mathbf{R}^n$, wie in Abschnitt 3.4.3.4 beschrieben, $u^{h,j} \in \mathbf{R}^n$ und der zeitlichen Schrittweite $h_t > 0$ ableiten. Weitere Details sind in Abschnitt 3.5 zusammengefasst.

3.4.3.2 Finite-Volumen-Diskretisierung

Ist die Koeffizientenfunktion der PDGL nicht hinreichend glatt (nicht differenzierbar), sollten anstelle der FDM Diskretisierungsverfahren verwendet werden, die auf einer integralen Form der PDGL in (3.28.a) (siehe S. 50) basieren. Dieses Konzept führt u. a. auf die *FVM* (siehe bspw. [126, S. 295 ff., 111, S. 265 ff. & 59]). Da dieses Verfahren für Gleichungen in Divergenz-Form konzipiert wurde, bietet es sich generell für die numerische Lösung des vorliegenden ARWP an.

Die FVM ist ein eigenständiges Verfahren, nutzt sowohl Konzepte der FDM als auch der FEM [126, S. 295]. Sie kann demzufolge in der theoretischen Analyse sowohl als Verallgemeinerung der FDM als auch als eine Variation der FEM aufgefasst werden [126, S. 295 f.]. Wie bereits angedeutet, erfolgt die Herleitung der Rechenvorschrift über eine integrale Form der PDGL. Im Detail ergibt sich für eine PDGL der Gestalt $\mathcal{L}(u) = f$, $u : \bar{\Omega} \to \mathbf{R}, f : \bar{\Omega} \to \mathbf{R}$, die Darstellung

$$\int_\Omega \mathcal{L}(u) \, \psi \, \mathrm{d}x = \int_\Omega f w \, \mathrm{d}x.$$

Die Wahl der Wichtungsfunktion $\psi : \Omega \to \mathbf{R}$ entscheidet über die Art des Diskretisierungsschemas. Eine Kategorisierung der FVM kann anhand der Merkmale [126, S. 297 ff.]

- Geometrie der Kontrollgebiete (Gebietszerlegung),
- Lage der Problemvariable bzgl. der Kontrollgebiete und
- Approximation der auftretenden Integrale

vorgenommen werden. Im Folgenden wird die konkrete Ausprägung dieser Merkmale präzisiert. Zu Anfang steht die Geometrie der Kontrollgebiete.

3.4.3.2.1 Gebietszerlegung

Im Gegensatz zur FDM ist die FVM flexibel bzgl. der Gitterzellgeometrie – unstrukturierte Gitter sind zulässig. Für die $n = \#\Omega^h$ polygonal berandeten *Kontrollgebiete* $\Omega_k^{h,d} \subset \mathbf{R}^d$, $k = (k^1, ..., k^d)^\mathsf{T} \in \mathbf{Z}^d$, in die das betrachtete Gebiet $\Omega \subset \mathbf{R}^d$ unterteilt ist, muss lediglich

$$\Omega_k^{h,d} \cap \Omega_l^{h,d} = \emptyset \; \forall \; l,k \in \mathbf{Z}^d, k \neq l, \quad \text{und} \quad \bigcup_{k^1,...,k^d=1}^{m^1,...,m^d} \bar{\Omega}_k^{h,d} = \bar{\Omega}$$

gelten [126, S. 296]. In der vorliegenden Arbeit wird weiterhin angenommen, dass die Daten auf einem regulären, zellzentrierten Gitter vorliegen (vgl. Abschnitt 3.4.1.1). Dies führt zum Begriff der *zellzentrierten FVM* (im Gegensatz zur *nodalen FVM*) [126, S. 298]. Demzufolge ist das Kontrollgebiet $\Omega_k^{h,d}$ i. A. wie in (3.29) (siehe S. 53) angegeben definiert und es gilt

$$\int_{\Omega_k^{h,d}} \mathrm{d}x = \mathfrak{L}^d(\Omega_k^{h,d}) = \prod_{i=1}^{d} h^i =: h_d. \qquad (3.50)$$

Für die Herleitung der FVM, ist eine Verfeinerung im Vergleich zu (3.29) vorzunehmen: Es muss zwischen Kontrollgebieten im Inneren von Ω und jenen, die sich an die Berandung $\partial\Omega$ anschließen (d. h. Teilstücke der Berandung der Zelle liegen auf dem Rand des Gebietes; vgl. Abb. 3.21 (links)), unterschieden werden. Dies erlaubt eine Berücksichtigung der Randbedingungen. Die zugehörigen Indexmengen sind für innere Punkte durch $\mathfrak{I}_{d,\Omega} := \{k \in \mathbf{Z}^d : x_k \in \Omega\}$ und für Randpunkte durch $\mathfrak{I}_{d,\Gamma} := \{k \in \mathbf{Z}^d : x_k \in \partial\Omega\}$ erklärt. Mittels dieser Indexmengen sind die Kontrollgebiete wie folgt definiert:

$$\Omega_k^{h,d} = \begin{cases} \omega_k^{h,d}, & \text{falls } k \in \mathfrak{I}_{\Omega,d}, \\ \gamma_k^{h,d}, & \text{falls } k \in \mathfrak{I}_{\Gamma,d}, \end{cases}$$

mit

$$\omega_k^{h,d} := \{x \in \Omega : -h^i/2 \leq x^i - (k^i - 0.5)h^i \leq h^i/2, i = 1, ..., d\} \subset \Omega$$

und

$$\gamma_k^{h,d} := \{x \in \partial\Omega : -h^i/2 \leq x^i - (k^i - 0.5)h^i \leq h^i/2, i = 1, ..., d\} \subset \partial\Omega.$$

Damit zerlegen die Kontrollgebiete sowohl Ω als auch $\partial\Omega$. Die zugehörige polygonale Berandung einer Gitterzelle ist über

$$\gamma_{kl} = \begin{cases} \partial\Omega_k^{h,d} \cap \partial\Omega_l^{h,d}, & \text{falls } l \in \mathfrak{I}_{d,\Omega}, \\ \partial\Omega_k^{h,d} \cap \Omega_l^{h,d}, & \text{falls } l \in \mathfrak{I}_{d,\Gamma}, \end{cases}$$

Diskretisierung 69

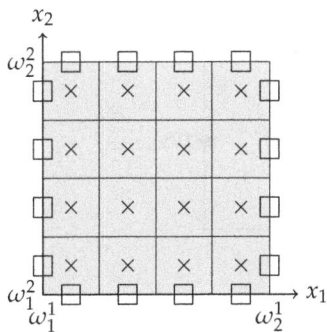
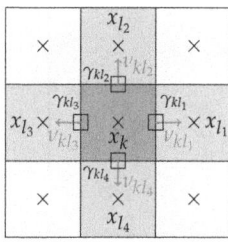

Abbildung 3.21 Links: Zweidimensionale Illustration innerer Gitterpunkte (markiert durch ×) und von Gitterpunkten auf dem Rand (markiert durch □). Rechts: Zweidimensionale Illustration der Kontrollgebiete, basierend auf einer zu einem Gitterpunkt x_k zugehörigen Gitterzelle. Darüber hinaus ist die anliegende, polygonale Berandung $\partial \Omega_k^{h,d} = \bigcup_{i=1}^{4} \gamma_{kl_i}$ und die assoziierten Normaleneinheitsvektoren $\nu_{kl_i}, i \in \{1,2,3,4\}$, dargestellt.

erklärt. Die Menge der inneren Nachbarn ist durch

$$\mathfrak{N}_k := \{l \in \mathfrak{I}_{\Omega,d} : \gamma_{kl} \text{ hat die Dimension } d-1\}$$

und die Menge der Randnachbarn durch

$$\mathfrak{B}_k := \{l \in \mathfrak{I}_{\Gamma,d} : \gamma_{kl} \text{ hat die Dimension } d-1\}$$

gegeben.

3.4.3.2.2 Räumliche Diskretisierung der Modellgleichung

Zunächst wird davon ausgegangen, dass die Parameterfunktion v skalarwertig ist. Die Problemgleichung (3.28.a) kann als Erhaltungsgleichung in einem infinitesimalen Gebiet interpretiert werden. Formal ist (3.28.a) äquivalent zur Bilanzgleichung

$$\int_{t^1}^{t^2} \int_{\Omega_k^{h,d}} \partial_t u \, dx \, dt = -\int_{t^1}^{t^2} \int_{\Omega_k^{h,d}} \nabla \cdot (v \nabla u) \, dx \, dt + \int_{t_1}^{t_2} \int_{\Omega_k^{h,d}} \phi_\gamma \, dx \, dt \quad \forall k \in \mathfrak{I}_{d,\Omega} \quad (3.51)$$

mit $0 \leq t^1 < t^2 < \infty$. Interessanterweise treten die bei der FVM betrachteten Integralformulierungen typischerweise in der Herleitung der kontinuierlichen PDGL auf (vgl. Abschnitt 3.3.4.1). Die FVM erfordert also nicht zwangsweise die Kenntnis der Erhaltungsgleichung.

Da die Zustandsfunktion u auf dem Zylinder $\Omega \times [0, \tau]$ definiert ist, muss eine Diskretisierung sowohl für die räumliche als auch für die zeitliche Veränderliche erfolgen. Die

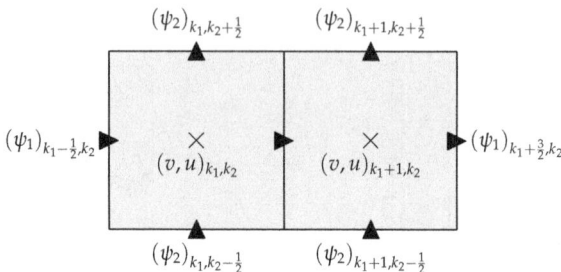

Abbildung 3.22 Illustration der Diskretisierung der Daten v und u auf einem zellzentrierten Gitter ($d = 2$). Die Flussfunktion ψ ist auf einem versetzten Gitter allokiert.

Diskretisierung in der Zeit kann entweder auf Basis der Integralformulierung in (3.51) oder durch eine Approximation der zeitlichen Ableitung mittels Differenzenquotienten erfolgen [59, S. 7]. Details sind in Abschnitt 3.4.3.2.3 zusammengetragen. Für den Moment wird zunächst dargelegt, wie die räumliche Komponente zu diskretisieren ist. Ausgangspunkt ist die Integralformulierung

$$\int_{\Omega_k^{h,d}} \partial_t u \, dx = -\int_{\Omega_k^{h,d}} \nabla \cdot (v \nabla u) \, dx + \int_{\Omega_k^{h,d}} \phi_\gamma \, dx \quad \forall k \in \mathfrak{I}_{d,\Omega}. \tag{3.52}$$

Mit der *Flussfunktion* $\psi := v \nabla u$, $\psi = (\psi^1, \ldots, \psi^d)^\mathsf{T} \in \mathbf{R}^d$, $v : \Omega \to \mathbf{R}_0^+$, gilt für den elliptischen Operator $\mathcal{L}_M(v) = -\nabla \cdot v \nabla u = -\nabla \cdot \psi = -\sum_{i=1}^d \partial_{x^i} \psi^i$ in (3.52) der Zusammenhang

$$-\int_{\Omega_k^{h,d}} \nabla \cdot \psi \, dx \stackrel{\text{Satz 3}}{=} -\oint_{\partial\Omega_k^{h,d}} \langle \psi, \nu \rangle \, d\Gamma(x)$$

$$\stackrel{(\star)}{=} -\sum_{l \in \mathfrak{N}_k} \int_{\gamma_{kl}} \langle \psi, \nu_{kl} \rangle \, d\Gamma(x) - \sum_{l \in \mathfrak{B}_k} \int_{\gamma_{kl}} \langle \psi, \nu_{kl} \rangle \, d\Gamma(x). \tag{3.53}$$

Hierbei bezeichnet $\nu : \partial\Omega_k^{h,d} \to \mathbf{R}^d$ den äußeren Normaleinheitsvektor bzgl. der polygonalen Berandung $\partial\Omega_k^{h,d}$. Für die Identität ($\star$) wird ausgenutzt, dass $\partial\Omega_k^{h,d}$ aus Hyperflächen[31] $\gamma_{kl} \subset \partial\Omega_k^{h,d}$ zusammengesetzt ist, entlang welcher $\nu|_{\gamma_{kl}} =: \nu_{kl}$ konstant ist[32] (vgl. Abb. 3.21 (rechts)) [126, S. 297].

Aus (3.53) ist ersichtlich, dass eine Diskretisierung des Flusses auf der polygonalen Berandung $\partial\Omega_k^{h,d} = \bigcup_{l \in (\mathfrak{N}_k \cup \mathfrak{B}_k)} \gamma_{kl}$ zu erfolgen hat[33]. Dies hat zur Folge, dass die Flussfunktion ψ auf einem versetzten Gitter allokiert werden muss (siehe Abb. 3.22).

---

[31] Die polygonale Berandung besteht aus Geraden- ($d = 2$) bzw. Flächenstücken ($d = 3$).
[32] Wegen der Definition der Menge der Nachbarn ($\mathfrak{N}_k$ und $\mathfrak{B}_k$) wird der Fluss nur über Hyperflächen der Dimension $d - 1$ betrachtet. Der Fluss über Hyperflächen kleinerer Dimension (Punkt für $d = 2$; Linien für $d = 3$) ist null.
[33] Hierin liegt der zentrale Unterschied zur FDM: Anstelle einer direkten Diskretisierung der Differenzialoperatoren werden die Flüsse über die Berandung der Kontrollgebiete diskretisiert.

Diskretisierung 71

Der nächste Schritt ist die Annäherung der Integraloperatoren mittels *numerischer Quadratur* (siehe bspw. [201, S. 307 ff.]) – präziser – über die *Mittelpunktsregel* [201, S. 310]:

Definition 16 Sei $\Omega \subset \mathbf{R}^d$ und $u \in L^2(\Omega)$. Für ein zellzentriertes Gitter $\Omega^h \in \mathbf{R}^{d\, m^1 \times \cdots \times m^d}$ mit $x_k \in \Omega^h$, $k = (k^1, \ldots, k^d)^\mathsf{T} \in \mathbf{Z}^d$, und der Zellgröße $h = (h^1, \ldots, h^d)^\mathsf{T} \in \mathbf{R}^{d,+}$, $h_d := \prod_{i=1}^d h^i$, wird die *Quadraturformel*

$$\int_\Omega u(x)\,\mathrm{d}x = h_d \sum_{x_k} u(x_k)$$

als *Mittelpunktsregel* bezeichnet. ♣

Aus Def. 16 folgt für (3.53)

$$\sum_{l \in \mathfrak{N}_k} \int_{\gamma_{kl}} \langle \psi, \nu_{kl} \rangle \mathrm{d}\Gamma(x) + \sum_{l \in \mathfrak{B}_k} \int_{\gamma_{kl}} \langle \psi, \nu_{kl} \rangle \mathrm{d}\Gamma(x) \approx \sum_{l \in \mathfrak{N}_k} |\gamma_{kl}| \psi_{kl} + \sum_{l \in \mathfrak{B}_k} |\gamma_{kl}| \psi_{kl}.$$

Hierbei bezeichnet ψ_{kl} eine Diskretisierung des Flusses über die polygonale Berandung γ_{kl} (d. h. von der Zelle $\Omega_k^{h,d}$ in die benachbarte Zelle $\Omega_l^{h,d}$), die es noch zu präzisieren gilt[34].

Eine Semidiskretisierung der rechten Seite von (3.52) liefert den Ausdruck

$$\int_{\Omega_k^{h,d}} \partial_t u\,\mathrm{d}x = \mathrm{d}_t \int_{\Omega_k^{h,d}} u\,\mathrm{d}x \approx h_d\,\mathrm{d}_t u_k, \quad u_k(t) := u(x_k, t).$$

Eine Diskretisierung des Integrationsoperators resultiert für den Reaktionsterm in (3.52) in

$$\int_{\Omega_k^{h,d}} \phi_\gamma\,\mathrm{d}x \approx h_d \phi_{\gamma,k}, \quad \phi_{\gamma,k}(t) := \phi_\gamma(t, x_k).$$

Zusammenfassend ergibt sich für (3.52) die semidiskrete Darstellung

$$h_d\,\mathrm{d}_t u_k = -\left(\sum_{l \in \mathfrak{N}_k} |\gamma_{kl}| \psi_{kl} + \sum_{l \in \mathfrak{B}_k} |\gamma_{kl}| \psi_{kl} \right) + h_d \phi_{\gamma,k}.$$

Abschließend wird die Diskretisierung der Flussfunktion $\psi = v\nabla u$ besprochen. Die Annäherung an den Differenzialoperator $\nabla = (\partial_{x^1}, \ldots, \partial_{x^d})^\mathsf{T} \in \mathbf{R}^d$ erfolgt erneut über einen Differenzenquotient (siehe Abschnitt 3.4.2). Für die i-te Raumrichtung gilt

$$(v\,\partial_{x^i} u)_{k+0,5e_i} \approx v_{k+0,5e_i} \frac{u_{k+e_i} - u_k}{h^i} = \psi_{k+0,5e_i} =: \psi_{kl} \qquad (3.54)$$

---

[34] In diesem Zusammenhang ist auf eine zentrale Eigenschaft FVM hinzuweisen: Die Erhaltung der Zustandsgröße (d. h. $\psi_{kl} = -\psi_{lk}$) [59, S. 8].

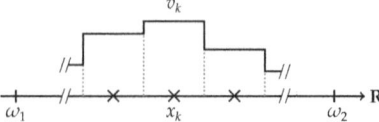

Abbildung 3.23 Stückweise konstante (diskrete) Koeffizientenfunktion v_k.

mit $l = (l^1, ..., l^d)^\mathsf{T} \in \mathbf{Z}^d$ und den Einheitsvektoren $e_i = (e^1, ..., e^d)^\mathsf{T} \in \mathbf{R}^d$, wobei $e^\kappa = 1$ für $i = \kappa$ und $e^\kappa = 0$ für $i \neq \kappa$ gilt. Durch die Verwendung von Vorwärtsdifferenzen in (3.54) ist sichergestellt, dass die Flussfunktion, wie in (3.53) bereits gefordert, auf der Berandung des Kontrollgebietes diskretisiert wird (vgl. Abb. 3.22). Die Berechnung des Koeffizienten $v_{k+0,5e_i}$ in (3.54) erfolgt über die Mittelung

$$v_{k+\frac{1}{2}e_i} = \frac{1}{2}\left(v_k + v_{k+e_i}\right) \quad \text{mit} \quad v_k = \frac{1}{h_d} \int_{\Omega_k^{h,d}} v\,\mathrm{d}x. \tag{3.55}$$

Es ist anzumerken, dass diese Verfahrensweise nur für gutartige Funktionen v zweckmäßig ist. Für unstetige (stückweise konstante) Funktionen $v \in L^2(\Omega)$ muss die Berechnung von $v_{k+0,5e_i}$ auf andere Weise erfolgen[35], da die Auswertung der Funktion v an den Zellgrenzen (vgl. (3.54)) – und damit potenziell an der Unstetigkeitsstelle – erfolgt (vgl. Abb. 3.23).

Die Herleitung einer zu (3.55) alternativen Vorschrift basiert auf der Forderung, eine konservative Diskretisierung bereitzustellen. Der Fluss an der Stelle $x_{k+0,5e_i}$ sollte sowohl auf $\Omega_k^{h,d}$ als auch auf $\Omega_{k+e_i}^{h,d}$ den selben Wert annehmen [59, S. 22]. Da v auf $\Omega_k^{h,d}$ und auf $\Omega_{k+e_i}^{h,d}$ als stetig angenommen wird, kann $v\partial_{x^i}u$ auf jeder Seite von $x_{k+0,5e_i}$ über einen Differenzquotienten angenähert werden. Es gilt $\psi_{k+0,5e_i} = -2h_i^{-1} v_k \left(u_{k+0,5e_i} - u_k\right)$ bzw. $\psi_{k+0,5e_i} = -2h_i^{-1} v_{k+e_i} \left(u_{k+e_i} - u_{k+0,5e_i}\right)$ und damit

$$v_k\left(u_{k+0,5e_i} - u_k\right) = -v_{k+e_i}\left(u_{k+e_i} - u_{k+0,5e_i}\right) \quad \Leftrightarrow \quad u_{k+0,5e_i} = \frac{v_{k+e_i} u_{k+e_i} + v_k u_k}{v_k + v_{k+e_i}}.$$

Einsetzen des Ausdrucks für $u_{k+0,5e_i}$ liefert

$$\psi_{k+0,5e_i} = \frac{2v_k v_{k+e_i}}{v_k + v_{k+e_i}} \frac{u_{k+e_i} - u_k}{h_i} = \frac{2}{\frac{1}{v_k} + \frac{1}{v_{k+e_i}}} \frac{u_{k+e_i} - u_k}{h_i}. \tag{3.56}$$

Im Gegensatz zur vorherigen Diskretisierungsstrategie erfolgt die Auswertung der skalaren Daten v_k nicht mehr, wie in (3.55) angegeben, über eine arithmetische Mittelwertbildung, sondern über eine *harmonische Mittelwertbildung* [59, S. 23].

---

[35] Die physikalische Ursache für Unstetigkeitsstellen in v ist im vorliegenden Fall der Unterschied in der Permeabilität zwischen grauer und weißer Substanz (siehe Abschnitt 3.3.4.5 auf S. 46).

Diskretisierung 73

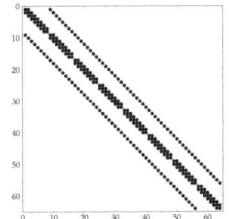 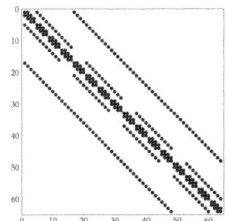

Abbildung 3.24 Illustration der Besetzungsstruktur des elliptischen Operators für $d = 2$ (links; $m = (8,8)^\mathsf{T}$; 288 von Null verschiedene Einträge (7,0%)) und $d = 3$ (rechts; $m = (4,4,4)^\mathsf{T}$; 352 von Null verschiedene Einträge (8,6%)).

Für den elliptischen Operator $\mathcal{L} = \nabla \cdot (v\nabla \cdot)$ ergibt sich für eine skalare Koeffizientenfunktion in einer lexikographischen Anordnung $v^h \in \mathbf{R}^n$, $n = \prod_{i=1}^d m^i$, die Darstellung

$$\left[\mathcal{L}_M^h(v^h)\right](\,\cdot\,) = -\left[(\nabla^{h,d})^\mathsf{T} \left(e \oslash \left(M\left(e \oslash v^h\right)\right)\right) \nabla^{h,d}\right](\,\cdot\,) \tag{3.57}$$

mit $\mathcal{L}_M^h \in \mathbf{R}^{n \times n}$, $e = (1, ..., 1)^\mathsf{T} \in \mathbf{R}^n$. Der Ableitungsoperator $\nabla^{h,d}$ wird wie in (3.42)–(3.44) angegeben konstruiert (siehe S. 62). Die Matrix M bildet skalare Daten von einem zellzentrierten Gitter auf ein versetztes Gitter ab (vgl. (3.33) ($d = 1$; S. 57), (3.34) ($d = 2$; S. 58) und (3.35) ($d = 3$; S. 58)). Die Besetzungsstruktur von $\mathcal{L}_M^h$ aus (3.57) ist in Abb. 3.24 illustriert.

3.4.3.2.3 Zeitliche Diskretisierung der Modellgleichung

Ziel dieses Abschnittes ist es, eine Approximation für die Zeitintegration der Bilanzgleichung zu entwickeln (vgl. bspw. [59, S. 7]). Die Änderungsrate der Zustandsgröße u innerhalb des Kontrollgebietes ist über

$$d_t \int_{\Omega_k^{h,d}} u \, dx$$

erklärt. Das betrachtete Zeitintervall $Q := [t_0, \tau] \subset \mathbf{R}$ wird in $m_t \in \mathbf{N}$ Teilintervalle der Größe $h_t > 0$ unterteilt[36]. Es gilt $t^j := t_0 + jh_t$, $j = 0, ..., m_t$. Die Änderung der Zustandsfunktion innerhalb eines Zeitschrittes kann durch Integration über h_t gewonnen werden. Es folgt

$$\int_{t^j}^{t^{j+1}} d_t \int_{\Omega_k^{h,d}} u \, dx \, dt = \int_{\Omega_k^{h,d}} u(x, t^{j+1}) - u(x, t^j) \, dx \quad \forall k \in \mathfrak{J}_{d,\Omega} \land \forall j \in \mathbf{N}.$$

Für die Integralformulierung der vollständigen Erhaltungsgleichung (3.28.a) ergibt sich

---

[36] Eine Verwendung variabler Zeitschritte ist ebenfalls zulässig.

$$\int_{\Omega_k^{h,d}} u(x,t^{j+1}) - u(x,t^j) \, dx = - \int_{t^j}^{t^{j+1}} \int_{\Omega_k^{h,d}} \nabla \cdot \psi \, dx \, dt + \int_{t^j}^{t^{j+1}} \int_{\Omega_k^{h,d}} \phi_\gamma \, dx \, dt$$

$$= -h_t \int_{\Omega_k^{h,d}} \nabla \cdot \psi(u,x,t^{j+1}) \, dx$$

$$+ h_t \int_{\Omega_k^{h,d}} \phi_\gamma(u,x,t^{j+1}) \, dx. \quad (3.58)$$

Hierbei handelt es sich um ein implizites Diskretisierungsschema. Wie im vorigen Abschnitt angedeutet, kann die zeitliche Diskretisierung auch aus der Approximation der zeitlichen Ableitung gewonnen werden. Dies liefert bspw. die explizite Diskretisierung

$$\int_{\Omega_k^{h,d}} \frac{u(x,t^{j+1}) - u(x,t^j)}{h_t} \, dx = - \int_{\Omega_k^{h,d}} \nabla \cdot \psi(u,x,t^{j+1}) \, dx + \int_{\Omega_k^{h,d}} \phi_\gamma(u,x,t^{j+1}) \, dx$$

für $k \in \mathfrak{I}_{d,\Omega}, j \in \mathbf{N}$. Beispiele für eine Volldiskretisierung sind in Abschnitt 3.4.3.2.4 zu finden. Eine kompakte Darstellung unterschiedlicher Formen der Volldiskretisierung liefert Abschnitt 3.5.

3.4.3.2.4 Diskretisierung der Modellprobleme

Als abschließende Betrachtung wird eine exemplarische Diskretisierung von Prb. 1 und Prb. 2 (siehe Abschnitt 3.3.3 auf S. 40) vorgestellt.

Die Daten liegen auf einem zellzentrierten Gitter vor. Für das elliptische Problem in (3.7) gilt (vgl. [88])

$$-\nabla^{h,\mathsf{T}} \operatorname{diag}(e \oslash (M(e \oslash w^h))) \nabla^h u^h = q^h \quad (3.59)$$

mit $n = \prod_{i=1}^{2} m^i, u^h \in \mathbf{R}^n, q^h \in \mathbf{R}^n, w^h \in \mathbf{R}^n, e := (1,...,1)^\mathsf{T} \in \mathbf{R}^n$ und dem Operator ∇^h, wie in Abschnitt 3.4.2 dargestellt. Für das parabolische Problem in (3.8) gilt (vgl. [88])

$$\mathcal{A}^h(w^h)u^h = \begin{pmatrix} L(w^h) & & & \\ -E & L(w^h) & & \\ & \ddots & \ddots & \\ & & -E & L(w^h) \end{pmatrix} u^h = q^h \quad (3.60)$$

mit $w^h \in \mathbf{R}^n, u^h = (u^{h,1},...,u^{h,m_t})^\mathsf{T} \in \mathbf{R}^{nm_t}, n = \prod_{i=1}^{2} m^i, m^i \in \mathbf{N}, m_t \in \mathbf{N}, u^{h,j} \in \mathbf{R}^n$, $j = 1,...,m_t, q^h = (u_0^h, 0,...,0)^\mathsf{T} \in \mathbf{R}^{nm_t}, L(w^h) = E - h_t \mathcal{L}^h(w^h), L(w^h) \in \mathbf{R}^{n \times n}, E = \operatorname{diag}(1,...,1) \in \mathbf{R}^{n \times n}$ und

$$\mathcal{L}^h(w^h) = -\nabla^{h,\mathsf{T}} \operatorname{diag}(e \oslash (M(e \oslash w^h))) \nabla^h \in \mathbf{R}^{n \times n}, \quad e := (1,...,1)^\mathsf{T} \in \mathbf{R}^n. \quad (3.61)$$

Diskretisierung 75

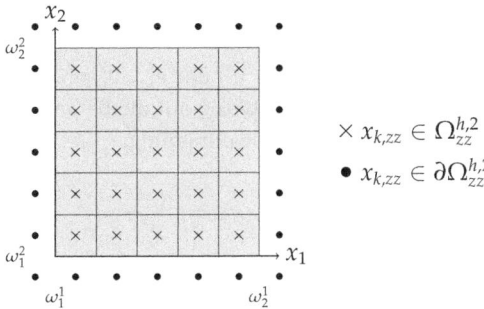

Abbildung 3.25 Illustration der Diskretisierung von Randbedingungen bei der Verwendung eines zellzentrierten Gitters im Zweidimensionalen. Für die Diskretisierung der Randbedingungen sind sog. *ghost points* einzuführen (markiert durch •; in Anlehnung an [116, S. 20, Abb. 2.4]).

Wie die Randbedingungen in die Operatoren zu integrieren sind, diskutiert der folgende Abschnitt.

3.4.3.3 Behandlung der Randbedingungen

Die diskretisierte PDGL schreibt $\#\Omega^h$ Gleichungen für $\#(\Omega^h \cup \partial\Omega^h)$ Unbekannte vor. Die fehlenden Gleichungen liefert die Diskretisierung der Randbedingungen. Für deren Behandlung wird zunächst der einfache Fall eines Gebietes der Gestalt $\Omega := (0,1)^d \subset \mathbf{R}^d$ betrachtet. Die Abhängigkeit der Problemvariable von der Zeit wird vernachlässigt.

Zwei Typen von Randbedingungen werden betrachtet: DIRICHLET-Randbedinungen und homogene NEUMANN-Randbedingungen. Die kontinuierliche Formulierung dieser Randbedingungen ist in Abschnitt 3.2.2 bereitgestellt.

Die konkrete Implementierung hängt von der verwendeten Gebietszerlegung ab. Für ein nodales Gitter sind Diskretisierungspunkte auf der Berandung $\partial\Omega$ gelegen (vgl. Abb. 3.13 auf S. 52 für $d = 1$ bzw. Abb. 3.14 auf S. 54 für $d = 2$). Liegen die Daten auf einem zellzentrierten Gitter vor, werden zusätzliche Diskretisierungspunkte außerhalb von Ω benötigt – sog. *ghost points* (vgl. Abb. 3.25 für $d = 2$).

3.4.3.3.1 Dirichlet-Randbedingungen

Für DIRICHLET-Randbedingungen gilt $\mathcal{B} = \text{id}$ und damit $u(x) = g(x)$ auf $\partial\Omega$ (vgl. Abschnitt 3.2.2). Für $g(x) = 0$ folgt für eine nodale Diskretisierung (vgl. bspw. [116, S. 24])

$$u_{k,n} = 0 \quad \forall x_{k,n} \in \partial\Omega_n^{h,d}. \tag{3.62}$$

Für eine zellzentrierte Diskretisierung hingegen gilt (vgl. bspw. [116, S. 24])

$$u_{k\pm 0,5e_i,zz} = 0 \quad \forall x_{k\pm e_i,zz} \in \partial\Omega_{zz}^{h,d}$$

mit $e_i = \left(e^1, ..., e^d\right)^\mathsf{T} \in \mathbf{N}_0^d$, wobei $e^j = 1$ für $i = j$ und $e^j = 0$, sonst. Das Vorzeichen wird entsprechend der Lage des *ghost points* in Bezug auf die Berandung $\partial\Omega$ gewählt. Die Berechnung von $u_{k\pm 0,5e_i}$ erfolgt durch Mittelwertbildung:

$$u_{k\pm 0,5e_i,zz} = \frac{u_{k\pm e_i,zz} + u_{k,zz}}{2} \quad \Leftrightarrow \quad u_{k\pm e_i,zz} = -u_{k,zz}. \tag{3.63}$$

Eine zu (3.63) äquivalente Illustration der homogenen DIRICHLET-Randbedingungen ist in Abb. 3.26 dargestellt.

Zusammenfassend liefert eine nodale Diskretisierung eine exakte Implementierung der DIRICHLET-Randbedingungen und eine zellzentrierte Diskretisierung eine Approximation zweiter Ordnung.

Die aus der Diskretisierung der Randbedingungen abgeleiteten Zusatzbedingungen (3.62) und (3.63) fließen in die diskrete PDGL für die der Berandung zugehörigen unbekannten Diskretisierungspunkte ein. Für eine matrixbasierte Diskretisierung können die Randbedingungen direkt in die Ableitungsoperatoren eingebaut werden. Liegen die Daten auf einem zellzentrierten bzw. einem nodalen Gitter vor, liefert eine Integration homogener DIRICHLET-Randbedingungen für kurze symmetrische Differenzen die Operatoren

$$\partial_{m,zz}^{h,\pm} = \frac{1}{h}\begin{pmatrix} 2 & & & & \\ -1 & 1 & & & \\ & \ddots & \ddots & & \\ & & -1 & 1 & \\ & & & 2 & \end{pmatrix} \in \mathbf{R}^{m+1 \times m},$$

bzw.

$$\partial_{m,n}^{h,\pm} = \frac{1}{h}\begin{pmatrix} 1 & & & \\ -1 & 1 & & \\ & \ddots & \ddots & \\ & & -1 & 1 \\ & & & -1 \end{pmatrix} \in \mathbf{R}^{m \times m-1}.$$

Die Behandlung der Randbedingungen für lange symmetrische Differenzen bzw. den LAPLACE-Operator erfolgt analog. Die Konstruktion mehrdimensionaler Operatoren kann, wie in Abschnitt 3.4.2 beschrieben, auf der Basis eines KRONECKER-Produkts realisiert werden.

Diskretisierung

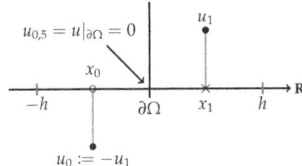
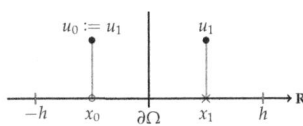

Abbildung 3.26 Illustration der Diskretisierung homogener DIRICHLET-Randbedingungen (links) und homogener NEUMANN-Randbedingungen (rechts) für ein zellzentriertes Gitter im Eindimensionalen.

3.4.3.3.2 Neumann-Randbedingungen

Für NEUMANN-Randbedingungen gilt $\mathcal{B} = \partial_n$ und damit $\partial_n u(x) = g(x)$ auf $\partial \Omega$ (vgl. Abschnitt 3.2.2).

Liegen die Daten auf einem nodalen Gitter vor, erfolgt die Diskretisierung der Ableitung durch einen einseitigen Rückwärtsdifferenzenquotient (vgl. Lemma 4 auf S. 59). Für $g(x) = 0$ gilt (vgl. [116, S. 24])

$$\partial^{h,-} u_{k-e_i,n} = \frac{u_{k,n} - u_{k-e_i,n}}{h} = 0 \quad \Leftrightarrow \quad u_{k-e_i,n} = u_{k,n}. \tag{3.64}$$

In Abhängigkeit von der Lage ist entweder $x_{k,n}$ oder $x_{k-e_i,n}$ innerhalb der Berandung $\partial \Omega_n^{h,d}$ gelegen. Für ein zellzentriertes Gitter erfolgt die Diskretisierung der Ableitung durch kurze symmetrische Differenzen (vgl. Lemma 4 auf S. 59). Es gilt (vgl. [116, S. 24])

$$\partial^{h,\pm} u_{k-0,5e_i,zz} = \frac{u_{k,zz} - u_{k-e_i,zz}}{h} = 0 \quad \Leftrightarrow \quad u_{k-e_i,zz} = u_{k,zz}. \tag{3.65}$$

Die Bedingung (3.65) ist in Abb. 3.26 (rechts) illustriert. Zunächst erscheinen (3.64) und (3.65) äquivalent. Die Randdaten liegen allerdings an unterschiedlichen Stellen vor. Im Detail liegen sie für eine nodale Diskretisierung direkt auf der Berandung und für eine zellzentrierte Diskretisierung, um eine Schrittweite von $0{,}5h^i$, außerhalb des betrachteten Gebietes (vgl. Abb. 3.25). Die Approximationsgüte ist für ein nodales Gitter erster und für ein zellzentriertes Gitter zweiter Ordnung. Die Konstruktion einer matrixbasierten Diskretisierung von NEUMANN-Randbedingungen erfolgt analog zu der im vorangegangen Abschnitt skizzierten Verfahrensweise[37].

Den Einfluss der Wahl der Randbedingungen auf die Lösung des ARWPs aus Prb. 2 auf S. 40 illustriert Abb. 3.27. Als Gebiet G ist ein Quadrat im Zentrum von Ω gewählt. Die Anzahl der Diskretisierungspunkte ist $m = (64, 64)^\mathsf{T}$ (d. h. $n = 4096$). Verglichen wird die Verwendung der in Prb. 2 angegebenen DIRICHLET-Randbedingungen (obere Reihe in Abb. 3.27) mit der Verwendung von NEUMANN-Randbedingungen (untere Reihe in Abb. 3.27). In der Abbildung ist zu erkennen, dass mittels DIRICHLET-Randbedingungen

---
[37] Weitere exemplarische Diskretisierungen können bspw. in [99, S. 81 ff.] gefunden werden.

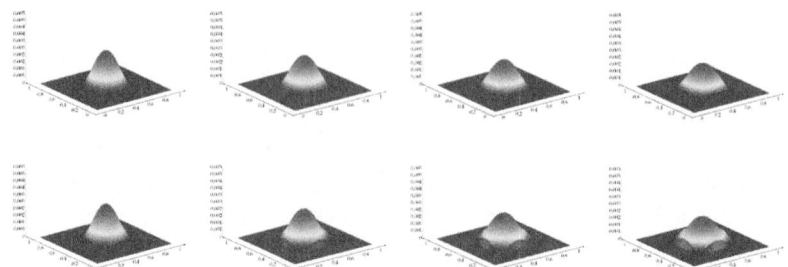

Abbildung 3.27 Einfluss der Wahl der Randbedingungen auf die numerische Lösung eines ARWPs. Von links nach rechts: Zustandsfunktion zu unterschiedlichen Zeitpunkten t^j. Obere Reihe: Homogene DIRICHLET-Randbedingung. Untere Reihe: Homogene NEUMANN-Randbedingung.

der Wert am Rand festgehalten wird und für homogene NEUMANN-Randbedingungen der Rand isoliert ist.

3.4.3.3.3 Fictitious-Domain-Methode

Bis hierhin wurde die Diskretisierung der Randbedingungen nur auf einem Hyperkubus $\Omega := (0,1)^d \subset \mathbf{R}^d$ betrachtet. Im vorliegenden Fall sind diese auf einer komplexeren Geometrie vorzuschreiben. Prinzipiell impliziert dies eine Verwendung irregulärer Gitter.

Eine mögliche Implementierung der Randbedingungen für das vorliegende Modellproblem ist in [70] vorgestellt. Die Diskretisierung entspricht der in den vorangegangenen Abschnitten skizzierten Vorgehensweise. Die Daten liegen auf einem regulären, nodalen Gitter vor. Dies führt für NEUMANN-Randbedingungen zu einer Approximationsgüte erster Ordnung (vgl. (3.64)). Auf die Schwierigkeiten bzgl. der Implementierung von Randbedingungen auf einem regulären Gitter, bei vorliegender komplexer Geometrie, wird in [70] nicht weiter eingegangen. Es ist hervorzuheben, dass die Randbedingungen nicht auf der polygonalen Berandung des Kortex, sondern auf der Berandung des Schädels vorgeschrieben werden.

In der vorliegenden Arbeit wird die *Fictitious-Domain-Methode* (auch *Domain-Embedding-* oder *Fictive-Domain-Methode*; siehe bspw. [155, S. 116 ff.]) verwendet. Diese ist explizit dafür ausgelegt, die Implementierung von Randbedingungen auf einem regulären Gitter, bei vorliegender komplexer Geometrie, zu ermöglichen. Sie wird im Kontext der bildbasierten Modellierung des Wachstums primärer Hirntumoren erstmals in [105 & 107] verwendet.

Die Grundidee ist es, ein auf einer komplexen Geometrie G definiertes Problem der Gestalt

Diskretisierung

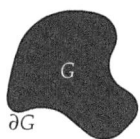 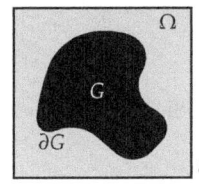 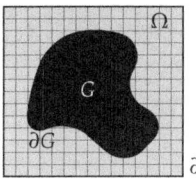

Abbildung 3.28 Schematische Darstellung der Gebietseinbettung. Grundgebiet G mit polygonaler Berandung ∂G (komplexe Geometrie; links), Einbettung des Gebietes G in das fiktive Gebiet Ω mit Berandung $\partial\Omega$ (einfache Geometrie; mittig) und Illustration der Diskretisierung basierend auf einem regulären Gitter (rechts).

$$\mathcal{L}(u) = b(x) \quad \text{auf } G, \tag{3.66.a}$$

$$\mathcal{B}(u) = g(x) \quad \text{auf } \partial G, \tag{3.66.b}$$

auf eine einfache Geometrie $\Omega \supset G$ zu übertragen (vgl. Abb. 3.28). Seit der Einführung der *Fictitious-Domain-Methode* [199] wurden unterschiedliche Weiterentwicklungen vorgestellt [183]. In der vorliegenden Arbeit wird, wie in [105 & 107] vorgeschlagen, ein *Penalty-Verfahren* [9, 75 & 199] verwendet. Durch die Einbettung des Gebietes G in Ω wird hierbei das Problem (3.66) in das Problem

$$\mathcal{L}^\varepsilon(u^\varepsilon) = b^\varepsilon(x) \quad \text{auf } \Omega, \tag{3.67.a}$$

$$\mathcal{B}^\varepsilon(u^\varepsilon) = g^\varepsilon(x) \quad \text{auf } \partial\Omega, \tag{3.67.b}$$

unter der Nebenbedingung $\lim_{\varepsilon \to 0} u^\varepsilon \to u$ auf $\bar{G}$ und $\lim_{\varepsilon \to 0} u^\varepsilon \to 0$ auf $\Omega\backslash G$ überführt; $\varepsilon > 0$ ist ein *Strafparameter* (*Penalty-Parameter*). Wie aus (3.67.b) ersichtlich ist, werden die Randbedingungen nicht mehr wie in (3.66.b) auf ∂G, sondern auf $\partial\Omega$ vorgeschrieben. Durch Konstruktion wird gewährleistet, dass die Randbedingungen (3.66.b) für das Ersatzproblem (3.67) im Grenzwert $\varepsilon \to 0$ exakt erfüllt sind. Eine Illustration liefert das folgende eindimensionale Randwertproblem (entnommen aus [199]):

Beispiel 4 Sei $G = (0, 0{,}5) \subset \mathbf{R}$ gegeben. Finde ein $u : \bar{\Omega} \to \mathbf{R}$, so dass

$$d_{xx}u = -2 \quad \text{auf } G, \qquad u = 0 \quad \text{auf } \partial G,$$

erfüllt ist. ♠

Die exakte Lösung der Randwertaufgabe in Bsp. 4 ist $u^*(x) = x(0{,}5 - x)$. Das Ersatzproblem ist für $\Omega = (0,1) \subset \mathbf{R}$, $u^\varepsilon : \bar{\Omega} \to \mathbf{R}$ und $b^\varepsilon : \bar{\Omega} \to \mathbf{R}$ durch

$$d_x\left(v^\varepsilon(x)\, d_x u^\varepsilon\right) = b^\varepsilon(x) \quad \text{auf } \Omega, \qquad u = 0 \quad \text{auf } \partial\Omega, \tag{3.68}$$

mit $v^\varepsilon : \bar{\Omega} \to \mathbf{R}$, $\varepsilon > 0$,

$$v^\varepsilon(x) = \begin{cases} 1, & \text{falls } x \in G, \\ \varepsilon^{-2}, & \text{falls } x \in \Omega\backslash G, \end{cases} \quad \text{und} \quad b^\varepsilon(x) = \begin{cases} -2, & \text{falls } x \in G, \\ 0, & \text{falls } x \in \Omega\backslash G, \end{cases}$$

erklärt. Die analytische Lösung für (3.68) ist von der Gestalt

$$u^{\varepsilon,*} = \begin{cases} x\left(0{,}5\frac{1+2\varepsilon^2}{1+\varepsilon^2} - x\right), & \text{falls } x \in G, \\ \frac{\varepsilon^2}{2(1+\varepsilon^2)}(1-x), & \text{falls } x \in \Omega\backslash G. \end{cases} \quad (3.69)$$

Aus (3.69) ist direkt ersichtlich, dass

$$\lim_{\varepsilon \to 0} u^{\varepsilon,*} = u \text{ für } x \in \bar{G} \quad \text{und} \quad \lim_{\varepsilon \to 0} u^{\varepsilon,*} = 0 \text{ für } x \in \Omega\backslash G.$$

Nach diesem einführenden Teil wird die konkrete Implementierung der Randbedingungen für Prb. 4 (siehe S. 50) besprochen. Die Koeffizienten $v = (v_{ij})_{i,j=1}^{d,d} \in \mathbf{R}^{d\times d}$ und $\gamma > 0$ der zugehörigen PDGL (siehe (3.28.a) auf S. 50) werden durch

$$v_{ij}^\varepsilon(x) = \begin{cases} v_{ij}(x) & x \in \Omega_B, \\ 0 & x \in \Omega\backslash\Omega_B, i \neq j, \\ \varepsilon^{-1} & x \in \Omega\backslash\Omega_B, i = j, \end{cases} \quad \text{und} \quad \gamma^\varepsilon = \begin{cases} \gamma & x \in \Omega_B, \\ 0 & x \in \Omega\backslash\Omega_B, \end{cases}$$

ersetzt. Die erwartete Approximationsgüte ist $O(\varepsilon)$ [107 bzw. 155, S. 119]).

Die Implementierung von NEUMANN-Randbedingungen, basierend auf der *Fictitious-Domain*-Methode, wird mittels einer Diskretisierung von Prb. 2 (siehe Abschnitt 3.4.3.2.4 auf S. 40) analysiert. Die Anzahl der Diskretisierungspunkte ist $m = (64,64)^\mathsf{T}$ (d. h. $n = 4096$). Das Gebiet G ist eine Kreisscheibe im Zentrum von Ω mit Radius 0,3025 mm. Die Koeffizientenfunktion entspricht (3.9) mit $w_0 = 1{,}2 \times 10^{-8}$ m²/s. Die resultierende Zustandsfunktion $u^{h,j} \in \mathbf{R}^n$ ist für unterschiedliche Zeitpunkte t^j und Strafparameter $\varepsilon \in \{1 \times 10^0, 1 \times 10^{-4}, 1 \times 10^{-12}\}$ in Abb. 3.29 dargestellt. Die Lösung wird auf der Basis eines PCG-Verfahrens (siehe Abschnitt 2.2.4.2 auf S. 23; JACOBI-Vorkonditionierer (siehe Abschnitt 2.2.4.1 auf S. 22)) berechnet. Aus Abb. 3.29 ist ersichtlich, dass der Strafparameter ε hinreichend klein gewählt werden muss, um eine ausreichende Approximationsgüte für die Randbedingungen zu garantieren.

Im nächsten Experiment werden Resultate für die Standardimplementierung von NEUMANN-Randbedingungen (vgl. Abschnitt 3.4.3.3.2) mit den Resultaten für eine Implementierung basierend auf der *Fictitious-Domain*-Methode verglichen. Das Gebiet $G \subset \Omega$ ist ein Quadrat im Zentrum von Ω. Die Modellparameter entsprechen dem vorherigen Experiment. Der Strafparameter ist $\varepsilon = 1 \times 10^{-8}$. Die berechnete Zustandsfunktion ist in Abb. 3.30 dargestellt. Eine Quantifizierung der Differenz zwischen den beiden numerischen Lösungen ist in Tab. 3.1 aufgelistet. Die Werte in Tab. 3.1 bestätigen die Fehlerordnung von $O(\varepsilon)$. Die Resultate sind qualitativ und quantitativ als äquivalent zu bewerten.

Diskretisierung 81

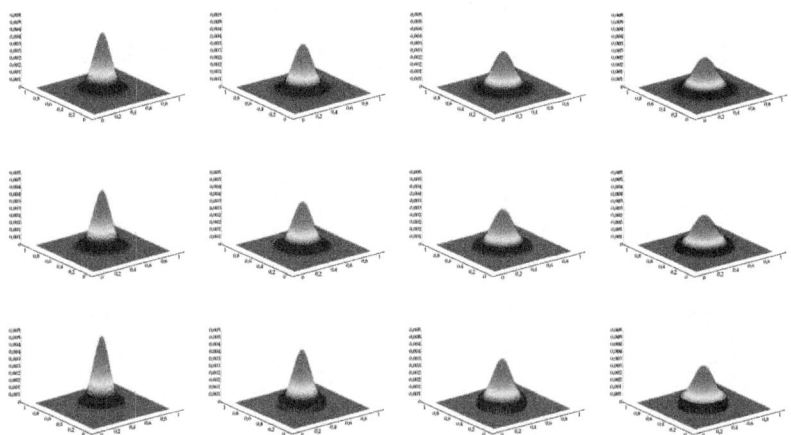

Abbildung 3.29 *Fictitious-Domain*-Methode für die Diskretisierung von NEUMANN-Randbedingungen. In jeder Reihe ist die resultierende Zustandsfunktion für unterschiedliche Zeitpunkte t^j dargestellt. Die einzelnen Reihen zeigen Resultate für die Strafparameter $\varepsilon = 1$ (obere Reihe), $\varepsilon = 1 \times 10^{-4}$ (mittlere Reihe) und $\varepsilon = 1 \times 10^{-12}$ (untere Reihe).

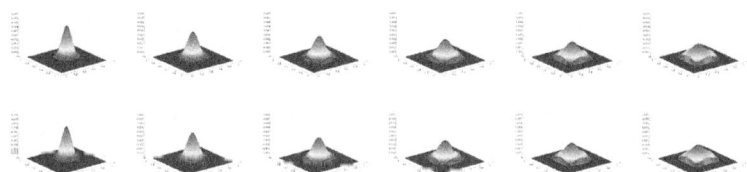

Abbildung 3.30 Vergleich der berechneten Zustandsfunktion für unterschiedliche Diskretisierungen der NEUMANN-Randbedingungen. Obere Reihe: *Fictitious-Domain*-Methode. Untere Reihe: Standarddiskretisierung für ein reguläres, zellzentriertes Gitter. Von links nach rechts ist die resultierende Zustandsfunktion für unterschiedliche Zeitpunkte t^j dargestellt.

Tabelle 3.1 Mittelwert (MW) und Maximalwert (MAX) der 2-Norm der punktweisen Differenz zwischen zwei numerischen Lösungen, die für unterschiedliche Implementierungen der NEUMANN-Randbedingung errechnet sind.

t^j/τ	0,5	0,6	0,7	0,8	0,9	1,0
MW	$2{,}792 \times 10^{-10}$	$4{,}455 \times 10^{-10}$	$6{,}529 \times 10^{-10}$	$8{,}982 \times 10^{-10}$	$1{,}178 \times 10^{-9}$	$1{,}487 \times 10^{-9}$
MAX	$7{,}927 \times 10^{-9}$	$1{,}214 \times 10^{-8}$	$1{,}713 \times 10^{-8}$	$2{,}277 \times 10^{-8}$	$2{,}891 \times 10^{-8}$	$3{,}545 \times 10^{-8}$

Basierend auf diesen Experimenten wird für die Approximation der NEUMANN-Randbedingungen in (3.28.b) aus Prb. 4 der Strafparameter mit $\varepsilon = 1 \times 10^{-8}$ festgesetzt.

3.4.3.4 Diskretisierung des Reaktionsmodells

Für $u^{h,j} \in \mathbf{R}^n$, $n = \prod_{i=1}^{d} m^i$, $j = 1, \ldots, m_t$, ist die Diskretisierung der in Abschnitt 3.3.4.4 besprochenen Reaktionsmodelle durch $\phi_{l,\gamma}^{h,j} := \mathcal{L}_{R,l}^{h}$, $\phi_{l,\gamma}^{h,j} \in \mathbf{R}^n$, $l \in \{E, L, G\}$,

$$\phi_{E,\gamma}^{h,j} = \gamma u^{h,j}, \tag{3.70.a}$$

$$\phi_{L,\gamma}^{h,j} = (\gamma/u_L) \operatorname{diag}(u^{h,j})(u_L e - u^{h,j}), \tag{3.70.b}$$

$$\phi_{G,\gamma}^{h,j} = \gamma \operatorname{diag}(\ln(u_L e \oslash u^{h,j})) u^{h,j}, \tag{3.70.c}$$

mit der Wachstumsrate $\gamma > 0$, der oberen Schranke $u_L > 0$ und $e := (1, \ldots, 1)^\mathsf{T} \in \mathbf{R}^n$ erklärt.

3.4.3.5 Diskretisierung der Anfangsbedingungen

Die Diskretisierung der Anfangsbedingung (siehe (3.17) in Abschnitt 3.3.4.3 auf S. 44) ist trivial und erfolgt durch eine punktweise Auswertung der Funktion u_0 auf einem zellzentrierten Gitter.

3.4.4 Zwischenbilanz

In den vorangegangenen Abschnitten wurden Diskretisierungen des ARWP aus Prb. 4 vorgestellt. Neben der Diskretisierung der PDGL wurde die Diskretisierung der Zusatzbedingungen behandelt. Hierauf aufbauend werden im folgenden Abschnitt unterschiedliche Zeitintegrationsverfahren für das resultierende algebraische System vorgestellt.

3.5 Numerische Schemata

Der nächste Teil dieser Arbeit widmet sich der numerischen Zeitintegration des betrachteten ARWP. Es wird davon ausgegangen, dass das ARWP bzgl. der räumlichen Koordinate x auf einem regulären Gitter $\Omega^h \in \mathbf{R}^{dm^1 \times \cdots \times m^d}$, $m^i \in \mathbf{N}$, mit der Schrittweite $h = (h^1, \ldots, h^d) \in \mathbf{R}^{+,d}$ entsprechend den in Abschnitt 3.4 diskutierten Verfahren diskretisiert wurde. Weiter ist das Zeitintervall $[t_0, \tau] \subset \mathbf{R}$ in $m_t \in \mathbf{N}$ Teilintervalle der Länge $h_t := (\tau - t_0)/m_t$ unterteilt. Die zugehörigen diskreten Zeitpunkte werden als $t^j := t_0 + jh_t, j = 0, \ldots, m_t$, notiert. Die numerische Annäherung an die Zustandsfunktion u liegt in einer lexikographischen Anordnung der Gestalt $u^{h,j} = (u^j_{1,\ldots,1}, \ldots, u^j_{m^1,\ldots,m^d})^\mathsf{T} \in \mathbf{R}^n$, $n = \prod_{i=1}^{d} m^i$, vor. Die Finite-Volumen- oder Finite-Differenzen-Diskretisierung des elliptischen Differenzialoperators (siehe Abschnitt 3.4.3.1 bzw. Abschnitt 3.4.3.2) ist durch die dünnbesetzte Matrix (*Koeffizientenmatrix*) $\mathcal{L}^h \in \mathbf{R}^{n \times n}$ erklärt. Das Reaktionsmodell ist entsprechend der in Abschnitt 3.4.3.4 besprochenen Verfahrensweise durch $\phi_{\gamma}^{h,j} \in \mathbf{R}^n$ gegeben.

Numerische Schemata

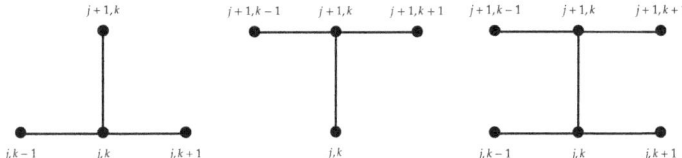

Abbildung 3.31 Differenzsterne für die betrachteten Zeitintegrationsverfahren. Die Zeitachse zeigt von unten nach oben; die räumliche Achse von links nach rechts (links: EULER-CAUCHY-Verfahren; mittig: implizites EULER-Verfahren; rechts: CRANK-NICHOLSON-Verfahren; in Anlehnung an [83, S. 108, Abb. 2.23]).

Ausgehend von dieser Diskretisierung kann eine kompakte Repräsentation klassischer *Zeitintegrationsverfahren* zur näherungsweisen Lösung des vorliegenden ARWP über das θ-Verfahren erfolgen.

3.5.1 θ-Verfahren

Das θ-Verfahren (siehe bspw. [111, S. 35 ff.]) subsummiert klassische Verfahren zur numerischen Zeitintegration parabolischer ARWPs. Es ist von der Gestalt

$$(E + h_t \theta \mathcal{L}^h(v^h))u^{h,j+1} - \gamma \theta \phi_\gamma^{h,j+1}(u^{h,j+1})$$
$$= (E - h_t \tilde{\theta} \mathcal{L}^h(v^h))u^{h,j} + h_t \tilde{\theta} \phi_\gamma^{h,j}(u^{h,j}), \qquad (3.71)$$

$j = 0, ..., m_t - 1$, $\tilde{\theta} := (1 - \theta)$. Der Parameter $\theta \in [0, 1]$ kontrolliert die konkrete Ausprägung von (3.71). Für $\theta = 0$ ergibt sich ein *explizites Zeitintegrationsverfahren* (explizites EULER-Verfahren oder EULER-CAUCHY-Verfahren (EC-Verfahren)). Für $\theta > 0$ ist (3.71) *implizit*. Im Detail wird (3.71) für $\theta = 1$ als *implizites EULER-Verfahren (IE-Verfahren)* und für $\theta = 0.5$ als CRANK-NICHOLSON-*Verfahren (CN-Verfahren)* bezeichnet[38] (siehe bspw. [126, S. 257 ff.]). Eine schematische Gegenüberstellung der jeweiligen Diskretisierung des Raum-Zeit-Kontinuums ist in Form eines Differenzsterns in Abb. 3.31 zu finden.

Hervorzuheben ist, dass die Nichtlinearität des betrachteten ARWP lediglich durch $\phi_\gamma^{h,j}$ bedingt ist. Entsprechend kann eine Linearisierung des Systems in der Gestalt erfolgen, dass der Reaktionsanteil lediglich zum Zeitpunkt t^j einfließt und auf die rechte Seite von (3.71) geschrieben wird. Diese Linearisierung führt auf ein dünnbesetztes, algebraisches System der Gestalt $A^h(w^h)u^{h,j+1} = \phi_\gamma^{h,j,*}(u^{h,j})$, das es zu lösen gilt. Die hierfür notwendigen Verfahren sind in Abschnitt 2.2 beschrieben. Wird auf diese Linearisierung verzichtet, muss auf numerische Verfahren für nichtlineare Gleichungssysteme zurückgegriffen werden (siehe bspw. [126, S. 269 ff.]). Potenzielle Kandidaten werden im Rahmen der numerischen Optimierung in Abschnitt 2.3 vorgestellt. Dies sei nur der

---

[38] Das betrachtete ARWP wird bspw. in [35] durch ein IE-Verfahren und in [191 & 192] durch ein CN-Verfahren gelöst.

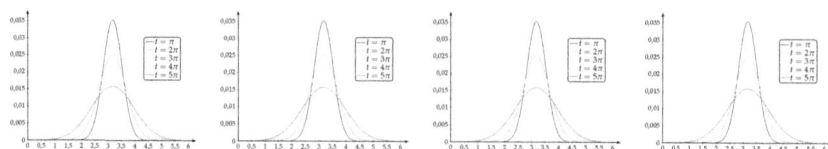

Abbildung 3.32 Numerische Lösung der PDGL aus Bsp. 5. Dargestellt sind Resultate für eine CFL-Zahl von $4{,}0\times10^{-2}$ (linke zwei Graphen) und $9{,}6\times10^{-1}$ (rechte zwei Graphen) für das explizite (jeweils links) und das implizite (jeweils rechts) EULER-Verfahren.

Vollständigkeit halber erwähnt. In der vorliegenden Arbeit wird stets der linearisierte Fall betrachtet.

Die Notwendigkeit, ein algebraisches System lösen zu müssen, kann als Nachteil aufgefasst werden. Implizite Verfahren sind, im Gegensatz zu expliziten Verfahren, für beliebige Schrittweiten $h_t > 0$ stabil. Explizite Verfahren bedürfen keiner Lösung eines linearen Systems, sind einfach zu implementieren und leicht zu parallelisieren, allerdings nur bedingt stabil. Die Auswirkungen dieser bedingten Stabilität illustriert folgendes Beispiel:

Beispiel 5 Sei $\Omega := (0, 2\pi) \subset \mathbb{R}$, $\alpha = 0{,}5$ und

$$\partial_t u - \alpha \Delta u = 0, \qquad x \in \Omega, t \in (0, 5\pi],$$
$$u(x, 0) = \delta(x - \pi), \quad x \in \Omega,$$
$$\partial_n u = 0, \qquad x \in \Omega, t \in (0, 5\pi],$$

gegeben. Die Diskretisierung der PDGL erfolgt über die FDM. Die Anzahl der Diskretisierungspunkte ist $m = 200$. Numerische Lösungen werden für die Zeitpunkte $t^j \in \{\pi, 2\pi, 3\pi, 4\pi, 5\pi\}$ berechnet. Als Zeitintegrationsverfahren wird die explizite und die implizite EULER-Methode verwendet. Eine heuristische Stabilitätsbedingung (COURANT-FRIEDRICHS-LEWY-Bedingung (CFL-Bedingung); [40]) für das explizite Verfahren lautet [180, S. 849]

$$c := \frac{2\alpha h_t}{h^2} \leq 1 \quad \Leftrightarrow \quad h_t \leq \frac{h^2}{2\alpha} =: h_{t,\max}$$

mit der sog. COURANT-FRIEDRICHS-LEWY-Zahl $c > 0$ (siehe bspw. [111, S. 102]). ♠

Resultate für die Berechnung einer Lösung der Wärmeleitungsgleichung aus Bsp. 5 sind in Abb. 3.32 und Abb. 3.33 gegenübergestellt. Wird die Stabilitätsgrenze eingehalten, sind die Resultate für das implizite und das explizite Verfahren qualitativ identisch (siehe Abb. 3.32). Wie aus Abb. 3.33 ersichtlich ist, führt eine Verletzung der CFL-Bedingung für explizite Verfahren zu einer unbrauchbaren Lösung. Eine intuitive Interpretation

Numerische Schemata 85

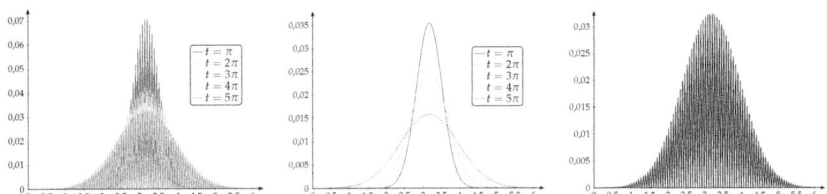

Abbildung 3.33 Numerische Lösung der PDGL aus Bsp. 5. Dargestellt sind Resultate für eine CFL-Zahl von 1,0 für das EC-Verfahren (links) und das IE-Verfahren (mittig). Der rechte Graph zeigt eine individuelle Darstellung der Lösung für $t = 5\pi$ für das EC-Verfahren.

der CFL-Bedingung ist, dass sich die numerische Lösung wenigstens so schnell wie die Lösung der Differenzialgleichung ausbreiten muss, um sicher zu stellen, dass die numerische Lösung gegen die Lösung der Differenzialgleichung konvergiert [214, S. 35].

3.5.2 Euler-Cauchy-Verfahren

Wie bereits aus (3.71) ersichtlich lautet die Verfahrensvorschrift für das *EC-Verfahren*

$$u^{h,j+1} = \underbrace{(E - h_t \mathcal{L}^h(v^h))}_{M} u^{h,j} + h_t \phi_\gamma^{h,j}(u^{h,j}). \tag{3.72}$$

Es wurde bereits exemplarisch gezeigt, dass die Verfahrensweise (3.72) nur für ein hinreichend kleines h_t valide Resultate liefert. Eine generelle (notwendige, aber nicht hinreichende) Bedingung für die Stabilität der in (3.72) angegebenen Verfahrensweise ist durch die NEUMANN-*Bedingung*[39] [3]

$$\rho(M) \leq 1 \quad \Rightarrow \quad h_t \leq \frac{2}{\rho\left(\mathcal{L}^h(v^h)\right)} =: h_{t,\max} \tag{3.73}$$

erklärt; $\rho : \mathbf{R}^{n \times n} \to \mathbf{R}$ markiert den Spektralradius (siehe Def. 4). Für Bsp. 5 gilt für stabile Parameter $\rho(M) = 1{,}00$ ($c = 5 \times 10^{-1}$) und $\rho(M) = 1{,}02$ für instabile Parameter ($c = 1{,}01$).

Um eine explizite Aussage für das betrachtete ARWP herzuleiten, wird eine FOURIER-*Stabilitätsanalyse* (auch VON-NEUMANN-*Stabilitätsanalyse* oder L^2-*Stabilitätsanalyse*) (siehe bspw. [214, S. 47 ff.] oder [8, S. 153 ff.]) verwendet.

Anmerkung 9 Die FOURIER-Stabilitätsanalyse liefert nur eine heuristische, lokal gültige Abschätzung. Dies ist für diese Arbeit zweckmäßig, da es genügt, ein intuitives Verständnis für den Begriff der Stabilität zu entwickeln. Eine rigorose Stabilitätsanalyse übersteigt den Rahmen dieser Arbeit. ◇

---

[39] Für Aussagen zur Stabilität wird lediglich der Einfluss des elliptischen Operators betrachtet. Der Beitrag des Reaktionsterms $\phi_\gamma^{h,j}$ wird vernachlässigt.

Um eine FOURIER-Stabilitätsanalyse durchführen zu können, sind Vereinfachungen der Modellgleichung notwendig. Diese haben einen Einfluss auf die Präzision der Abschätzung. Dennoch ergibt sich ein brauchbarer Einblick in die Einschränkungen bei der Verwendung eines EC-Verfahrens. Notwendige Vorraussetzungen für eine FOURIER-Stabilitätsanalyse sind Linearität, konstante Koeffizienten und periodische Randbedingungen. Das vorliegende Modellproblem (siehe Prb. 4 auf S. 49) erfüllt lediglich die Forderung der Linearität (unter Vorbehalt des Reaktionsmodells). Durch eine Einschränkung auf lokale Stabilitätsaussagen können Probleme mit variierenden Koeffizienten behandelt werden. Es wird davon ausgegangen, dass die Koeffizienten in einer Umgebung nur wenig variieren und damit faktisch als konstant angesehen werden können[40]. Da Unterschiede in den Koeffizienten im Wesentlichen auf zwei Gebiete beschränkt sind (graue Substanz (Ω_G) und weiße Substanz (Ω_W)), diese relativ gering ausfallen (ein Faktor von 2 bis maximal 10 in der vorliegenden Arbeit) und die Übergänge glatt sind (unscharfe Koeffizientenkarten, glattes Tensorfeld) ist diese Vereinfachung angemessen. Dessen ungeachtet kann für eine stark variierende Koeffizientenfunktion die Stabilitätsabschätzung als lokal ungünstigster Fall aufgefasst werden. Die Stabilitätsaussage auf das gesamte Gebiet auszuweiten, ist als unkritisch zu bewerten. In Bezug auf die Randbedingungen ist anzumerken, dass sich der Einfluss der Randbedingungen im Inneren des Rechengebietes für explizite Verfahren erst nach einer gewissen Zeit bemerkbar macht. Damit liefert die FOURIER-Stabilitätsanalyse auch für den Fall, dass keine periodischen Randbedingungen vorliegen, eine brauchbare Abschätzung.

Eine hinreichende Bedingung für die Stabilität des EC-Verfahren, in Form einer oberen Schranke für die Schrittweite h_t, liefert folgender Satz.

Satz 4 *Für eine Diskretisierung mittels FDM (siehe* Abschnitt 3.4.3.1) *liefert die* FOURIER-*Stabilitätsanalyse die obere Schranke*

$$h_{t,\max} = \frac{1}{2} \min_{k \in \mathfrak{K}_B} \left\{ \left(\sum_{i=1}^{d} (h^i h^i)^{-1} v_{ii,k} \right)^{-1} \right\} \tag{3.74}$$

für die Schrittweite h_t. Weiter ist $v_{ii,k} \in \mathbf{R}, i = 1, ..., d, k \in \mathbf{Z}^d$, in (3.74) das i-te Diagonalelement der Tensor-Matrix $v_k = (v_{i_1 i_2, k})_{i_1, i_2 = 1}^{d,d} \in \mathfrak{S}^{d,+}$ und $\mathfrak{K}_B := \{k \in \mathbf{Z}^d : x_k \in \Omega_B \cap \Omega^h\}$.

Beweis Der Beweis basiert auf elementaren Rechenschritten und erstreckt sich über mehrere Seiten. Da er zudem in [182] (in einem anderen Kontext, allerdings für eine ähnliche Modellgleichung) skizziert ist, wird in der vorliegenden Arbeit auf die Beweisführung verzichtet und auf [182] verwiesen. □

---

[40] Diese Strategie wird in der Literatur als „*Einfrieren der Koeffizienten*" *(frozen coefficient method)* bezeichnet [214, S. 59].

Numerische Schemata

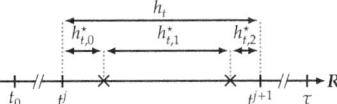

Abbildung 3.34 Illustration der Variation der Unterschritte $h_{t,l}^\star > 0, l = 0, ..., m_{t,z} - 1$ für einen vorgegebenen Zeitschritt h_t zwischen zwei Zeitpunkten t^j und t^{j+1} innerhalb des Intervalls $[t_0, \tau] \subset \mathbf{R}_0^+$.

Diese Einschränkung bzgl. der Schrittweite h_t macht das EC-Verfahren ineffizient. Implizite Verfahren sind an dieser Stelle lediglich durch die geforderte Approximationsgüte eingeschränkt. Ein entscheidender Nachteil ergibt sich für eine matrixbasierte Implementierung: Ändert sich die Koeffizientenkarte v^h zeitlich (nichtlineares Modell, Gewebedeformation), muss die Koeffizientenmatrix $\mathcal{L}^h(v^h)$ nach jeder Iteration erneut aufgebaut werden. Folgender Abschnitt stellt eine Verfahrensweise vor, die es erlaubt, diese Schwierigkeiten zu umgehen.

3.5.3 EC-Verfahren mit zyklischer Schrittweitenänderung

In diesem Abschnitt werden Verfahren betrachtet, welche die positiven Eigenschaften des EC-Verfahrens bzgl. Implementationsaufwand und einfacher Parallelisierbarkeit mit der Stabilität impliziter Verfahren vereint. Die vorgestellten Verfahren können der Klasse der RUNGE-KUTTA-CHEBYSHEV-*Verfahren* zugeordnet werden [85].

Die Idee ist es, die restriktive Stabilitätsbedingung in (3.73) durch eine zyklische Variation der zeitlichen Schrittweite zu relaxieren [3, 68, 69 & 80]. Diese werden hier unter dem Begriff der EULER-CAUCHY-*Verfahren mit zyklischer Schrittweitenänderung* (kurz: ZEC-*Verfahren*) subsumiert.

Es ergibt sich eine Unterteilung von h_t in die Menge an Unterschritten $\{h_{t,l}^\star > 0 : l = 0, ..., m_{t,z} - 1\}$ (vgl. Abb. 3.34). Hieraus leitet sich die Verfahrensvorschrift (vgl. [3, 68, 69 & 80])

$$u^{h,j+1} = \underbrace{\left(\prod_{l=0}^{m_{t,z}-1} (E - h_{t,l}^\star \mathcal{L}^h(v^h)) \right)}_{M^\star} u^{h,j} + h_t \phi_\gamma^{h,j}(u^{h,j}) \qquad (3.75)$$

ab. Die Forderung nach Stabilität zu jedem Zeitschritt relaxiert sich zu einer Forderung nach Stabilität am Ende eines Rechenzyklus[41] [3]:

$$\rho(M^\star) = \rho\left(\prod_{l=0}^{m_{t,z}-1} (E - h_{t,l}^\star \mathcal{L}^h(v^h)) \right) \leq 1. \qquad (3.76)$$

---

[41] Erneut beschränken sich die Stabilitätsaussagen auf den elliptischen Operator.

Ziel ist es, die Schrittweiten $h_{t,l}^\star > 0, l = 0, ..., m_{t,z} - 1$, in der Gestalt zu variieren, dass die Eigenwerte $\mu = 1 - h_{t,l}^\star \lambda, \lambda \in \sigma(\mathcal{L}^h(v^h))$, des Operators $M^\star$ auf das Intervall $[-1, 1]$ beschränkt sind. Eine entsprechende Wahl der Schrittweiten $h_{t,l}^\star$ führt dazu, dass bis zu 50% der Unterschritte die Stabilitätsbedingung in (3.73) verletzen (siehe Tab. 3.3 auf S. 91). Das Resultat am Ende des Rechenzyklus ist stabil.

Für die Berechnung der Schrittweiten $h_{t,l}^\star, l = 0, ..., m_{t,z} - 1$, in (3.75) werden im Folgenden zwei Ansätze vorgestellt.

3.5.3.1 Super-Time-Stepping

Beim sog. *Super-Time-Stepping-Verfahren (STS-Verfahren)* [3, 68 & 69] erfolgt die Herleitung der Berechnungsvorschrift für die Schrittweiten $h_{t,l}^\star$ explizit. Präziser sind die Zeitschritte $h_{t,l}^\star$ derart zu bestimmen, dass die Zykluszeit

$$h_{t,\text{STS}} = \sum_{l=0}^{m_{t,z}-1} h_{t,l,\text{STS}}^\star \qquad (3.77)$$

maximiert wird unter der Nebenbedingung, dass für $\pi^\star(\lambda) := \prod_{l=0}^{m_{t,z}-1}(1 - h_{t,l,\text{STS}}^\star \lambda)$ die Bedingung

$$|\pi^\star(\lambda)| \leq \theta \quad \forall \lambda \in [v, \max_{1 \leq k \leq n} \lambda_k], \quad v \in (0, \min_{1 \leq k \leq n} \lambda_k], \qquad (3.78)$$

mit dem Dämpfungsparameter $\theta \in (0, 1)$ erfüllt ist [3]. Die Nebenbedingung (3.78) leitet sich direkt aus der zu (3.76) äquivalenten Forderung $|\pi^\star(\lambda)| < 1 \; \forall \lambda \in \sigma(\mathcal{L}^h(v^h))$ ab.

Die resultierende Berechnungsvorschrift für die l-te Schrittweite lautet [3]

$$h_{t,l,\text{STS}}^\star = \nu \left((-1 + \kappa) \cos\left(\frac{2l + 1}{m_{t,z}} \frac{\pi}{2} \right) + 1 + \kappa \right), \quad l = 0, ..., m_{t,z} - 1, \qquad (3.79)$$

mit den Parametern

$$\nu := \frac{2}{\rho(\mathcal{L}^h(v^h))} \quad \text{und} \quad \kappa := \frac{\beta}{\rho(\mathcal{L}^h(v^h))}, \beta > 0. \qquad (3.80)$$

Es kann gezeigt werden [3], dass für $\kappa \to 0$

$$h_{t,\text{STS}} = \sum_{l=0}^{m_{t,z}-1} h_{t,l,\text{STS}}^\star \to m_{t,z} m_{t,z} \frac{2}{\rho(\mathcal{L}^h(v^h))}$$

gilt. Aus der Stabilitätsbedingung (3.73) folgt, dass die Schrittweite $h_{t,\text{STS}}$ eines Rechenzyklus m_t-mal länger ist als m_t individuelle Zeitschritte des EC-Verfahrens. Damit ist das STS-Verfahren m_t-mal schneller als das EC-Verfahren für die Grenzwertbetrachtung

Numerische Schemata 89

$\kappa \to 0$ [3]. Die Größe des Zeitschrittes $h_{t,\text{STS}}$ ist – wie bei allen stabilen Verfahren – nur durch die geforderte Approximationsgüte beschränkt.

3.5.3.2 Fast-Explicit-Diffusion

In [79–81] wurde eine zum STS-Verfahren ähnliche Strategie vorgestellt. Diese wird in [80] als *Fast-Explicit-Diffusion (FED)* eingeführt. Im Gegensatz zum STS-Verfahren folgt die Herleitung der Rechenvorschrift nicht explizit (basierend auf vorgegebenen Optimalitätsbedingungen (vgl. (3.77) und (3.78))), sondern ergibt sich aus der Faktorisierung eines Box-Filters. Untersuchtes Anwendungsgebiet in [80] ist die Bildverarbeitung – präziser – eine diffusionsbasierte Rauschreduktion. Untersucht wird der theoretische Zusammenhang zwischen einem Box-Filter und der Lösung einer parabolischen PDGL mittels EC-Verfahren. Die Herleitung basiert auf der Beobachtung, dass ein stabiler eindimensionaler Box-Filter in eine zyklische Serie expliziter, linearer Diffusionsoperationen faktorisiert werden kann [80].

Aus der Herleitung in [80] ergibt sich für die Schrittweitenwahl die Berechnungsvorschrift

$$h^*_{t,l,\text{FED}} = \frac{\nu}{2\cos^2\left(\pi \frac{2l+1}{4m_{t,z}+2}\right)}. \tag{3.81}$$

Der Zusammenhang zwischen der Zykluszeit h_t und den Schrittweiten $h^*_{t,l,\text{FED}}$, $l = 0, \ldots, m_{t,z} - 1$, ist durch

$$h_{t,\text{FED}} = \sum_{l=0}^{m_{t,z}-1} h^*_{t,l,\text{FED}} = \frac{\nu}{3}\left(\frac{m_{t,z}+1}{2}\right)$$

erklärt [80]. Die Berechnungsvorschrift in (3.81) hängt im Gegensatz zu (3.79) nicht von einem Dämpfungsparameter ab, den es experimentell zu bestimmen gilt. Deshalb wird die Vorschrift in (3.81) in der vorliegenden Arbeit bevorzugt.

3.5.3.3 Bestimmung der Spektraleigenschaften

Für die Berechnung der Schrittweiten ist es notwendig, die Spektraleigenschaften des Operators $\mathcal{L}^h(v^h)$ – präziser – den Spektralradius (siehe Def. 4) abzuschätzen (vgl. (3.80) bzw. (3.81)). Dies scheint ein Engpass der Verfahren zu sein, da eine Berechnung des Spektrums $\sigma(\mathcal{L}^h(v^h))$ für großmaßstäbliche Probleme zeitintensiv ist. In der praktischen Anwendung kann der Spektralradius allerdings auf der Basis des *Satzes von* GERSCHGORIN effizient abgeschätzt werden (vgl. bspw. [76, Satz 7.2.1; S. 320]):

Satz 5 *Sei* $A = (a_{ij})_{i,j=1}^{n,n} \in \mathbf{R}^{n \times n}$ *und die Kreisscheibe* $K_i := \left\{z \in \mathbf{Z} : |z - a_{ii}| \leq \sum_{j=1, j\neq i}^{n} |a_{ij}|\right\}$, *dann liegen die Eigenwerte* $\lambda \in \sigma(A)$ *in* $\bigcup_{i=1}^{n} K_i$.

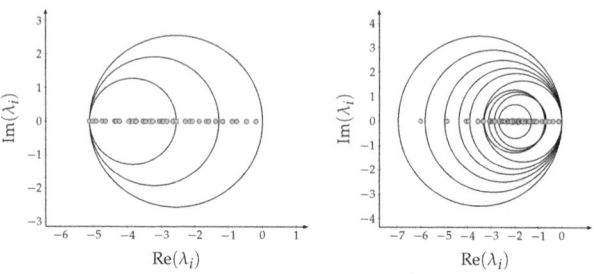

Abbildung 3.35 Illustration der Spektraleigenschaften des Operators $\mathcal{L}^h \in \mathbf{R}^{64 \times 64}$ aus Prb. 2 für die Koeffizientenfunktionen (3.9) (links) und (3.10) (rechts). Die Zentren der Kreisscheiben K_i, $i = 1, \ldots, n$, sind durch × und die Eigenwerte λ_i, $i = 1, \ldots, 64$, der Matrix $\mathcal{L}^h$ durch • dargestellt.

Beweis Der Beweis kann in [201, S. 264] nachgeschlagen werden. □

Der mittels Satz 5 abgeschätzte Spektralradius wird mit ρ_G bezeichnet.

Für eine nähere Betrachtung von Satz 5 wird erneut Prb. 2 betrachtet. Als Gebiet dient ein Quadrat der Seitenlänge 1×10^{-3} m. Die Anzahl der Diskretisierungspunkte ist $m = (8,8)^T$. Die Gestalt des diskreten Differenzialoperators $\mathcal{L}^h$ kann (3.61) auf S. 74 entnommen werden. Die Spektraleigenschaften des Operators $\mathcal{L}^h$ sind für die Koeffizientenfunktionen (3.9) und (3.10) mit $w_0 = 1 \times 10^{-8}$ m^2/s in Abb. 3.35 (links) bzw. Abb. 3.35 (rechts) dargestellt.

Die tatsächlichen Spektralradien sind $\rho\left(\mathcal{L}^h\left(w_1^h\right)\right) = 5{,}12$ bzw. $\rho\left(\mathcal{L}^h\left(w_2^h\right)\right) = 6{,}01$. Die Abschätzung basierend auf Satz 5 liefert $\rho_G\left(\mathcal{L}^h\left(w_1^h\right)\right) = 5{,}12$ und $\rho_G\left(\mathcal{L}^h\left(w_2^h\right)\right) = 6{,}95$.

3.5.3.4 Permutation der Zeitschritte

Die Reihenfolge der Schrittweiten $h_{t,l}^\star$, $l = 1, \ldots, m_{t,z} - 1$, innerhalb eines Rechenzyklus hat aus theoretischer Sicht keinen Einfluss auf die Resultate. Allerdings wurde in der praktischen Anwendung festgestellt, dass sie für große $m_{t,z}$ die Präzision der Gleitkommaarithmetik des ZEC-Verfahrens beeinflusst [68, 69 & 80]. In [68 & 69] wird vorgeschlagen, die Zeitschritte in sog. κ-Zyklen neu anzuordnen. Es wird davon ausgegangen, dass die Zeitschritte in einem Tupel $h_t^\star := (h_{t,l}^\star)_{l=0}^{m_{t,z}-1}$ vorliegen. Die zugehörige Permutation $h_{t,\pi}^\star := (h_{t,\pi(l)}^\star)_{l=0}^{m_{t,z}-1}$ berechnet sich nach [68, 69 & 80]

$$\pi(l) = ((l+1)a) \bmod p. \tag{3.82}$$

Hierbei repräsentiert $p \in \mathbf{N}$ die nächst größere Primzahl

$$p = \min\left\{x \in \mathbf{R} : x > m_{t,z} - 1 \wedge x \bmod y \neq 0 \, \forall y \in \mathbf{R} \setminus \{0, x, 1\}\right\}$$

und $a > 0$ ist ein vorgegebener Parameter.

Numerische Schemata 91

Tabelle 3.2 Abschätzungen für den Spektralradius ρ_G und maximale, zeitliche Schrittweite $h_{t,\max}$.

$m^i, i=1,2$	32	64	128	256
ρ_G	0,297931	1,200000	4,799504	19,198893
$h_{t,\max}$ / s	6,712974	1,666667	0,416710	0,104173

Tabelle 3.3 Berechnete Schrittweiten für verschiedene Maschenweiten h. Die permutierte Schrittweitenfolge ist jeweils farblich unterlegt. Die in Fettschrift dargestellten Zahlen verletzen die CFL-Bedingung.

m^i	$h^*_{t,1}/d$	$h^*_{t,2}/d$	$h^*_{t,3}/d$	$h^*_{t,4}/d$	$h^*_{t,5}/d$	$h^*_{t,6}/d$	$h^*_{t,7}/d$	$h^*_{t,8}/d$	$h^*_{t,9}/d$	$h^*_{t,10}/d$	$h^*_{t,11}/d$	$h^*_{t,12}/d$
32	4,0000	–	–	–	–	–	–	–	–	–	–	–
	4,0000	–	–	–	–	–	–	–	–	–	–	–
64	0,3093	0,4000	0,7261	**2,56459**	–	–	–	–	–	–	–	–
	0,4000	0,7261	**2,5646**	0,3093	–	–	–	–	–	–	–	–
128	0,1450	0,1634	0,2109	0,3249	**0,6615**	**2,4944**	–	–	–	–	–	–
	0,2109	**0,6615**	0,1634	0,3249	**2,4944**	0,1450	–	–	–	–	–	–
256	0,0386	0,0399	0,0425	0,0470	0,0540	0,0650	0,0821	**0,1113**	**0,1657**	**0,2838**	**0,6219**	**2,4485**
	0,0648	**0,6219**	0,0425	**0,1113**	0,0540	**0,2838**	0,0399	0,0821	**2,4485**	0,0470	**0,1657**	0,0386

Für eine Veranschaulichung der Berechnung der Schrittweiten wird erneut Prb. 2 betrachtet. Als Gebiet Ω wird ein Einheitsquadrat der Dimension $6{,}4\times10^{-2}$ m verwendet ($d=2$). Als Koeffizientenfunktion wird (3.10) mit $w_0 = 1 \times 10^{-7}$ m^2/d verwendet. Unterschiedliche Schranken für die maximale Schrittweite werden durch eine Variation der Anzahl der Diskretisierungspunkte $m = (m^1, m^2)^T \in \mathbf{N}^2$ und damit der Maschenweite $h = (h^1, h^2)^T \in \mathbf{R}^2$ erzeugt. Präziser gilt $m_1 = (32, 32)^T$, $m_2 = (64, 64)^T$, $m_3 = (128, 128)^T$ und $m_4 = (256, 256)^T$. Die zugehörigen Maschenweiten sind $h_1 = (2 \times 10^{-3}$ m, 2×10^{-3} m$)^T$, $h_2 = (1 \times 10^{-3}$ m, 1×10^{-3} m$)^T$, $h_3 = (0{,}5 \times 10^{-3}$ m, $0{,}5 \times 10^{-3}$ m$)^T$ und $h_4 = (0{,}25 \times 10^{-3}$ m, $0{,}25 \times 10^{-3}$ m$)^T$. Weiter ist die Zykluszeit $h_t = 4{,}0$ d.

Der Spektralradius wird basierend auf Satz 5 abgeschätzt. Sowohl ρ_G als auch $h_{t,\max}$ sind für unterschiedliche m in Tab. 3.2 angegeben. Die Berechnungsvorschrift für die Schrittweiten ist (3.81). Die resultierenden Zeitschritte sind in Tab. 3.3 aufgeführt. Für jedes m sind die ursprünglichen Schrittweiten als auch die nach (3.82) permutierten Schrittweiten (farblich unterlegt) angegeben. Die mittels Fettschrift hervorgehobenen Schrittweiten verletzen die CFL-Bedingung.

3.5.4 Zwischenbilanz

Im vorangegangen Abschnitt wurden unterschiedliche Verfahren für die numerische Zeitintegration von ARWPs vorgestellt. Damit sind mit den Diskretisierungsschemata in Abschnitt 3.4 alle Bausteine bereitgestellt, um eine numerische Lösung von Prb. 4 zu errechnen. Es folgen die ersten numerischen Experimente.

3.6 Numerische Experimente und Ergebnisse

Im Folgenden wird eine qualitative und quantitative Bewertung der Verfahren für die Lösung des direkten Problems bereitgestellt. Ziel ist es, die beschriebene Methodik zu bestätigen und – in Voraussicht auf das, was folgt – einen Einblick, in den Parameterraum und die Funktionalität der entwickelten Umgebung zu liefern. Für die Initialbedingungen (siehe (3.17) auf S. 44) wird durchwegs $\sigma_I = 2{,}0 \times 10^{-3}$ m verwendet.

3.6.1 Qualitative Analyse

Im Rahmen der ersten Experimente werden die Simulationsergebnisse qualitativ dargestellt.

3.6.1.1 Visualisierung der Zustandsfunktion

Im ersten Experiment wird ein Farbschema zur Visualisierung der berechneten Zustandsfunktion u eingeführt. Die Vorwärtssimulation basiert auf einem anisotropen Diffusionsmodell und einem logistischen Reaktionsmodell. Die Modellparameter sind $\gamma = 1{,}2 \times 10^{-2}$ d^{-1}, $x_I = \left(1{,}2 \times 10^{-1}\,\text{m}, 1{,}2 \times 10^{-1}\,\text{m}, 8 \times 10^{-2}\,\text{m}\right)^\mathsf{T}$, $w_W = 5 \times 10^{-8}$ m^2/d und $w_G = 1 \times 10^{-8}$ m^2/d. Zur Lösung wird ein ZEC-Verfahren verwendet (FED; Diskretisierung: FDM; $h_t = 2$ d (d. h. $m_t = 500$)). Die resultierende Skalarkarte für die Zustandsfunktion u ist für den Simulationszeitpunkt $t = 1 \times 10^3$ d in Abb. 3.36 (links) dargestellt (von links nach rechts: axiale, koronale und sagittale Ansicht). Daneben ist die verwendete Farbskala illustriert. Der Kernbereich des Tumors ist in rot und die infiltrierten Areale (geringe Zellkonzentration) sind in blau dargestellt. Diese Darstellung der Simulationsergebnisse wird im weiteren Verlauf der vorliegenden Arbeit als Standard gewählt.

Zusätzlich sind Detektionsschwellen für die Zelldichte in bildgebenden MRT-Verfahren angegeben. Diese Schwellwerte basieren auf der Beobachtung, dass die randständige Kontrastmittelaufnahme in T1w+K-Bildgebungsdaten den soliden Bereich des Tumors eingrenzt [47, 117 & 118]. Weiter wird davon ausgegangen, dass die hyperintensen Areale, die sich in den T2w-Aufnahmen abbilden, das Ödem und Bereiche mit niedriger Zellkonzentration (isolierte Tumorzellen) darstellen (vgl. Abschnitt 1.2.2). In [222] ist ein Zusammenhang zwischen *Niveaumengen* der Zustandsfunktion u und den Detektionsschwellen[42] von Krebszellen in MRT-Verfahren hergestellt. Die Hyperfläche mit einem

---

[42] Eine erste Detektionsschwelle für GB wurde bereits in den Arbeiten von [232] angegeben. Diese basiert auf einem Vergleich zwischen kontrastmittelangereicherten CT Aufnahmen und einer postmortalen, mikroskopischen Analyse. Die geschätzte Detektionsschwelle beträgt 400 mm^{-2}.

Numerische Experimente und Ergebnisse

Abbildung 3.36 Visualisierung exemplarischer Resultate. Links: Darstellung der Zustandsfunktion als Skalarkarte $u^h : \Omega^h \to [0, u_M]$. Die zugehörige Farbskala ist neben den Schnittansichten dargestellt. Rechts: Darstellung der Oberflächensynthese des Tumors. Das Niveau für die Oberflächensynthese entspricht den in der Farbskala angegebenen Schwellwerten.

hypothetischen Niveau von 80%u_M entspricht der Berandung der Kontrastmittelanreicherung in T1w+K-MRT-Aufnahmen [222]. Die Hyperfläche mit einem hypothetischen Niveau von 16%u_M entspricht der Hyperintensität in T2w-MRT-Aufnahmen [222]. Die Pfeile an der Farbskala in Abb. 3.36 markieren die zugehörigen Niveaus, wobei $\varepsilon_{u,1} > 0$ den T1w+K-Bilddaten (80% u_M) und $\varepsilon_{u,2} > 0$ den T2w-Bilddaten (16% u_M) zugeordnet ist. Diese Schwellwerte sind hypothetisch. Weder die tatsächlichen Werte noch die Abbildungseigenschaften der bildgebenden Systeme sind bekannt [132].

Einer besseren Illustration wegen zeigt Abb. 3.36, neben der Darstellung der berechneten Zustandsfunktion als Schnittansicht, eine dreidimensionale Oberflächensynthese des Tumors (siehe Abb. 3.36 (rechts)). Die Erstellung der Oberflächen basiert auf dem jeweiligen Schwellwert für die zugehörige Niveaumenge. Die Einfärbung der Oberflächen entspricht dem Farbwert des Niveaus in der Farbskala. Neben dem Tumor sind eine Oberflächensynthese der weißen Substanz (in grau) und der Ventrikel (in blau) dargestellt. Die Einfärbung des unterliegenden axialen Schichtbildes repräsentiert die Koeffizientenkarte $s_U : \Omega \to \mathbf{R}_0^+$ aus (3.23) (siehe Abschnitt 3.3.4.5.1 auf S. 47).

3.6.1.2 Einfluss der Modellparameter

Im Folgenden wird ein experimenteller Einblick in die Funktion der Modellparameter gegeben. Im ersten Experiment werden die Wachstumsrate $\gamma > 0$ und die Diffusionskoeffizienten $w_W > 0$ und $w_G > 0$ variiert. Eine Auswahl für die in der Literatur typischerweise verwendeten Werte ist in Tab. 1 zusammengetragen. Der Parameterbereich orientiert sich an den Parameterschranken in [106]. Präziser gilt $\gamma_U \leq \gamma \leq \gamma_O$ und $w_{W,U} \leq w_W \leq w_{W,O}$ mit $\gamma_U = 0{,}05\,\mathrm{d}^{-1}$, $\gamma_O = 0{,}15\,\mathrm{d}^{-1}$, $w_{W,U} = 1 \times 10^{-7}\,\mathrm{m}^2/\mathrm{d}$, $w_{W,O} = 5 \times 10^{-7}\,\mathrm{m}^2/\mathrm{d}$. Weiter wird angenommen, dass der Zusammenhang zwischen w_G und w_W über $w_W = s w_G$ mit $s = 5$ erklärt ist [218]. Die weiteren Modellparameter sind $\alpha = 1{,}0$, $x_I = (7 \times 10^{-2}\,\mathrm{m}, 1{,}3 \times 10^{-1}\,\mathrm{m}, 1{,}05 \times 10^{-2}\,\mathrm{m})$ und $\tau = 128\,\mathrm{d}$. Zur Lösung wird ein ZEC-Verfahren (FED; Diskretisierung: FDM) mit einer Schrittweite von $h_t = 2\,\mathrm{d}$ (d.h. $m_t = 64$) verwendet. Die Resultate sind für unterschiedliche Parameterkombinationen in Abb. 3.37 zusammengetragen. Gezeigt ist der verwendete Atlas in einer koronalen (Abb. 3.37 (links)) und einer sagittalen (Abb. 3.37 (rechts)) Schnittansicht, wobei die

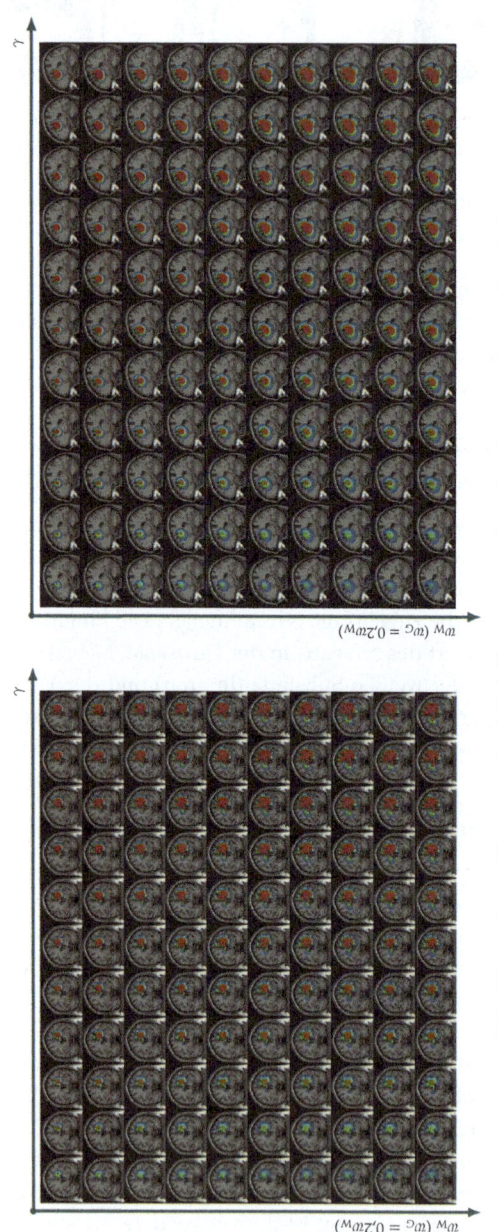

Abbildung 3.37 Variation der Modellparameter. Dargestellt ist ein koronaler (links) und ein sagittaler (rechts) Schnitt durch den verwendeten Atlas mit der resultierenden Zustandsfunktion in Überlagerung.

resultierende Zustandsfunktion dem Atlas überlagert ist. Wie zu erwarten, ergibt sich durch eine Eröhung der Wachstumsparameter eine Vergrößerung des durch tumoröse Zellen eingenommen Bereiches. Für unterschiedliche Parameterkombinationen stellt sich eine unterschiedliche Ausprägung der berechneten Dichtefunktion ein – eine Grundvoraussetzung für die in Kapitel 5 beschriebenen Verfahren zur Parameteridentifikation. Allerdings ist festzuhalten, dass der direkte Vergleich benachbarter Bilder lediglich zu einer geringen Variation im Erscheinungsbild des Tumors führt. Dies ist ein mögliches Indiz für eine schlechte Sensitivität des Modells bzgl. der Parameter.

In Abb. 3.38 sind Ergebnisse für die Variation des Verhältnisses zwischen der mittleren Diffusivität in der weißen und grauen Substanz dargestellt. Neben der Darstellung der Zustandsfunktion wird erneut eine Oberflächensynthese für unterschiedliche Niveauflächen der resultierenden Tumoren gezeigt. Um die Anatomie anzudeuten, ist neben den Tumoren zusätzlich eine Triangulation der weißen Substanz gezeigt.

In diesem Zusammenhang wird angenommen, dass die mittlere Diffusivität in der weißen Substanz ein Vielfaches der mittleren Diffusivität in der grauen Substanz ist – d. h. es gilt erneut $w_W = s w_G$. Für das Experiment wird der Diffusionskoeffizienten in Ω_W zu $w_W = 1 \times 10^{-7}$ m²/d festgesetzt. Für den Skalierungskoeffizient gilt $s \in \{1, 2, 4, 5, 8, 10\}$. Die verbleibenden Modellparameter sind: $x_I = (5 \times 10^{-2}$ m, 1×10^{-1} m, 6×10^{-2} m), $\gamma = 1{,}2 \times 10^{-2}$ d^{-1} und $\tau = 8 \times 10^2$ d. Die Koeffizientenkarte ist unscharf. Das Modell ist diffusionstensorgestützt (anisotrop). Wieder ist die numerische Lösung auf der Basis eines ZEC-Verfahrens (FED; Diskretisierung: FDM; $h_t = 2$ d) bestimmt.

In einem weiteren Experiment soll gezeigt werden, wie sich die in Abschnitt 3.3.4.5.2 beschriebene Reskalierung des Tensorfeldes auf die berechnete Zustandsfunktion auswirkt. Die betrachteten Skalierungsparameter sind $\alpha \in \{1, 2, 4, 8\}$. Die verbleibenden Parameter sind $x_I = (6{,}6 \times 10^{-2}$ m, $1{,}4 \times 10^{-1}$ m, $9{,}5 \times 10^{-2}$ m), $\gamma = 2 \times 10^{-2}$ d^{-1}, $w_W = 4 \times 10^{-8}$ m²/d, $w_G = 1 \times 10^{-8}$ m²/d, $\tau = 5 \times 10^2$ d. Die zugehörige Koeffizientenfunktion ist stückweise konstant. Zur Lösung wird erneut ein ZEC-Verfahren (basierend auf FED; Diskretisierung: FDM) mit einer Schrittweite von $h_t = 2$ d verwendet. Die Resultate sind in Abb. 3.39 dargestellt.

Neben Schnittbildern in axialer, koronaler und sagittaler Ansicht sind Oberflächensynthesen für Niveaumengen der Zustandsfunktion, basierend auf den hypothetischen Detektionsschwellen in MRT-Bilddaten, dargestellt. Die gewählte Einfärbung entspricht, wie bereits in Abschnitt 3.6.1.1, der zugehörigen Färbung des Niveaus. Zu sehen ist, dass die initial sphärische Gestalt des Tumors (Abb. 3.39 obere Reihe) mit einer Zunahme des Skalierungsparameters α in eine komplexere Geometrie übergeht. Die Ausbreitung des Tumors ist stärker entlang der Faserbahnen gerichtet. Festzuhalten ist, dass die Umskalierung per Konstruktion die mittlere Diffusivität nicht erhöht und sich damit prinzipiell unabhängig zu Veränderungen im Parameter w_W verhält. Weiter ist festzuhalten, dass die Vorschrift (3.27) (siehe S. 49) lediglich eine Auswirkung auf das Migrationsverhalten

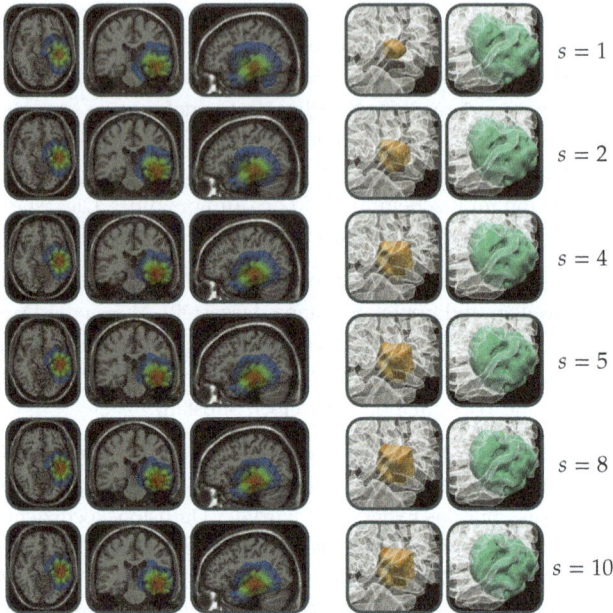

Abbildung 3.38 Variation des Verhältnisses der Diffusionskoeffizienten in der grauen und weißen Substanz. Dargestellt sind Resultate für $w_W = sw_G$, $w_W = 1 \times 10^{-7}$ m²/d und $s \in \{1, 2, 4, 5, 8, 10\}$. Links ist die resultierende Zustandsfunktion dem Atlas überlagert (axiale, koronale und sagittale Schnittansicht). Die rechte Abbildung zeigt jeweils eine Oberflächensynthese für den resultierenden Tumor (die Niveauflächen entsprechen erneut den zugehörigen Detektionsschwellwerten).

innerhalb der weißen Substanz hat und sich damit generell anders verhält als eine Variation des Verhältnisses zwischen der Diffusivität in weißer und grauer Substanz (präziser, als Änderungen in $s > 1$ unter der Annahme, dass der Zusammenhang $w_W = sw_G$ gilt).

3.6.2 Analyse des numerischen Fehlers

Der folgende Abschnitt stellt eine Analyse der verwendeten numerischen Verfahren vor. Eine ähnliche Analyse für implizite Verfahren ist in [192] zu finden. Der Fokus hier liegt allerdings auf dem Vergleich expliziter Verfahren mit zyklischer Schrittweitenänderung mit impliziten Verfahren.

3.6.2.1 Fundamentallösung

Um eine quantitative Analyse des numerischen Fehlers durchführen zu können, muss eine Referenzlösung bereitgestellt werden. Für Prb. 4 (siehe S. 50) kann wegen der Komplexität des Modells keine analytische Lösung bereitgestellt werden. Deshalb werden

Numerische Experimente und Ergebnisse

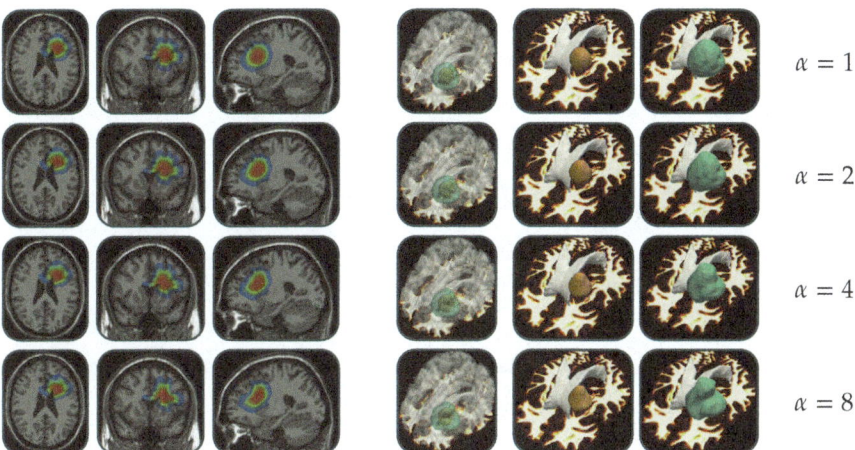

Abbildung 3.39 Auswirkung der Skalierung des Tensorfeldes auf die Zustandsfunktion. Dargestellt sind Resultate für $\alpha \in \{1, 2, 4, 8\}$. Für jede Reihe ist links die resultierende Zustandsfunktion dem Atlas überlagert (axiale, koronale und sagittale Schnittansicht). Die Darstellungen in den rechten drei Spalten zeigt eine Oberflächensynthese für den resultierenden Tumor (die Niveauflächen entsprechen erneut den zugehörigen Detektionsschwellwerten).

für eine quantitative Analyse einige Vereinfachungen vorgenommen. Zum einen wird anstelle der Koeffizientenfunktion $v : \mathbf{R}^d \to \mathbf{R}^{d \times d}$ der Diffusionskoeffizient konstant gewählt. Das Reaktionsmodell wird vernachlässigt. Das Gebiet wird auf $\mathbf{R}^d$ ausgedehnt – die Randbedingungen werden vernachlässigt. Mit diesen Vereinfachungen ergibt sich im Dreidimensionalen folgendes Problem:

Problem 5 *Sei* $g : \mathbf{R}^3 \to [0, u_M]$, $\beta > 0$, $u_M > 0$, *gegeben. Finde ein* $u : \mathbf{R}^3 \times [t_0, \tau] \to \mathbf{R}_0^+$, *so dass*

$$\partial_t u = \beta \Delta u \quad \text{in } \mathbf{R}^3 \times (t_0, \tau], \tag{3.83}$$

mit den Anfangsbedingungen $u(x, t_0) = u_0(x) \; \forall x \in \mathbf{R}^3$, $u_0 : \mathbf{R}^3 \to \mathbf{R}$, *erfüllt ist.*

Die Fundamentallösung kann für vorgegebene Anfangsbedingungen aus der GREENschen Funktion durch Überlagerung gewonnen werden. Wird u_0 mit

$$u_0(x) = \begin{cases} u_M, & \text{falls } \|x - x_I\|_2 \leq \mu, \, \mu > 0, \\ 0, & \text{sonst,} \end{cases}$$

festgelegt, ergibt sich aus der (3.83) zugehörigen GREENschen Funktion die Fundamentallösung [41, S. 28 ff.]

$$u^*(x,t) = \frac{1}{2}u_M e_1(x) - \frac{\sqrt{\beta t}\, u_M}{\sqrt{\pi}\,\|x-x_I\|_2} e_2(x).$$

Hierbei ist

$$e_1(x) = \sum_{i=1}^{2} \text{erf}\left(\frac{\mu + (-1)^i \|x-x_I\|_2}{2\sqrt{\beta t}}\right),$$

$$e_2(x) = \sum_{i=1}^{2} (-1)^i \exp\left(-\frac{(\mu - (-1)^i \|x-x_I\|_2)^2}{4\beta t}\right)$$

und $\text{erf}(z) = \frac{2}{\sqrt{\pi}} \int_0^z e^{-s} ds$, $z > 0$, ist die GAusssche Fehlerfunktion[43] [24, S. 517].

3.6.2.2 Quantifizierung des numerischen Fehlers

Die Berechnung des numerischen Fehlers erfolgt über die $\ell^{h,p}$-Norm, $p \in \{1, 2, \infty\}$, der Differenz zwischen numerischer und analytischer Lösung: $u^\delta(x_k, t^j) = u^*(x_k, t^j) - u_k^j$. Die $\ell^{h,p}$-Norm ist für $p \in (1, \infty)$ durch $\|u^\delta(x_k, t^j)\|_{h,p} = \left(h \sum_{x_k \in \Omega^h} u^\delta(x_k, t^j)\right)^{1/p}$ und für $p \to \infty$ durch $\|u^\delta(x_k, t^j)\|_{\infty,h} = \max_{x_k \in \Omega^h} \{u^\delta(x_k, t^j)\}$ erklärt [142, S. 252 f.].

3.6.2.3 Resultate

Die nachfolgende Evaluierung ist anteilig in [EK01 & EZ03] beschrieben. Die verwendete Implementierung basiert auf der FDM (siehe Abschnitt 3.4.3.1 auf S. 64). Die Lösung wird in einem Gebiet mit der Dimension $m = (256, 256, 256)^T$ und der Maschenweite $h = (1{,}0 \times 10^{-3}\,\text{m}, 1{,}0 \times 10^{-3}\,\text{m}, 1{,}0 \times 10^{-3}\,\text{m})^T$ berechnet. Die Simulation wird mit $x_I = (1{,}28 \times 10^{-1}\,\text{m}, 1{,}28 \times 10^{-1}\,\text{m}, 1{,}28 \times 10^{-1}\,\text{m})^T$ und $u_I = u_M$ initialisiert.

Im ersten Experiment wird das Verhalten des numerischen Fehlers über die Zeit hinweg betrachtet. Präziser werden Resultate für das θ-Verfahren[44] für $\theta \in \{0, 0{,}75, 0{,}5, 0{,}9, 1{,}0\}$ und für das ZEC-Verfahren bereitgestellt. Da neben stabilen auch instabile numerische Verfahren betrachtet werden, ist die zeitliche Schrittweite auf $h_t = 2^{-d} = 2^{-3} = 1{,}25 \times 10^{-1}$ d beschränkt. Die Zeitpunkte, an denen die numerische Lösung ausgewertet wird, sind $t^j \in \{20\,\text{d}, 80\,\text{d}, 120\,\text{d}, 200\,\text{d}, 365\,\text{d}\}$.

Ein qualitativer Vergleich der numerischen Lösung mit der analytischen Lösung ist in Abb. 3.40 dargestellt. Die numerische Lösung liegt für alle Verfahren sehr nahe an der analytischen Lösung. Resultate für die quantitative Analyse sind in Abb. 3.41 zu sehen.

---

[43] Die GAusssche Fehlerfunktion ist nicht in geschlossener Form darstellbar und muss folglich numerisch bestimmt werden. Für die Berechnung wird die Boost C++ Bibliothek [200] verwendet.
[44] Für $\theta = 0{,}0$ ergibt sich ein EC-Verfahren, für $\theta = 0{,}5$ das CN-Verfahren und für $\theta = 1{,}0$ das IE-Verfahren (vgl. Abschnitt 3.5.1).

Numerische Experimente und Ergebnisse 99

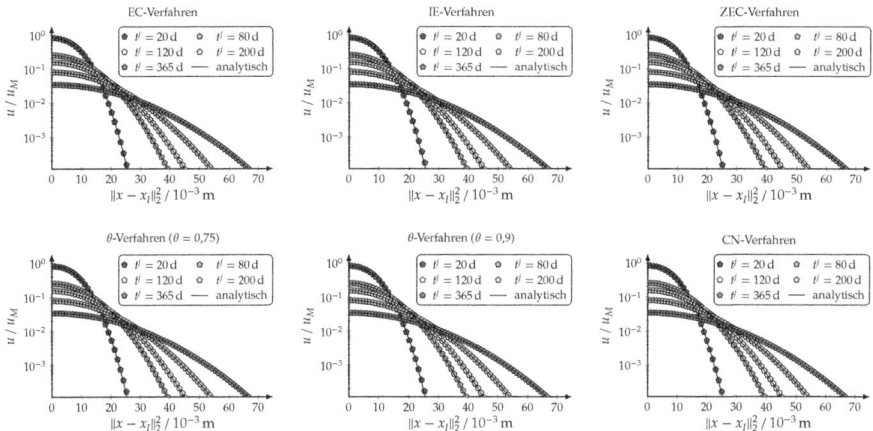

Abbildung 3.40 Numerischer Fehler. Dargestellt ist eine Gegenüberstellung des Verlaufs von numerischer und analytischer Lösung für unterschiedliche Simulationszeitpunkte t^j.

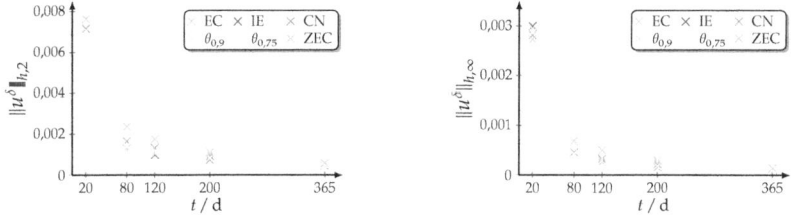

Abbildung 3.41 Numerischer Fehler. Dargestellt ist die $\ell^{h,2}$- (links) und die $\ell^{h,\infty}$-Norm (rechts) der Distanz zwischen numerischer und analytischer Lösung für unterschiedliche Simulationszeitpunkte $t^j \in \{20\,\text{d}, 80\,\text{d}, 120\,\text{d}, 200\,\text{d}, 365\,\text{d}\}$.

Der numerische Fehler nimmt für alle Verfahren mit ansteigender Simulationszeit ab. Darüber hinaus nähern sich die numerischen Fehler an, bis zum Zeitpunkt $t = 360$ d nahezu kein Unterschied mehr besteht.

Im zweiten Experiment wird der numerische Fehler bzgl. einer Steigerung der zeitlichen Schrittweite $h_t > 0$ analysiert. Die Schrittweiten sind $h_t \in \{\tilde{h}_t \in (0\,\text{d}, 4\,\text{d}] : \tau \bmod \tilde{h}_t = 0\}$. Die Simulationszeit ist $\tau = 128$ d. In Abb. 3.42 wird ein qualitativer Vergleich der berechneten Zustandsfunktion mit der analytischen Lösung für die betrachteten numerischen Verfahren bereitgestellt. Für die impliziten Verfahren liegt die numerische Lösung geringfügig oberhalb der analytischen Lösung. Das ZEC-Verfahren hingegen tendiert dazu, die analytische Lösung zu unterschätzen.

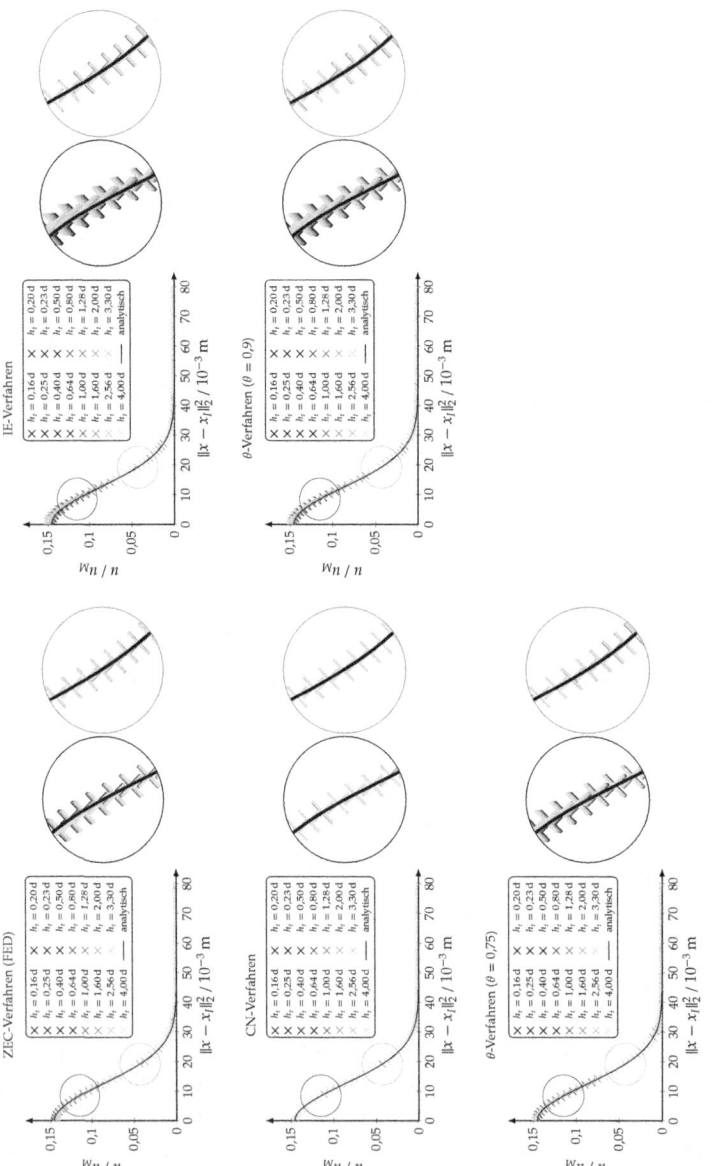

Abbildung 3.42 Numerischer Fehler. Dargestellt ist der Trend der numerischen Lösung für Schrittweiten $h_t \in \{\tilde{h}_t > 0 : \tilde{h}_t \in (0\,\mathrm{d}, 4\,\mathrm{d}] \wedge \tau \bmod \tilde{h}_t = 0\}$ im Vergleich zur analytischen Lösung.

Numerische Experimente und Ergebnisse

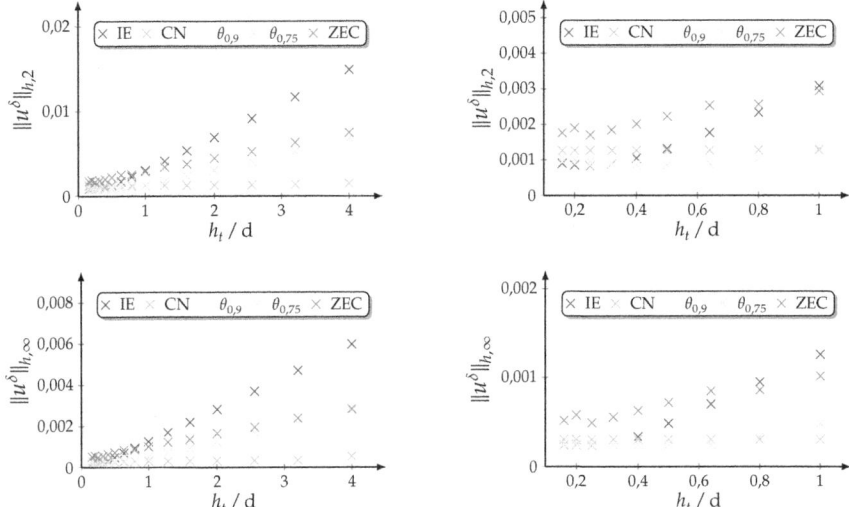

Abbildung 3.43 Numerischer Fehler. Dargestellt ist die $\ell^{h,2}$-Norm (obere Reihe) und die $\ell^{h,\infty}$-Norm (untere Reihe) des Abstandes zwischen analytischer und numerischer Lösung von Prb. 5 für $h_t \in \{\tilde{h}_t \geq 0 : \tilde{h}_t \in (0\,\mathrm{d}, 4\,\mathrm{d}] \wedge \tau \bmod \tilde{h}_t = 0\}$. Der linke Graph zeigt den kompletten Verlauf. Der rechte Graph stellt einen Ausschnitt für $h_t \in \{\tilde{h}_t \geq 0 : \tilde{h}_t \in (0\,\mathrm{d}, 1\,\mathrm{d}] \wedge \tau \bmod \tilde{h}_t = 0\}$ dar.

Die quantitative Analyse ist in Abb. 3.43 subsummiert. Hier ist die $\ell^{h,2}$- bzw. die $\ell^{h,\infty}$-Norm bzgl. der Schrittweiten h_t aufgetragen. Da die Graphen im vorderen Bereich unübersichtlich sind, ist neben einer Illustration des gesamten Bereiches (Abb. 3.43 (links)), jeweils ein Ausschnitt für die Schrittweiten $h_t \in \{\tilde{h}_t \geq 0 : \tilde{h}_t \in (0\,\mathrm{d}, 1\,\mathrm{d}] \wedge \tau \bmod \tilde{h}_t = 0\}$ gezeigt (Abb. 3.43 (rechts)).

3.6.3 Analyse der Rechenzeit

Die Analyse der Rechenzeit (Einzelplatzrechner, Intel Core i5 760, 2,8 GHz, 8 GB DDR3 RAM) beschränkt sich auf die stabilen numerischen Zeitintegrationsverfahren (IE, CN, $\theta_{0,75}$, $\theta_{0,9}$, ZEC). Die Schrittweiten sind $h_t \in \{q \in (0\,\mathrm{d}, 3\,\mathrm{d}] : \tau \bmod q = 0\}$. Die maximale Anzahl der Iterationen für das zur Lösung des linearen Gleichungssystems verwendete PCG-Verfahren (siehe Abschnitt 2.2 auf S. 15 ff.) mit einem Jacobi-Vorkonditionierer ist $\sqrt{n}$. Die Toleranz ist $\varepsilon_{tol} = 1 \times 10^{-12}$. Die Modellparameter sind $\gamma = 0,012\,\mathrm{d}^{-1}$ (exponentielles Reaktionsmodell), $w_W = 1,8 \times 10^{-6}\,\mathrm{m^2/d}$, $w_G = 6 \times 10^{-7}\,\mathrm{m^2/d}$, $\tau = 3,60 \times 10^2\,\mathrm{d}$, $x_l = (6,5 \times 10^{-2}\,\mathrm{m}, 1,3 \times 10^{-1}\,\mathrm{m}, 1,05 \times 10^{-1}\,\mathrm{m})^\mathsf{T}$. Die Schrittweiten für das ZEC-Verfahren (FED) sind $h_{t,1}^\star = 2,6302 \times 10^{-1}\,\mathrm{d}$, $h_{t,2}^\star = 4,0897 \times 10^{-1}\,\mathrm{d}$ und $h_{t,3}^\star = 1,3277\,\mathrm{d}$. Die Abschätzung für die Stabilitätsgrenze für die zeitliche Schrittweite (basierend auf Satz 4 auf S. 86) ist $8,0747 \times 10^{-1}\,\mathrm{d}$.

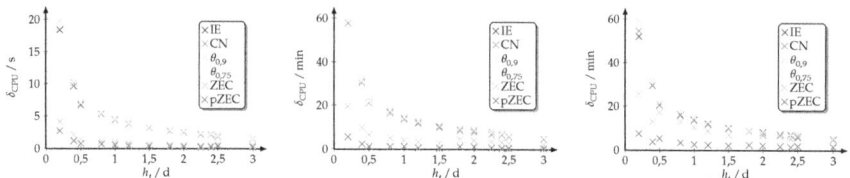

Abbildung 3.44 Rechenzeiten für das IE-, das CN-, das ZEC- und das θ-Verfahren für $\theta \in \{0{,}75, 0{,}9\}$. Dargestellt sind Resultate für ein inhomogenes, isotropes Diffusionsmodell für $d = 2$ (links) und $d = 3$ (mittig) und für ein inhomogenes, tensorbasiertes Diffusionsmodell ($d = 3$; rechts). Für das ZEC-Verfahren sind zudem Rechenzeiten für eine parallele Implementierung angegeben (pZEC).

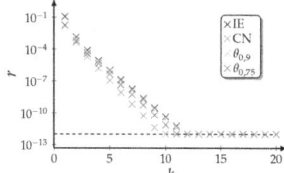

Abbildung 3.45 Konvergenz des linearen Lösers. Die Toleranz $\varepsilon_{tol} = 1 \times 10^{-12}$ ist als horizontale Linie eingezeichnet.

Die Rechenzeiten sind in Abb. 3.44 zusammengetragen. Für die impliziten Verfahren ist der Trend nahezu identisch. Es besteht ein signifikanter Unterschied zwischen den impliziten Verfahren und dem ZEC-Verfahren. Für letzteres ist ein Anstieg in der Rechenzeit zu verzeichnen, sobald ein zusätzlicher Zeitschritt im Rechenzyklus eingefügt wird. Eine Parallelisierung des ZEC-Verfahrens führt zu einer weiteren Reduktion der Rechenzeit.

Die Rechenzeit der impliziten Verfahren (IE-, CN- und θ-Verfahren) hängt von der Konvergenzgeschwindigkeit des linearen Lösers ab. Die Konvergenzrate des verwendeten PCG-Verfahrens ist in Abb. 3.45 dargestellt. Hierbei ist das Residuum

$$r := \|((P^{-1}A^h)u^{h,j+1})_k - (P^{-1}b^{h,j})_k\|_2$$

der Anzahl der Iterationen $k \in \mathbf{N}$ gegenübergestellt. Die Schrittweite ist $h_t = 1{,}0$ d. Die dargestellten Werte sind über 360 Rechenschritte gemittelt. Die Toleranz $\varepsilon_{tol} = 1{,}0 \times 10^{-12}$ wird im Schnitt nach ca. 10 Iterationen erreicht.

3.7 Fazit

Im vorangegangenen Teil der Arbeit wurde das direkte Problem vorgestellt. Neben der Motivation und Entwicklung des mathematischen Modells (siehe Abschnitt 3.1–3.3) wurde sowohl die Diskretisierung (siehe Abschnitt 3.4) als auch die numerische Lösung (siehe Abschnitt 3.5) des betrachteten ARWP besprochen.

Fazit

Für die Diskretisierung wurden zwei unterschiedliche Verfahren vorgestellt – die FDM (siehe Abschnitt 3.4.3.1) und die FVM (siehe Abschnitt 3.4.3.2). Durch die Verwendung regulärer Gitter ergeben sich, wegen der vorliegenden komplexen Geometrie des Kortex, zentrale Schwierigkeiten für eine akkurate Implementierung der Randbedingungen. Um diese Schwierigkeiten zu umgehen, wurde ein Verfahren zur Approximation der Randbedingungen vorgestellt. Für die Zeitintegration wurden, neben klassischen Verfahren (EC-Verfahren, IE-Verfahren, CN-Verfahren), stabile explizite Verfahren mit zyklischer Schrittweitenänderung betrachtet. Die gezeigten numerischen Experimente für reale und synthetische Modellbeispiele demonstrieren Stabilität, Genauigkeit und Effizienz der entwickelten Umgebung.

Damit ist das Fundament für das in Kapitel 4 behandelte Modell tumorinduzierter Gewebedeformation und das in Kapitel 5 vorgestellte Verfahren zur Parameteridentifikation geschaffen. Für eine detaillierte Diskussion des Vorwärtsmodells und der numerischen Verfahren, sei abschließend auf Kapitel 6 verwiesen.

4

Gewebedeformation

Im Anschluss an die Entwicklung einer Umgebung für die Modellierung der Progression primärer Hirntumoren, kann nun eine erste Anwendung betrachtet werden: Die Verwendung mathematischer Modelle als Vorwissen für eine automatisierte Bildanalyse. Im Detail wird sich dieser Teil der Arbeit mit der Entwicklung eines neuartigen Ansatzes zur approximativen Modellierung tumorinduzierter Gewebedeformation beschäftigen. Ziel ist es, einen Prior für Verfahren der nichtrigiden Bildregistrierung bereitzustellen.

Der beschriebene Ansatz ist in den Arbeiten [EZ03, EK07, EK09, EK11, EK13 & EK22] veröffentlicht.

4.1 Einführung in die Problemstellung

Ein etabliertes Werkzeug für die Analyse medizinischer Bilddaten ist die (nichtrigide) *Bildregistrierung* [60]. Ziel dieses Verfahrens ist es, eine Abbildung $y : \mathbf{R}^d \to \mathbf{R}^d$ zu finden, die es erlaubt, eine punktweise Korrespondenz zwischen zwei (oder mehreren) Bilddaten (Templatebild T und Referenzbild R [60]) herzustellen[45].

Typische Anwendungsgebiete in der Neuroradiologie sind eine Analyse der strukturellen Entwicklung des Gehirns [4, 74 & 227] und die Beurteilung pathomorphologischer Veränderungen in neurodegenerativen Erkrankungen [12, 64 & 110]. Die nichtrigide Bildregistrierung wird dazu verwendet, strukturelle Unterschiede zu analysieren (deformations- und voxelbasierte Morphometrie), statistische Atlanten zu erstellen[46] bzw. eine

---

[45] Für weiterführende Betrachtungen zur Bildregistrierung, bzw. zur (medizinischen) Bildverarbeitung, sei auf die Übersichtsarbeiten [20, 94, 96, 161, 162 & 209] verwiesen.
[46] Die Erstellung eines ersten statistischen Atlas, basierend auf neuroradiologischen Bilddaten von Patienten mit primären Hirntumoren, ist in [78] beschrieben.

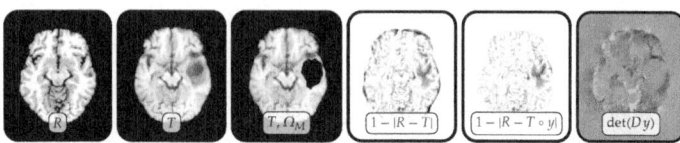

Abbildung 4.1 Zweidimensionale elastische Registrierung[47] patientenindividueller Daten mit einem Atlas basierend auf einer Maskierung des Tumors. Von links nach rechts: Referenzdatensatz R (im TALAIRACH-Raum), patientenindividuelle Daten T, Maskierung Ω_M, $1 - |R - T|$, $1 - |R - T \circ y|$ und Karte der punktweisen Auswertung der Funktionaldeterminante $\det(D y^j)$ (vgl. Def. 17).

automatisierte Identifikation anatomischer Strukturen durchzuführen (atlasbasierte Segmentierung). Für serielle [EA02, EA03, EK26, EZ07, 108] oder populationsübergreifende [77, 78, 164, 250 & 251] Bildgebungsstudien primärer Hirntumoren ist die allen intensitätsbasierten Verfahren der Bildregistrierung gemeine Forderung an eine eindeutige punktweise Korrespondenz zwischen den zu registrierenden Bilddaten verletzt. Diese Tatsache bedarf einer besonderen Behandlung des durch die Pathologie betroffenen Bereiches.

Eine naheliegende Strategie zur Registrierung von Tumorbilddaten ist es, das durch den Tumor betroffene Areal als nichtinformativ zu bewerten. Entsprechend wird es durch eine Maskierung während der Optimierung nicht berücksichtigt [7, 21, 101 & 212]. Dieser Ansatz führt zu einer inakkuraten Registrierung in der unmittelbaren Umgebung des Tumors [107] (vgl. auch Abb. 4.1).

Eine kürzlich vorgeschlagene Strategie, zur Registrierung von Bilddaten unterschiedlicher Topologie, ist die Einbettung d-dimensionaler Bilddaten in eine $(d+1)$-dimensionale RIEMANNsche Mannigfaltigkeit (RIEMANNsche Einbettung) [143, 144 & 207]. Topologische Unterschiede zwischen den Daten werden als Intensitätsdrift behandelt. Die ersten d Dimensionen entsprechen dem Verrückungsfeld. Die $(d + 1)$ste Dimension entspricht der, durch die Pathologie bedingten, Intensitätsverzerrung. Die Implementierung des Algorithmus zur Bildregistrierung folgt der in [236] vorgeschlagene Verfahrensweise. Das in [143, 144 & 207] vorgestellte Verfahren ist generell für eine Registrierung von Daten mit topologischen Unterschieden geeignet, beinhaltet allerdings keine *a priori* Information über die vorliegende Pathologie.

In [48] wird die Verwendung eines Tumortemplates vorgeschlagen. Die Verformung dieses Templates und die Berechnung der, durch die interindividuelle anatomische Variabilität erzeugten, Deformationsmuster erfolgt auf der Basis eines Standardverfahrens zur nichtrigiden Bildregistrierung [226].

Das Einbringen eines biophysikalischen Modells ist eine konsequente Fortführung dieser Idee. Modellbasierte Verfahren der Registrierung werden bereits an unterschiedlicher

---

[47] Der verwendete Algorithmus zur Registrierung der Daten ist in [EK04 & EK34] beschrieben.

Einführung in die Problemstellung

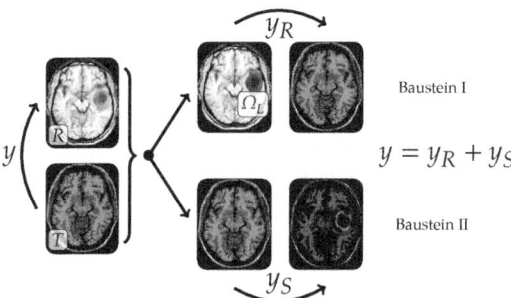

Abbildung 4.2 Schematische Darstellung der Entkopplung der Problemstellung. Die interanatomische Variabilität wird über Verfahren der nichtrigiden Bildregistrierung modelliert und liefert die Abbildung y_R. Eine explizite Modellierung der Pathologie resultiert in der Abbildung y_S. Eine adäquate Zusammenführung beider Abbildungen definiert die gesuchte räumliche Korrespondenz y zwischen den Daten.

Stelle eingesetzt (siehe bspw. [244]). Das generelle Konzept im vorliegenden Fall ist es, die gesuchte Abbildung y in zwei Komponenten zu zerlegen: (*i*) die interindividuelle, anatomische Variabilität des Gehirns und (*ii*) die durch den Tumor induzierte Gewebedeformation. Diese Idee ist in Abb. 4.2 illustriert. Die Einzelkomponenten werden, im Sinne der unterliegenden Modelle, getrennt voneinander behandelt.

Für die Entwicklung eines derartigen hybriden Verfahrens ist es in einem ersten Schritt notwendig, ein Modell für die tumorinduzierte Gewebedeformation bereitzustellen. Hierfür sind in der Literatur unterschiedliche Ansätze beschrieben. Eines der ersten Verfahren ist in [241] vorgestellt. Das Gewebe wird als ein linear-elastisches Material modelliert. Das Wachstum des Tumors wird lediglich in Form einer reinen Zellvermehrung (mit einer konstanten Mitoserate) berücksichtigt. Die Kopplung zwischen Wachstumsmodell und der linear-elastischen Kontinuitätsgleichung erfolgt über ein, zur berechneten Zelldichte proportionales, Druckfeld. Der Nachteil linearer Elastizität liegt in der Beschränkung auf lokal kleine Deformationen. In [137] wird das Gehirn als ein nichtlinear-elastisches Material modelliert. Dies erlaubt es, starke Deformationen abzubilden. Das Wachstumsmodell berücksichtigt weiterhin lediglich eine homogene Zellvermehrung. Die resultierende Deformation ist uniform nach außen gerichtet. In [163] wird die in [137] verwendete Annahme einer Inkompressibilität des Gewebes relaxiert. Das Gewebe wird als homogen, hyperelastisch angenommen. Die Kopplung zwischen Wachstumsmodell und Gewebedeformation erfolgt über ein, zur Berandung des modellierten Tumortemplates orthogonales, Druckfeld. Erneut wird lediglich die Vermehrung tumoröser Zellen auf der Basis einer konstanten Mitoserate berücksichtigt. In [105] ist eine effiziente Approximation des in [163] vorgestellten Modells beschrieben. Anstelle eines hyperelastischen Materials wird das Gewebe als stückweise linear-elastisch modelliert. In [35] wird erstmals der infiltrierende Charakter primärer Hirntumoren im Zusammenhang mit der Modellierung tumorinduzierter Gewebedeformation berücksichtigt. Das Gehirn wird als linearviskoelastisches Material modelliert. Die mechanische Kopplung zwischen Wachstumsmodell und Deformationsmodell wird – in Analogie zu [241] – über ein lokales Druckfeld realisiert. Ein zweiter Ansatz für eine kombinierte Modellierung von Zellmigration und raumfordernder Wirkung ist in [107] beschrieben. Der vorgeschlagene Formalismus basiert auf einer Reaktions-Diffusions-Konvektions-Gleichung (RDKG). Neben der rein diffusiven, wird eine konvektive Ausbreitung tumoröser Zellen betrachtet.

Der zweite Schritt ist die Entwicklung eines hybriden Verfahrens, d. h. eine Kombination des biomechanischen Modells mit Verfahren der nichtrigiden Bildregistrierung. Auch hierfür sind bereits unterschiedliche Ansätze in der Literatur beschrieben. In [137] wird vorgeschlagen, den Tumor in den patientenindividuellen Bilddaten zunächst zu kontrahieren. Das erzeugte Template ist ähnlich zum Referenzatlas (ohne Tumor). Damit kann in einem ersten Schritt eine Registrierung über Standardverfahren der Bildregistrierung erfolgen. Auf der Basis einer nichtlinearen Regression werden in [137] in einem zweiten Schritt die Parameter des zugrunde liegenden biomechanischen Modells bestimmt. Das resultierende Deformationsfeld wird auf den Referenzatlas angewendet.

Eine erste Erweiterung der in [48] beschriebenen Verfahrensweise wird in [45 & 46] vorgestellt. Um eine Maskierung von anatomischen Strukturen im Atlas zu vermeiden, wird anstelle eines Tumortemplates die Verwendung eines simplen biomechanischen Modells zur Simulation des Wachstums des Tumors vorgeschlagen (radialsymmetrisches Wachstum). Eine Verfeinerung erfolgt über die nachträgliche Anwendung eines Standardverfahrens zur Registrierung [226]. Es stellt sich allerdings heraus, dass die Güte der Registrierung durch die Integration komplexerer Wachstumsmodelle entscheidend verbessert werden kann [77, 78, 106, 164, 250 & 251].

In [164] wird ein statistisches Deformationsmodell vorgestellt. Die Statistik der anatomischen Variabilität des Gehirns wird auf der Basis einer Intersubjekt-Registrierung [204] zwischen gesunden Probanden und dem Referenzatlas gewonnen. Die Statistik zur Charakterisierung der raumfordernden Wirkung von Tumoren wird auf der Basis von Vorwärtssimulationen generiert [164]. Unter der Annahme, dass sich die Verrückungsfelder als Realisierung unabhängiger, normalverteilter Zufallsvektoren darstellen lassen, wird eine Hauptkomponentenanalyse (PCA; engl. *principal component analysis*) durchgeführt. Eine konkrete Realisierung des gesuchten Deformationsfeldes lässt sich dementsprechend als Linearkombination darstellen. Für einen ungesehenen Datensatz wird eine erste Schätzung der Observablen basierend auf einer nichtrigiden Registrierung gewonnen. Diese Abschätzung wird verwendet, um die zugehörigen Modellparameter für die konkrete Ausprägung der raumfordernden Wirkung des Tumors basierend auf dem statistischen Deformationsmodell zu erzeugen. Ein zentraler Vorteil statistischer Deformationsmodelle liegt in der drastischen Reduktion der Rechenlast. Das Training des PCA-Modells kann *offline* erfolgen. In [251] wird auf der Basis des in [204] beschriebenen, merkmalsbasierten Ansatzes für die Bildregistrierung, eine Weiterentwicklung des in [164] vorgestellten Verfahrens diskutiert. Im Gegensatz zu [164] wird in [251] ein Zielfunktional optimiert. Modellparameter und räumliche Korrespondenz zwischen den Bilddaten werden simultan im Sinne der Güte der nichtrigiden Registrierung bestimmt. Die Idee eines PCA-Modells für die tumorinduzierte Gewebedeformation wird beibehalten. Statistische Deformationsmodelle sind eingeschränkt in ihrer Genauigkeit und Flexibilität [250]. Deshalb wird in [250] das in [164 & 251] verwendete PCA-Modell durch eine effiziente Implementierung eines Deformationsmodells [105] ersetzt. Die generelle Verfahrensweise aus [251] bleibt erhalten. Ein Vergleich der Deformationsmodelle [105 & 163], im Sinne einer nichtrigiden Registrierung, ist in [249] beschrieben.

In [106] wird auf der Basis der Vorarbeiten in [107] vorgeschlagen, das variationelle Optimierungsproblem in der Bildregistrierung um eine Differenzialgleichungsnebenbedingung (DGL-Nebenbedingung) für die Progression des Tumors zu erweitern. Die DGL-Nebenbedingung ist die in [107] eingeführte RDKG. Als Defektfunktional wird die L^1-Norm des Abstandes zwischen manuell identifizierten anatomischen Landmarken verwendet. Das in [77 & 78] beschriebene Verfahren erweitert die in [250 & 251] beschriebenen Konzepte. Das Verfahren nutzt die in [106 & 107] eingeführte RDKG. Mittels multiparametrischer Bildgebung wird auf Seite der Daten über einen Klassifikator eine Wahrscheinlichkeitskarte für die unterschiedlichen Gewebetypen erstellt. Auf Seiten des Referenzatlas wird versucht, auf der Basis der errechneten Zustandsfunktion u eine äquivalente Wahrscheinlichkeitskarte bereitzustellen. Potenzielle Unsicherheiten in den Gewebekarten erlauben es allerdings nicht, eine direkte Minimierung der L^2-Distanz dieser Karten für die Registrierung auszunutzen. Stattdessen wird eine Maximierung einer *Log-Likelihood*-Funktion für die simultane Schätzung der Modellparameter und des Verrückungsfeldes, bei gleichzeitig iterativer Verbesserung der Wahrscheinlichkeitskarten, vorgeschlagen.

4.2 Genereller Ansatz

Dieser Abschnitt subsumiert die prinzipielle Idee des vorgeschlagenen Modells. Anstelle eine elastische Kontinuitätsgleichung zu verwenden [35, 105, 107, 137, 163 & 241], wird in der vorliegenden Arbeit vorgeschlagen, die Gewebedeformation, basierend auf der Lösung eines variationellen Optimierungsproblems, zu modellieren.

Dieser Ansatz liefert einen Formalismus, der mit der variationellen Formulierung in der Bildregistrierung [161 & 162] konsistent ist. Es können dieselben numerischen Werkzeuge verwendet werden. Ziel ist es, die Lücke zwischen komplexen biophysikalischen Modellen [35, 105 & 164] und Ansätzen, die kein *a priori* Wissen über die unterliegende Pathologie verwenden [143, 144 & 207], zu schließen. Durch die Ähnlichkeit zur Problemformulierung in der Bildregistrierung eignet sich das beschriebene Verfahren prinzipiell für die Integration in die Registrierung (d. h. die Entwicklung eines hybriden Verfahrens). In der vorliegenden Arbeit wird lediglich der Modellierungsaspekt betrachtet. Die Zusammenführung mit Verfahren der Bildregistrierung verbleibt für zukünftige Arbeiten.

Die Modellierung tumorinduzierter Gewebedeformation basiert auf der zu einem Simulationszeitpunkt $t^j = t_0 + jh_t, j = 0, \dots, m_t, h_t = (\tau - t_0)/m_t, h_t > 0$, vorliegenden Zustandsfunktion u. Deshalb werden im Folgenden die zugehörigen Funktionen als eine Funktionenschar bzgl. des Parameters $t^j, j = 0, \dots, m_t$, aufgefasst. Alle Funktionen, die zu einem Zeitpunkt t^j vorliegen, werden mit einem oberen Index j versehen. So ist die Zustandsfunktion bspw. von der Gestalt $u^j \in \mathfrak{U} \subseteq \{\bar{u} : \bar{\Omega} \to \mathbf{R}_0^+\}, x \mapsto u^j(x)$, $j \in \{0, \dots, m_t\}$.

Die vorgeschlagene Optimierungsaufgabe, die es erlaubt, für eine vorgegebene Zustandsfunktion u^j eine Abbildung $y^j \in \mathfrak{Y} \subseteq \{\bar{y} : \mathbf{R}^d \to \mathbf{R}^d\}, x \mapsto y^j(x), j \in \{0, \dots, m_t\}$, zu bestimmen, lautet:

Problem 6 *Sei das Gebiet $\Omega \subset \mathbf{R}^d$ und $u^j \in \mathfrak{U}$ gegeben. Finde ein $y^j \in \mathfrak{Y}, j \in \{0, \dots, m_t\}$, so dass $\mathcal{J}_u(y^j) := \mathcal{J}(u^j, y^j), \mathcal{J} : \mathfrak{U} \times \mathfrak{Y} \to \mathbf{R} \cup \{-\infty, \infty\}$,*

$$\mathcal{J}_u(y^j) := \mathcal{E}_u(y^j) + \alpha_R \mathcal{R}(y^j) + \alpha_S \mathcal{S}(y^j) \xrightarrow{y^j} \min \quad (4.1)$$

mit $\alpha_l > 0, l \in \{R, S\}, \mathcal{E}_u(y^j) := \mathcal{E}(u^j, y^j), \mathcal{E} : \mathfrak{U} \times \mathfrak{Y} \to \mathbf{R} \cup \{-\infty, \infty\}, \mathcal{R} : \mathfrak{Y} \to \mathbf{R} \cup \{-\infty, \infty\}$ und $\mathcal{S} : \mathfrak{Y} \to \mathbf{R} \cup \{-\infty, \infty\}$ erfüllt ist.

$\mathcal{E}$ repräsentiert ein *Defektfunktional*, das die Deformation antreibt; $\mathcal{R}$ stellt ein *Regularisierungsfunktional* dar. Weiter ist $\mathcal{S}$ ein *Straffunktional*, das zusätzliche Bedingungen (Regularität, Glattheit, Volumenbeschränkung) an die gesuchte Abbildung y stellt. Die Parameter $\alpha_l, l \in \{R, S\}$, erlauben eine Gewichtung des Einflusses der Funktionale $\mathcal{R}$ und $\mathcal{S}$.

Prb. 6 ist generisch. Für die numerische Lösung ist jegliche Verfahrensweise nutzbar, die auch für die Lösung der variationellen Problemformulierung in der Bildregistrierung eingesetzt wird (siehe bspw. [161 & 162]).

In der vorliegenden Arbeit wird ein parametrisches Deformationsmodell verwendet. Diese Parametrisierung kann als eine *implizite Regularisierung* aufgefasst werden. Auf ein Regularisierungsfunktional $\mathcal{R}$ (*explizite Regularisierung*) wird in der konkreten Implementierung (siehe Abschnitt 4.4) verzichtet. Allerdings werden unterschiedliche *weiche Nebenbedingungen* $\mathcal{S}$ betrachtet. Wie sich herausstellt, sind diese essentiell, um sinnvolle Lösungen y^j zu bestimmen.

In den nächsten Abschnitten wird die konkrete Gestalt der einzelnen Bausteine aus Prb. 6 vorgestellt.

Defektfunktional 111

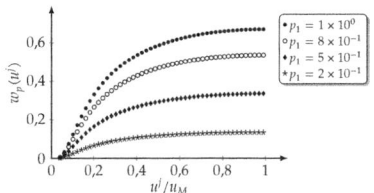 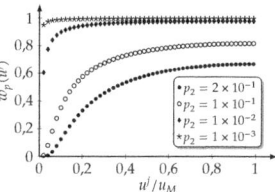

Abbildung 4.3 Illustration der Wichtungsfunktion w_p in (4.3) für unterschiedliche Parameter p_i, $i = 1,2$ mit $s = 1$.

4.3 Defektfunktional

Ein zentraler Baustein des entwickelten Modells ist das Defektfunktional $\mathcal{E}$. Dieses wird im vorliegenden Abschnitt definiert und motiviert.

4.3.1 Definition

Das *Defektfunktional* $\mathcal{E}$ aus (4.1) in Prb. 6 lautet

$$\mathcal{E}_u(y^j) = -\int_\Omega w_p(u^j(x))\, u^j(y^j(x))\,\mathrm{d}x. \tag{4.2}$$

Die Funktion $w_p \in C^\infty(\mathfrak{U}_S, \mathbf{R}_0^+)$ erlaubt eine lokal-adaptive Steuerung des Deformationsmusters, ist [107] entnommen und durch

$$w_p(u^j(x)) = p_1 \exp\left(-\frac{p_2}{(u^j(x)/u_M)^s} - \frac{p_2}{(2 - u^j(x)/u_M)^s}\right) \tag{4.3}$$

erklärt; w_p ist strikt monoton steigend für Zelldichten $u^j \in [0, u_M]$ (mit der oberen Schranke $u_M > 0$ (vgl. Abschnitt 3.3.4.4 auf S. 45)). Der Parameter $p_1 > 0$ in (4.3) kontrolliert die Amplitude und der Parameter $p_2 \geq 0$ die Nichtlinearität von w_p. Über letzteren kann die Deformation auf Bereiche in unmittelbarer Nachbarschaft des Tumors beschränkt werden. Der Verlauf von w_p bzgl. u^j ist in Abb. 4.3 für unterschiedliche Parameter p_i, $i = 1,2$, gegenübergestellt. Da der Parameter p_1 bzgl. der Wichtung α_S (bzw. α_R) gegenläufig ist, gilt $p_1 = 1$.

4.3.2 Theoretische Einordnung

Die theoretische Einordnung erfolgt über Variationsrechnung. Es stellt sich heraus, dass ein enger Zusammenhang zwischen dem vorgestellten Modell und dem Kraftfeld, des in [107] beschriebenen biomechanischen Modells, hergestellt werden kann. Präziser ist eine typische Annahme bei der Entwicklung biophysikalischer Modelle, dass die Kraft b^j, $j \in \{0, ..., m_t\}$, die der Tumor auf das umliegende Gewebe ausübt, proportional zum

Gradienten der vorliegenden Zustandsfunktion u^j ist (d. h. $b^j \propto \nabla u^j$) [35, 107 & 242]. Den Zusammenhang stellt der folgende Satz her:

Satz 6 *Sei $y^j : \mathbf{R}^d \to \mathbf{R}^d, x \mapsto y^j(x)$, und $u^j : \bar{\Omega} \to \mathbf{R}, x \mapsto u^j(x)$, zu einem festen Zeitpunkt $t^j > 0, j \in \{1,\ldots,m_t\}$, auf Ω zweimal stetig differenzierbar und das Funktional $\mathcal{E} : C^2(\Omega) \times L^2(\Omega)^d \to \mathbf{R}$, wie in (4.2) und die Funktion w_p wie in (4.3) gegeben. Dann ergibt sich die* GÂTEAUX-*Ableitung*[48]

$$d\mathcal{E}_u(y^j; v) = \lim_{\varepsilon \to 0} \frac{1}{\varepsilon}(\mathcal{E}_u(y^j + \varepsilon v) - \mathcal{E}_u(y^j))$$

bzgl. einer Perturbation v zu

$$d\mathcal{E}_u(y^j; v) = \int_\Omega \langle b^j(x, y^j(x), u^j(x)), v(x) \rangle_{\mathbf{R}^d} \, dx$$

wobei $\langle \cdot, \cdot \rangle_{\mathbf{R}^d}$ das innere Produkt auf $\mathbf{R}^d$ bezeichnet und die Kraft b^j durch

$$b^j(x, y^j(x), u^j(x)) = -w_p(u^j(x)) \nabla u^j(y^j(x)) \tag{4.4}$$

erklärt ist.

Beweis Der Beweis beginnt mit einer TAYLOR-Entwicklung

$$u(y^j(x) + \varepsilon v(x)) = u^j(y^j(x)) + \varepsilon \langle \nabla u^j(y^j(x)), v(x) \rangle_{\mathbf{R}^d} + \mathcal{O}(\varepsilon^2),$$

bezüglich $\varepsilon > 0$ am Entwicklungspunkt y^j.

$$\begin{aligned}d\mathcal{E}_u(y^j; v) &= -\lim_{\varepsilon \to 0} \frac{1}{\varepsilon}\left(\mathcal{E}_u(y^j + \varepsilon v) - \mathcal{E}_u(y^j)\right) \\ &= -\lim_{\varepsilon \to 0} \frac{1}{\varepsilon} \int_{\mathbf{R}^d} w_p(u^j(x)) \left[u^j(y^j(x)) + \varepsilon \langle \nabla u^j(y^j(x)), v(x) \rangle_{\mathbf{R}^d} + \mathcal{O}(\varepsilon^2)\right] \\ &\quad - w_p(u^j(x)) u^j(y^j(x)) \, dx \\ &= -\lim_{\varepsilon \to 0} \frac{1}{\varepsilon} \int_{\mathbf{R}^d} w_p(u^j(x)) u^j(y^j(x)) + \varepsilon w_p(u^j(x)) \langle \nabla u^j(y^j(x)), v(x) \rangle_{\mathbf{R}^d} \\ &\quad + w_p(u^j(x)) \mathcal{O}(\varepsilon^2) - w_p(u^j(x)) u^j(y^j(x)) \, dx \\ &= -\lim_{\varepsilon \to 0} \frac{1}{\varepsilon} \int_{\mathbf{R}^d} \varepsilon w_p(u^j(x)) \langle \nabla u^j(y^j(x)), v(x) \rangle_{\mathbf{R}^d} \, dx \\ &\quad + \lim_{\varepsilon \to 0} \frac{1}{\varepsilon} \int_{\mathbf{R}^d} w_p(u^j(x)) \mathcal{O}(\varepsilon^2) \, dx \\ &= -\int_{\mathbf{R}^d} w_p(u^j(x)) \langle \nabla u^j(y^j(x)), v(x) \rangle_{\mathbf{R}^d} \, dx \end{aligned} \tag{4.5}$$

---
[48] Siehe bspw. [120, S. 15, Def. 1.2.1].

Abbildung 4.4 Zweidimensionale Illustration der Anwendung der Wichtungsfunktion w_p auf ein radialsymmetrisches Vektorfeld für unterschiedliche Parameter p_i, $i = 1, 2$. Links: $p_1 = 1, p_2 = 0$. Rechts: $p_1 = 1, p_2 = 1 \times 10^{-2}$.

Damit ist die Verbindung zu vorherigen Arbeiten [35, 107 & 242] hergestellt und der Beweis erbracht. □

Anmerkung 10 Wegen $\text{supp}(u^j) = \bar{\Omega}_B$ reduziert sich die Integration in (4.5) auf Ω. ◇

Einen weiteren Einblick in die Wirkung der Wichtung w_p liefert Abb. 4.4. Hierbei ist die Funktion w_p im Sinne der Kraft (4.4) für unterschiedliche $p_2 \geq 0$ auf ein radialsymmetrisches Vektorfeld angewendet. Eine Erhöhung des Parameters p_2 führt zu einer lokalen Beschränkung des Kraftfeldes.

4.3.3 Interpretation

Eine Minimierung des Funktionals $\mathcal{E}$ in (4.2) ohne das negative Vorzeichen führt dazu, dass die Zustandsfunktion u^j auf einen Punkt zusammenschrumpft. Das negative Vorzeichen in (4.2) sorgt dafür, dass die Minimierung des Funktionals $\mathcal{E}$ zu einer Ausdehnung von u^j und damit einer heuristischen Approximation der, durch den Tumor induzierten, Gewebedeformation führt. Diese Aussage bestätigt das über variationelles Kalkül erhaltene Kraftfeld b^j in (4.4). Da eine Minimierung von $\mathcal{E}$ auf kein Minimum führt (das durch die Zustandsfunktion u^j eingenommene Areal vergrößert sich, ohne dass dabei (in der aktuellen Implementierung) eine Abnahme der Dichte berücksichtigt wird), ist die Einbindung einer Regularisierung $\mathcal{R}$ bzw. eines Strafterms $\mathcal{S}$ zwingend notwendig. Ein Regularisierungsfunktional bzw. einen Strafterm zu integrieren, erlaubt es, die Antwort des Gewebes auf die Krafteinwirkung durch das Defektfunktional $\mathcal{E}$ zu approximieren.

4.4 Optimierungsansatz mit weicher Nebenbedingung

Nach der theoretischen Einordnung des vorgeschlagenen Ansatzes, wird nun die konkrete Implementierung des Modells vorgestellt. Diese basiert – wie bereits in Abschnitt 4.2

erwähnt – auf einem parametrischen Deformationsmodell. Bevor das Deformationsmodell allerdings näher besprochen wird, folgt ein Einblick in die verwendeten weichen Nebenbedingungen.

4.4.1 Beschränkung der Volumenänderung

Trotz einer impliziten Regularisierung durch eine Parametrisierung werden dem Zielfunktional in der Regel *weiche Nebenbedingungen*[49] hinzugefügt (siehe bspw. [125, 190 & 194]). Diese erlauben es bestimmte Eigenschaften einer geeigneten Lösung der Optimierungsaufgabe zu fordern. In dieser Arbeit wird ein biophysikalisch motiviertes Modell betrachtet, das zu einer Nebenbedingung basierend auf einem *Log-Barrier-Ansatz* führt (siehe Abschnitt 4.4.1.2). Diese Nebenbedingung wird zunächst in kontinuierlicher Form hergeleitet. Die konkrete Implementierung wird in Abschnitt 4.4.2 vorgestellt.

Der verwendeten Nebenbedingung liegt die Annahme zugrunde, dass das zerebrale Gewebe nahezu *inkompressibel* ist [158–160] – Volumenänderungen werden bestraft: Für ein vorgegebenes Gebiet $\tilde{\Omega} \subset \Omega$ muss unter der Annahme, dass die Funktion $y^j : \mathbf{R}^d \to \mathbf{R}^d, x \mapsto y^j(x), j \in \{0, \dots, m_t\}$, die Deformation beschreibt,

$$\int_{y^j(\tilde{\Omega})} dx \approx \int_{\tilde{\Omega}} dx \qquad (4.6)$$

mit $y^j(\tilde{\Omega}) := \{y^j(x) : x \in \tilde{\Omega} \subset \Omega\}$ gelten (vgl. [90]). Ausgehend von (4.6) wird im weiteren Verlauf die zugehörige Nebenbedingung hergeleitet[50].

4.4.1.1 Herleitung des restringierten Optimierungsproblems

Eine typische Forderung bei der Modellierung von Deformationen im medizinischen Kontext ist, dass die zu berechnende Abbildung *diffeomorph* ist. Um diese Bedingung mathematisch zu präzisieren, ist der Begriff der Funktionalmatrix von entscheidender Bedeutung (modifiziert aus [62, S. 98]):

Definition 17 Sei $\Omega \subset \mathbf{R}^d$ und eine Funktion $y : \tilde{\Omega} \to \mathbf{R}^d, x \mapsto y(x), y := (y^1, \dots, y^d)^\mathsf{T} \in \mathbf{R}^d$ gegeben und y differenzierbar an der Position $x \in \Omega$. Die Matrix

$$Dy(x) := \begin{pmatrix} \partial_{x^1} y^1(x) & \cdots & \partial_{x^d} y^1(x) \\ \vdots & & \vdots \\ \partial_{x^1} y^d(x) & \cdots & \partial_{x^d} y^d(x) \end{pmatrix} \in \mathbf{R}^{d \times d}$$

wird als *Jacobi-Matrix* oder *Funktionalmatrix* bezeichnet. ♣

---
[49] Die regulären Nebenbedingungen werden als *harte Nebenbedingungen* bezeichnet. Die Umformulierung in Form eines Zielfunktionals (Strafterms) wird *weiche Nebenbedingung* genannt.
[50] Die folgende Herleitung orientiert sich an den Ausführungen in [51].

Optimierungsansatz mit weicher Nebenbedingung

Basierend auf Def. 17 kann nun eine Bedingung an die Bijektivität und Stetigkeit der Abbildung y^j formuliert werden. Diese liefert der folgende Satz (*Satz von der Umkehrabbildung* [62, S. 100, Satz 3]):

Satz 7 *Sei $\Omega \subset \mathbf{R}^d$ offen und die Funktion $y^j \in C^1(\Omega, \mathbf{R}^d)$, $j \in \{0, \ldots, m_t\}$, gegeben. Weiter ist $x \in \Omega$ und $\tilde{x} := y^j(x)$. Gilt für die* Funktionaldeterminante $\det(Dy^j(x)) \neq 0$, *dann existiert eine offene Umgebung Ξ von x und eine offene Umgebung $\tilde{\Xi}$ von $\tilde{x}$, so dass y^j C^1-invertierbar ist und y^j die Menge Ξ bijektiv auf $\tilde{\Xi}$ abbildet.*

Beweis Der Beweis kann in [62, S. 100 f.] nachvollzogen werden. □

Eine Funktion, welche die Bedingungen in Satz 7 erfüllt, wird als C^1-*Diffeomorphismus* bezeichnet. Basierend auf Satz 7 wird $\det(Dy^j(x)) \neq 0$ $\forall x \in \Omega$ gefordert. Wegen $y^j(x) = x \Rightarrow \det(Dy^j(x)) = 1$ wird diese Forderung auf

$$\det(Dy^j(x)) > 0 \quad \forall x \in \Omega \tag{4.7}$$

eingeschränkt. Ausgehend von (4.7) lässt sich eine Vorschrift für die Beschränkung lokaler Flächen- bzw. Volumenänderungen im Sinne von (4.6) herleiten. Hierfür wird der Begriff des d-dimensionalen LEBESGUE-Maßes $\mathcal{L}^d(\Omega)$ bzgl. $\Omega \subset \mathbf{R}^d$ eingeführt. Für ein beliebiges $\tilde{\Omega} \subset \Omega$ ist die relative Änderung des Volumens durch die Anwendung von $y^j : \mathbf{R}^d \to \mathbf{R}^d$ auf $\tilde{\Omega}$ durch $\mathcal{L}^d(y^j(\tilde{\Omega}))/\mathcal{L}^d(\tilde{\Omega})$ erklärt. Es soll nun gelten [51, S. 28]

$$0 < v_U \leq \frac{\mathcal{L}^d(y^j(\tilde{\Omega}))}{\mathcal{L}^d(\tilde{\Omega})} \leq v_O < \infty. \tag{4.8}$$

Den Zusammenhang zwischen $\det(Dy^j(x))$ und dem LEBESGUE-Maß $\mathcal{L}^d(y^j(\tilde{\Omega}))$ stellt der Transformationssatz her (aus [63, Satz 1, S. 101]):

Satz 8 *Es sei $\tilde{\Omega} \subset \Omega$ eine offene Teilmenge des $\mathbf{R}^d$, $y^j : \tilde{\Omega} \to y^j(\tilde{\Omega}) \subset \mathbf{R}^d$ ein C^1-Diffeomorphismus und $f : y^j(\tilde{\Omega}) \to \mathbf{R}$ stetig mit kompaktem Träger. Dann ist die Funktion f auf $y^j(\tilde{\Omega})$ genau dann integrierbar, wenn die Funktion $x \mapsto f(y^j(x)) \left|\det(Dy^j(x))\right|$ auf $\tilde{\Omega}$ integrierbar ist. Es gilt*

$$\int_{y^j(\tilde{\Omega})} f(\tilde{x})\, d\tilde{x} = \int_{\tilde{\Omega}} f(y^j(x)) \left|\det(Dy^j(x))\right| dx \quad \forall \tilde{\Omega} \subset \Omega. \tag{4.9}$$

Beweis Der Beweis kann in [63, S. 101 ff.] nachgelesen werden. □

Für $f(\tilde{x}) = 1$ $\forall \tilde{x} \in y^j(\tilde{\Omega})$ entspricht die linke Seite von (4.9) dem Volumen der Bildmenge $y^j(\tilde{\Omega})$. Es folgt

$$\mathcal{L}^d(y^j(\tilde{\Omega})) = \int_{y^j(\tilde{\Omega})} d\tilde{x} = \int_{\tilde{\Omega}} |\det(Dy^j(x))|\, dx \stackrel{(4.7)}{=} \int_{\tilde{\Omega}} \det(Dy^j(x))\, dx \quad \forall \tilde{\Omega} \subset \Omega. \tag{4.10}$$

Den Zusammenhang zwischen der Forderung (4.8) und $\det(Dy^j(x))$ liefert der folgende Satz:

Satz 9 *Sei Ω eine offene Teilmenge des $\mathbf{R}^d$ und $\tilde{\Omega} \subset \Omega$ gegeben. Für ein zweimal stetig differenzierbares $y^j : \mathbf{R}^d \to \mathbf{R}^d$ gilt (4.8) genau dann, wenn $0 < v_U \leq \det(Dy^j(x)) \leq v_O < \infty \ \forall x \in \Omega$.*

Beweis Der Beweis nutzt den Zusammenhang (4.10) und ist in [51, S. 28 ff.] nachzulesen.

□

Mit dem Resultat aus Satz 9 ergibt sich das bedingte Optimierungsproblem

$$\min_{y^j \in \mathfrak{Y}} \mathcal{J}(y^j) \quad \text{u. d. Nb.} \ v_U \leq \det(Dy^j(x)) \leq v_O \ \forall x \in \Omega, v_l > 0, l \in \{U, O\}, \quad (4.11)$$

mit $\mathcal{J} : \mathfrak{Y} \to \mathbf{R}, \mathfrak{Y} \subset \{\tilde{y} : \mathbf{R}^d \to \mathbf{R}^d\}$. Die Nebenbedingung in (4.11) berücksichtigt die Forderungen an Volumenbeschränkung und Bijektivität. Die Überführung in eine unrestringierte Optimierungsaufgabe wird im folgenden Abschnitt behandelt. Der Vorteil dieser Umformulierung liegt im Zugang zu etablierten numerischen Verfahren (siehe Abschnitt 2.3 auf S. 24 ff.).

4.4.1.2 Log-Barrier-Ansatz

Für die Umformulierung von (4.11) in ein unrestringiertes Optimierungsproblem, wird eine *Barriere-Methode* verwendet (siehe bspw. [67, S. 206 ff.]). Hierbei wird eine vorgegebene, punktweise Variationsbeschränkung (Nebenbedingung) in einen Strafterm $\mathcal{S}$ überführt. Dieser wird in das Zielfunktional $\mathcal{J}$, das es zu optimieren gilt, integriert. Der durch die Nebenbedingung definierte *zulässige Bereich* $\mathfrak{B}_Z$ für die Kandidaten ist, in Anlehnung an (4.11), durch

$$\mathfrak{B}_Z := \{x \in \mathbf{R}^d : 0 \leq v_U \leq C(x) \leq v_O \leq \infty\}$$

mit $C : \mathbf{R}^d \to \mathbf{R}$ erklärt. Die Menge der strikt zulässigen Kandidaten ist durch

$$\mathfrak{B}_{SZ} := \mathfrak{B}_Z \setminus \partial \mathfrak{B}_Z = \{x \in \mathbf{R}^d : 0 \leq v_U < C(x) < v_O \leq \infty\}$$

erklärt. Die Beschränkung auf $\mathfrak{B}_{SZ}$ wird durch eine Barriere-Funktion $b : \mathbf{R} \to \mathbf{R}_0^+ \cup \{\infty\}, z \mapsto b(z)$, erzwungen. Typische Beispiele für b sind *inverse* [26, 190 & 195] und *logarithmische Barriere-Funktionen (Log-Barrier-Funktion)* [51, 91 & 190]. Hierbei werden per Konstruktion Singularitäten in b ausgenutzt, um die Lösung des Optimierungsproblems in $\mathfrak{B}_{SZ}$ zu halten. Entsprechend muss b außerhalb von $\mathfrak{B}_{SZ}$ den Wert ∞ annehmen und für $C(x) \to v_l, l \in \{U, O\}$, gegen ∞ tendieren.

In [51 & 91] wurde eine logarithmische Barriere-Funktion der Gestalt

Optimierungsansatz mit weicher Nebenbedingung

$$b(z) := \begin{cases} -\mu \left(\alpha_U \log(z - v_U) + \alpha_O \log(v_O - z) + b_0 \right), & \text{falls } z \in \mathfrak{C}, \\ \infty, & \text{sonst,} \end{cases} \quad (4.12)$$

mit $\mathfrak{C} := \{C(x) : x \in \mathfrak{B}_{SZ}\}, \alpha_U = v_0 - v_U, \alpha_O = v_O - v_0$ und $b_0 = -\alpha_U \log(\alpha_U) - \alpha_O \log(\alpha_O)$ vorgeschlagen. In (4.12) lässt sich die untere und obere Schranke, sowie der Nullpunkt (d.h. $b(z) = 0 \Leftrightarrow z = v_0$) der Barriere-Funktion frei wählen. Der Trend von (4.12) ist in Abb. 4.5 (links) illustriert. Wird die Volumenerhaltung im Sinne der Funktionaldeterminante $\det(Dy^j(x))$ formuliert, so muss für $C(x) := \det(Dy^j(x))$ die Forderung

$$C(x) \approx 1 \quad (4.13)$$

gelten. Damit ist v_0 in (4.12) mit $v_0 = 1$ festgesetzt. Wird (4.13) zugrunde gelegt und lediglich die Bijektivität der Abbildung y^j gefordert, so ist der strikt zulässige Bereich nur nach unten beschränkt und durch $\mathfrak{B}'_{SZ} := \{x \in \mathbf{R}^d : 0 \leq v_U < C(x) < \infty\}$ erklärt. Auf eine obere Schranke v_O zu verzichten, liegt im vorliegenden Fall der Modellierung tumorinduzierter Gewebedeformation nahe. In [190] werden die Barriere-Funktionen

$$b(z) := \begin{cases} z + \frac{1}{z} - 2, & \text{falls } z \in \mathfrak{C}', \\ \infty, & \text{sonst,} \end{cases} \quad (4.14)$$

und

$$b(z) := \begin{cases} |\log(z)|, & \text{falls } z \in \mathfrak{C}', \\ \infty, & \text{sonst,} \end{cases} \quad (4.15)$$

mit $\mathfrak{C}' := \{C(x) : x \in \mathfrak{B}'_{SZ}\}$ vorgeschlagen. Der Trend der inversen Barriere-Funktionen (4.14) und der logarithmischen Barriere-Funktion (4.15) ist in Abb. 4.5 (mittig) bzw. Abb. 4.5 (rechts) dargestellt. Wie aus Abb. 4.5 (rechts) ersichtlich, ist die Barriere-Funktion (4.15) wegen der Verwendung der Betragsfunktion an der Stelle $z = 1$ nicht differenzierbar. Da in der vorliegenden Arbeit analytische Ableitungen für die Optimierung des Zielfunktionals $\mathcal{J}$ verwendet werden, wird (4.15) durch

$$b(z) := \begin{cases} (\log(z))^2, & \text{falls } z \in \mathfrak{C}', \\ \infty, & \text{sonst,} \end{cases} \quad (4.16)$$

ersetzt. Der Verlauf von (4.16) ist in Abb. 4.5 (rechts) dargestellt.

Für das Straffunktional $\mathcal{S}$ ergibt sich insgesamt

$$\mathcal{S}_J(y^j) := \frac{1}{\mathcal{L}^d(\Omega)} \int_\Omega b(\det(Dy^j(x))) \, dx. \quad (4.17)$$

Anmerkung 11 Obwohl eine Bemessung der Volumenerhaltung über die Funktionaldeterminante in der Literatur beschrieben ist (siehe bspw. [90 & 190]), ist eine diffizilere

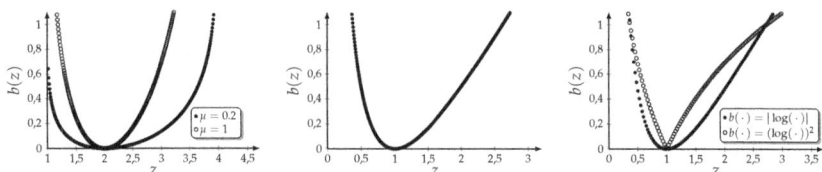

Abbildung 4.5 Barriere-Funktionen. Trend der logarithmischen Barriere-Funktion (4.12) für $\alpha_U = 1$, $\alpha_O = 4$ und $v_0 = 2$ (links), der inversen Barriere-Funktion (4.14) (mittig) und der logarithmischen Barriere-Funktion (4.15) bzw. (4.16) (rechts).

Implementierung zur Bemessung der Volumina notwendig, um die Regularität (Orientierungserhaltung, Bijektivität) von y^j garantieren zu können [51, 89 & 91]. Diese verbleibt für zukünftige Arbeiten. ◇

Um die Nebenbedingung (4.17) weiter zu relaxieren, kann (4.17) wahlweise um eine lokal adaptive Gewichtung erweitert werden. Ein zweckmäßiger Ansatz ist es, den Strafterm in Abhängigkeit des Wertes der Zustandsfunktion u^j zu relaxieren. Dies ermöglicht es, einen weichen Übergang zwischen tumorösem und gesundem Gewebe zu modellieren. Die vorgeschlagene Funktion ist durch

$$\alpha_J(u^j, x) = \int_\Omega g(x - \tilde{x}) 10^{\beta(\tilde{x})} \left(2 - \frac{2}{1 + \exp(-ru^j(\tilde{x}))}\right) d\tilde{x}$$

erklärt. Die Relaxation wird über r kontrolliert; $g \in C^\infty(\Omega)$ ist eine Normalverteilung. Die Funktion $\beta : \mathbf{R}^d \to \mathbf{R}$ stellt eine gewebeabhängige Gewichtung dar. In der vorliegenden Implementierung modelliert β die geringere Steifigkeit des Liquor (markiert durch das Gebiet Ω_L; vgl. Abschnitt 3.3.1 auf S. 38). Es gilt

$$\beta(x) = \begin{cases} -4, & \text{für } x \in \Omega_L, \\ 0, & \text{sonst.} \end{cases}$$

4.4.2 Numerische Implementierung

Nachdem in den vorangegangenen Abschnitten der verfolgte Ansatz in seiner kontinuierlichen Form hergeleitet wurde, stellt dieser letzte Abschnitt die konkrete Implementierung vor.

4.4.2.1 Parametrisches Deformationsmodell

Es existiert eine Vielzahl an Möglichkeiten für die Definition einer geeigneten Abbildung y^j [109]. In der vorliegenden Implementierung wird ein parametrisches Deformationsmodell verwendet. Diese Art von Abbildungen $y^j : \mathbf{R}^d \to \mathbf{R}^d$, $j \in \{0, ..., m_t\}$, werden typischerweise als eine Linearkombination aus *Basisfunktionen* $b_l : \mathbf{R}^d \to \mathbf{R}^d, l = 1, \ldots, n$, und Koeffizienten $\kappa_l^j \in \mathbf{R}$ modelliert – es gilt [99, S. 9]

$$y_\kappa^j = x + \sum_{l=1}^n \kappa_l^j b_l. \tag{4.18}$$

Die Konstruktion der Basis b_l erfolgt über ein Tensorprodukt eindimensionaler Basisfunktionen. Die Wahl dieser entscheidet über die konkrete Ausprägung der Implementierung. In der vorliegenden Arbeit werden B-Spline Basisfunktionen $\beta_l \in C^{n_B-1}(\mathbf{R}), l = 0, \ldots, n_b$, der Ordnung $n_B \in \mathbf{N}$, verwendet. Im Gegensatz zu der Darstellung in (4.18) sind die Koeffizienten im Folgenden vektorwertig: $\kappa_k^j := (\kappa_k^{1,j}, \ldots, \kappa_k^{d,j}) \in \mathbf{R}^d, k = (k^1, \ldots, k^d)^\mathsf{T} \in \mathbf{Z}^d$. Die Abbildung $y_\kappa^j(x) := y^j(x; \kappa_k)$ ist für $x = (x^1, \ldots, x^d)^\mathsf{T} \in \mathbf{R}^d$ durch

$$y_\kappa^j(x) = x + \sum_{l^1=0}^{n_B} \cdots \sum_{l^d=0}^{n_B} \prod_{i=1}^d \beta_{l^i}(r^i) \kappa_{k^1+l^1, \ldots, k^d+l^d}^j \tag{4.19}$$

erklärt (vgl. bspw. [194 & 223]). Die Koeffizienten κ_k^j sind mit einem nodalen Gitter der Gestalt

$$G = (g_k)_k \in \mathbf{R}^{d(m_\kappa^1+n_B) \times \cdots \times (m_\kappa^d+n_B)}, \quad G = h_G^1 G^1 \times \cdots \times h_G^d G^d, \tag{4.20}$$

mit $G^i = \{k^i \in \mathbf{Z} : -1 \leq k^i \leq m_\kappa^i + 1\}, i = 1, \ldots, d$, und der Zellgröße $h_G = (h_G^1, \ldots, h_G^d)^\mathsf{T} \in \mathbf{R}^d$ assoziiert. Jedem nodalen Gitterpunkt $g_k = k \odot h_G, g_k \in \mathbf{R}^d$, mit Index $k \in \mathbf{Z}^d$ ist ein Koeffizient κ_k^j zugeordnet, wobei sich k nach der Vorschrift $k^i = \lfloor x^i/h_G^i \rfloor - 1, i = 1, \ldots, d$, berechnet. Der relative Abstand r^i eines Punktes x in Bezug zu den Gitterpunkten wird über $r^i = x^i/h_G^i - \lfloor x^i/h_G^i \rfloor$ berechnet.

Wie in [194] im Rahmen der Bildregistrierung vorgeschlagen, werden kubische B-Spline Basisfunktionen (d. h. $n_B = 3$ in (4.19)) verwendet. Diese sind durch die stückweise kubischen Polynome

$$\beta_0(z) = \frac{1}{6}(-z^3 + 3z^2 - 3z + 1)/6, \tag{4.21.a}$$

$$\beta_1(z) = (3z^3 - 6z^2 + 4)/6, \tag{4.21.b}$$

$$\beta_2(z) = (-3z^3 + 3z^2 + 3z + 1)/6, \tag{4.21.c}$$

$$\beta_3(z) = z^3/6, \tag{4.21.d}$$

$\beta_l \in C^2(\mathbf{R}), l = 0, \ldots, 3$, erklärt [140]. Wegen des beschränkten Trägers der Basisfunktionen in (4.21), ist die Auswertung der Transformation bei der Variation eines Koeffizienten κ_k^j nur in einem lokalen Bereich notwendig[51].

---

[51] Im d-Dimensionalen sind 4^d B-Splines zu berücksichtigen. Damit ist lediglich eine Summation von $(n_B + 1)^d$ Summanden notwendig.

Die in den Nebenbedingungen (siehe Abschnitt 4.4.1) auftretenden Ableitungen der Abbildung y^j_κ, sind für das parametrische Modell in (4.19) analytisch zu bestimmen und durch

$$\partial_{x^i} y^j_\kappa(x) = \frac{1}{h^i_G} \sum_{l^1=0}^{n_B} \cdots \sum_{l^d=0}^{n_B} d_{r^i}\beta_{l^i}(r^i) \Phi(\beta, \kappa), \qquad (4.22.\text{a})$$

$$\partial_{x^i x^i} y^j_\kappa(x) = \frac{1}{h^i_G h^i_G} \sum_{l^1=0}^{n_B} \cdots \sum_{l^d=0}^{n_B} d_{r^i r^i}\beta_{l^i}(r^i) \Phi(\beta, \kappa), \qquad (4.22.\text{b})$$

$$\partial_{x^{i_1} x^{i_2}} y^j_\kappa(x) = \frac{1}{h^{i_1}_G h^{i_2}_G} \sum_{l^1=0}^{n_B} \cdots \sum_{l^d=0}^{n_B} d_{r^{i_1}}\beta_{l^{i_1}}(r^{i_1}) d_{r^{i_2}}\beta_{l^{i_2}}(r^{i_2}) \tilde\Phi(\beta, \kappa), \qquad (4.22.\text{c})$$

mit

$$\Phi(\beta, \kappa) = \prod_{\tilde{i} \in \{1,\ldots,d\} \setminus \{i\}} \beta_{l^{\tilde{i}}}(r^{\tilde{i}}) \kappa^j_{k^1+l^1,\ldots,k^d+l^d}$$

und

$$\tilde\Phi(\beta, \kappa) = \prod_{\tilde{i} \in \mathfrak{J}} \beta_{l^{\tilde{i}}}(r^{\tilde{i}}) \kappa^j_{k^1+l^1,\ldots,k^d+l^d}, \quad i_1 \neq i_2, \ \mathfrak{J} := \{1,\ldots,d\} \setminus \{i_1, i_2\}$$

gegeben. Werden kubische B-Spline Basisfunktionen verwendet, folgen die Ableitungen $d_x\beta_l(x), l = 0,\ldots,n_B$, trivial aus (4.21).

4.4.2.2 Parametrisierung des Zielfunktionals

Durch die Parametrisierung des Deformationsmodells y^j, $x \mapsto y^j(x), j \in \{0,\ldots,m_t\}$, in Form von Koeffizienten $\kappa^j_l > 0, l = 1,\ldots,n$, ist das Optimierungsproblem in einem niedrigdimensionalen Raum zu lösen. Der Suchraum für $y^j : \mathbf{R}^d \to \mathbf{R}^d$ wird von $\{\tilde{y} : \mathbf{R}^d \to \mathbf{R}^d\}$ auf einen Raum der Gestalt $\{x + \sum_{l=1}^n \kappa_l b_l\}$ eingeschränkt. Damit ergibt sich Prb. 6 rein formal zu:

Problem 7 *Sei $\Omega \subset \mathbf{R}^d$, eine geeignete Basis $b : \mathbf{R}^d \to \mathbf{R}^d$ und $u^j : \bar\Omega \to \mathbf{R}^+_0$, $x \mapsto u^j(x)$, $j \in \{1,\ldots,m_t\}$, gegeben. Bestimme die Koeffizienten $\kappa^j_l > 0, l = 1,\ldots,n$, bzgl. einer vorgegebenen Basis $b_l : \mathbf{R}^d \to \mathbf{R}^d$ in der Gestalt, dass*

$$\min_{\kappa^j_l} \left\{ \mathcal{J}_u \left(\textstyle\sum_{l=1}^n \kappa^j_l b_l \right) := \mathcal{E}_u \left(\textstyle\sum_{l=1}^n \kappa^j_l b_l \right) + \alpha_S \mathcal{S} \left(\textstyle\sum_{l=1}^n \kappa^j_l b_l \right) \right\}, \qquad (4.23)$$

mit $\alpha_S > 0$ erfüllt ist.

Werden für die Optimierung des Zielfunktionals (4.23) ableitungsbasierte Verfahren (siehe Abschnitt 2.3) verwendet, so sind Ableitungen der Funktionale in (4.23) anzugeben. Der Rechenaufwand kann durch eine Verwendung analytischer Ableitungen entscheidend reduziert werden. Diese ist für $\mathcal{E}$ bzgl. des l-ten Koeffizienten $\kappa^j_l \in \mathbf{R}$ durch

Optimierungsansatz mit weicher Nebenbedingung 121

$$\partial_{\kappa_l^j} \mathcal{E}_u \left(\sum_{l=1}^n \kappa_l^j b_l \right) = - \int_\Omega v(u^j(x)) \partial_{y_\kappa^j} u^j \left(\sum_{l=1}^n \kappa_l^j b_l \right) \partial_{\kappa_l^j} \sum_{l=1}^n \kappa_l^j b_l \, \mathrm{d}x \quad (4.24)$$

erklärt. Die Ableitung $\partial_{\kappa_l^j} \sum_{l=1}^n \kappa_l^j b_l$ in (4.24) ist trivial. Für die parametrische Abbildung in (4.19) entspricht sie dem Produkt der Basisfunktionen (4.21). Die Ableitung $\partial_{y_\kappa^j} u^j \left(\sum_{l=1}^n \kappa_l^j b_l \right)$ hingegen ist komplizierter. Da die Funktion u^j durch die Diskretisierung stückweise konstant ist, ist eine generelle Strategie, die Ableitung auf eine hinreichend glatte Interpolante abzuwälzen. Werden bspw. kubische B-Spline Basisfunktionen verwendet, kann ein analytischer Ausdruck für $\partial_{y_\kappa^j} u^j \left(\sum_{l=1}^n \kappa_l^j b_l \right)$ bereitgestellt werden [136 & 225]. Eine konzeptuell ähnliche Möglichkeit ist eine Regularisierung der numerischen Differenziation über eine Faltung mit einer hinreichend glatten Testfunktion [19]. Letztere wird in der vorliegenden Arbeit verwendet.

Die Ableitung des Straffunktionals in (4.17) ist durch

$$\partial_{\kappa_k} S_J \left(\sum_{l=1}^n \kappa_l^j b_l \right) = \frac{1}{\mathcal{L}^d(\Omega)} \int_\Omega \mathrm{spur} \left(\left(D \sum_{l=1}^n \kappa_l^j b_l \right)^H \partial_{\kappa_k} \left(D \sum_{l=1}^n \kappa_l^j b_l \right) \right) \mathrm{d}x \quad (4.25)$$

erklärt. Wegen des lokalen Trägers des Transformationsmodells in (4.19), reduziert sich die Integration über Ω auf eine Summation über eine Untermenge der Koeffizienten.

4.4.2.3 Implementierungsdetails

Die Implementierung folgt [125] und basiert auf vorgefertigten Modulen aus [112]. Für die Optimierung werden die in Abschnitt 2.3 beschriebenen Verfahren verwendet. Die einzelnen Bausteine (Defektfunktional $\mathcal{E}$ und Strafterm S) sind so implementiert, dass die in [112] bereitgestellten Optimierer verwendet werden können. In der vorliegenden Arbeit werden allerdings lediglich die in Abschnitt 2.3 beschriebenen Verfahren (präziser die MSA mit regulärer Schrittweite und das L-BFGS-Verfahren (für die Liniensuche werden die Wolfe-Bedingungen in (2.16) verwendet)) betrachtet.

Neben der in Abschnitt 4.4.1 beschriebenen weichen Nebenbedingung zur Volumenerhaltung sind weitere klassische Nebenbedingungen aus der nichtrigiden Bildregistrierung implementiert (siehe [125]). Für die in den Nebenbedingungen und im Laufe der Optimierung notwendigen Ableitungen werden, wie bereits angedeutet, analytische Ausdrücke verwendet. Weiter wird ausgenutzt, dass die Parametrisierung es erlaubt, die Ableitungen bzw. den Wert des Funktionals lokal auszuwerten. Diese Strategie folgt erneut der in [125] beschriebenen Implementierung für Verfahren der parametrischen, nichtrigiden Bildregistrierung.

Die Lösung zu Prb. 6 wird nicht zu jedem Zeitschritt t^j bestimmt, zu dem die Zustandsfunktion errechnet wird. Sie erfolgt lediglich zu jedem m_{opt}-ten Zeitschritt[52].

---

[52] In der Regel ist $m_{opt} = 10$, allerdings ist zu beachten, dass die gewählte Zahl von den zeitlichen Schritten h_t sowie von den Wachstumsparametern des Modells (γ, w_W, w_G; siehe Prb. 3.3.5 auf S. 49.) abhängig ist.

Eine zentrale Schwierigkeit ist es, die Rigidität des Schädels zu garantieren. Eine erste Annäherung kann dadurch erreicht werden, dass die Koeffizienten außerhalb des Schädels festgehalten werden. Eine zusätzliche Möglichkeit ist es, für das Straffunktional S_J den Wichtungsparameter α_S für das Gebiet außerhalb des Gehirns zu erhöhen. Beide Ansätze sind implementiert und werden verwendet.

Wird (4.17) als Straffunktional verwendet, wird wegen $S_J \to \infty$ für $\det(Dy^j_\kappa(x)) \to 0$ eine zusätzliche Bedingung in die Liniensuche integriert. Im Detail wird, wegen der numerisch schwierigen Handhabung einer gegen ∞ tendierenden Funktion, ein *Backtracking* durchgeführt sobald ein vorgegebener Schwellwert ε_J (in der vorliegenden Implementierung ist $\varepsilon = 1 \times 10^{-10}$) unterschritten wird. Die Schrittweite wird so lange halbiert bis erneut eine reguläre Deformation (bewertet durch die punktweise Auswertung der Funktionaldeterminante) vorliegt. Neben dieser Strategie besteht die Möglichkeit vor jeder Iteration eine Relaxierung der Deformation durchzuführen. Dies soll zusätzlich verhindern, dass bei einer lokal sehr starken Kompression (d. h. $S_J \to \infty$) die Berechnung der Deformation nicht fortschreitet.

4.5 Numerische Experimente

In diesem Abschnitt werden numerische Experimente für das vorgeschlagene Modell vorgestellt. Es handelt sich lediglich um eine Machbarkeitsstudie. Eine detaillierte Analyse verbleibt für die Entwicklung eines hybriden Ansatzes der nichtrigiden Bildregistrierung. Die im weiteren Verlauf gezeigten Resultate sind – falls nicht anders vermerkt – im Zweidimensionalen errechnet. Die Lösung des direkten Problems basiert auf den in Abschnitt 3.5 auf S. 82 ff. vorgestellten expliziten Zeitintegrationsverfahren.

Das erste Experiment illustriert die zeitliche Entwicklung der Deformation. Das Verfahren zur Optimierung ist die MSA mit regulärer Schrittweite (siehe Abschnitt 2.3.3.1). Als Nebenbedingung ist S_J gewählt. Die Anzahl der Koeffizienten ist $m^i_G = 18$, $i = 1,2$. Die Wachstumsrate ist $1,2 \times 10^{-2}$ d. Weiter ist $\alpha_S = 0,1$, $p_1 = 1$, $p_2 = 0$ und $x_I = (6,8 \times 10^{-2}\,\text{m}, 1,62 \times 10^{-1}\,\text{m}, 6,8 \times 10^{-2}\,\text{m})^\mathsf{T}$. Die berechnete raumfordernde Wirkung des Tumors ist für ansteigende Simulationszeitpunkte in Abb. 4.6 dargestellt.

Um das berechnete Deformationsmuster besser zu illustrieren, zeigt Abb. 4.7 einen Teil der in Abb. 4.6 dargestellten Ergebnisse. Im Detail sind in Abb. 4.7 Ergebnisse für die Zeitpunkte $t^j \in \{350\,\text{d}, 550\,\text{d}, 600\,\text{d}, 700\,\text{d}\}$ gezeigt. Die obere Reihe in Abb. 4.7 zeigt erneut das deformierte Templatebild und die zugehörige, errechnete Zustandsfunktion. In der mittleren Reihe wird das resultierende Deformationsmuster in Form eines Gitters illustriert. Als weitere Darstellung ist in der unteren Reihe von Abb. 4.7 eine Karte für die Werte der Funktionaldeterminante der Abbildung y^j gezeigt. Hierbei ist die Farbkodierung in der Gestalt gewählt, dass die Kompression von Gewebe blau ($0 < \det(Dy^j) < 1$), Volumenerhaltung grün ($\det(Dy^j) = 1$) und die Expansion von Gewebe rot ($\det(Dy^j) > 1$) dargestellt ist. Neben dieser Visualisierung liegen die Werte für

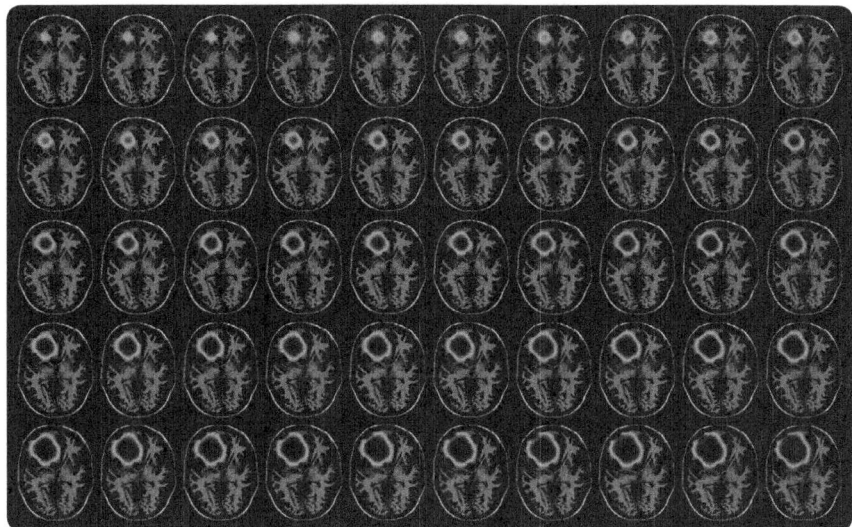

Abbildung 4.6 Verlauf der Deformation für ansteigende Simulationszeitpunkte t^j (von links oben nach rechts unten).

die Funktionaldeterminante in Form von Tupeln der Gestalt (min, 2%-Perzentil, 99%-Perzentil, max) vor. Für das betrachtete Experiment ergibt sich $(1,1,1,1)$ für $t^j = 350$ d, $(0{,}415, 0{,}482, 2{,}157, 3{,}731)$ für $t^j = 550$ d, $(0{,}310, 0{,}450, 2{,}383, 3{,}849)$ für $t^j = 600$ d bzw. $(0{,}148, 0{,}238, 3{,}048, 4{,}065)$ für $t^j = 700$ d. Über die Zeit hinweg nimmt die Deformation zu. Aus Abb. 4.6 ist ersichtlich, dass eine (biomechanisch korrekte) Rigidität des Schädels nur bedingt gewährleistet werden kann. Dies lässt sich gleichermaßen aus der Karte für die Funktionaldeterminante in Abb. 4.7 (rechts unten) ableiten (blaue Bereiche am Rand des Gehirns).

In Abb. 4.8 sind Resultate für unterschiedliche Parameter $p_2 \in \{2 \times 10^{-1}, 1 \times 10^{-1}, 1 \times 10^{-2}, 1 \times 10^{-3}, 1 \times 10^{-5}, 1 \times 10^{-7}\}$ für die Wichtungsfunktion w_p in (4.3) dargestellt. Erneut wird für die Optimierung die MSA mit regulärer Schrittweite verwendet. Die weiteren Parameter sind $\alpha_S = 0{,}1$ und $m_G^i = 18$, $i = 1, 2$, $\gamma = 0{,}12$ d^{-1}, $\tau = 750$ d und $x_I = (1{,}10 \times 10^{-1}\,\text{m}, 1{,}55 \times 10^{-1}\,\text{m}, 6{,}0 \times 10^{-2}\,\text{m})^\mathsf{T}$. Die Werte für die Funktionaldeterminante sind in Tab. 4.1 zusammengetragen. Neben den bereits verwendeten Tupeln ist eine Summation der Werte für die $\det(Dy^j) > 1$ gilt und die Anzahl der zugehörigen Gitterpunkte angegeben. Diese Werte illustrieren die stetige Volumenzunahme (roter Bereich in Abb. 4.8). Für abnehmende Parameter p_2 ergibt sich insgesamt eine stärkere Deformation (Volumenexpansion) des Tumors. Dies bestätigt die Modellannahme aus Abschnitt 4.3.

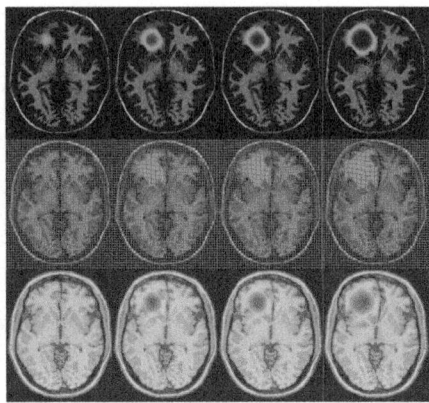

Abbildung 4.7 Berechnete Deformation für ansteigende Zeitpunkte t^j. Es handelt sich hier um eine Detailansicht von Ergebnissen aus Abb. 4.6. Neben der Zustandsfunktion (obere Reihe) ist ein deformiertes Gitter (mittlere Reihe) und die punktweise Funktionaldeterminante (untere Reihe) dargestellt.

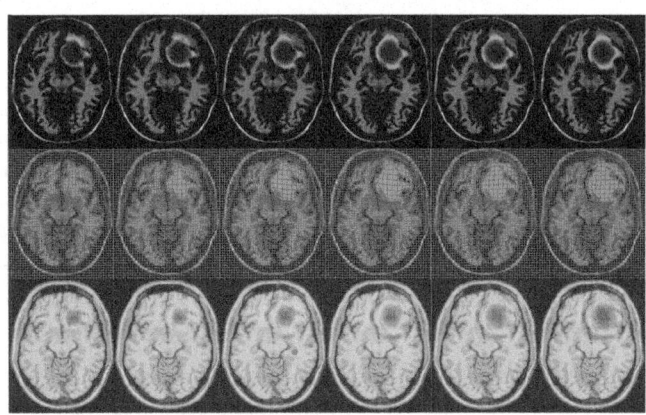

Abbildung 4.8 Berechnetes Deformationsmuster für unterschiedliche Wichtungsparameter $p_2 \in \{2 \times 10^{-1}, 1 \times 10^{-1}, 1 \times 10^{-2}, 1 \times 10^{-3}, 1 \times 10^{-5}, 1 \times 10^{-7}\}$ (von links nach rechts in eben dieser Reihung).

Abb. 4.9 zeigt Ergebnisse für unterschiedliche Wichtungen $\alpha_S \in \{1 \times 10^{-2}, 1 \times 10^{-3}, 1 \times 10^{-4}\}$. Als Straffunktional wird die L^2-Norm des Verrückungsfeldes (TIKHONOV-Funktional erster Ordnung) verwendet (vgl. [125]). Die Optimierung erfolgt über ein L-BFGS-Verfahren. Die weiteren Modellparameter sind $p_2 = 1 \times 10^{-1}$, $x_I = (1,1 \times 10^{-1}\,\text{m}, 1,55 \times 10^{-1}\,\text{m}, 8,0 \times 10^{-2}\,\text{m})^\mathsf{T}$, $w_G = 5 \times 10^{-9}\,\text{m}^2/\text{d}$, $m_G^i = 14$, $w_W = 5 \times 10^{-8}\,\text{m}^2/\text{d}$ und $\gamma = 0,01\,\text{d}^{-1}$.

Im letzten Experiment wird die Simulation Patientendaten (T1w-MRT- und T2w-MRT-Daten) gegenübergestellt ($d = 3$). Die Modellparameter sind experimentell bestimmt und

Tabelle 4.1 Werte für die Funktionaldeterminante der in Abb. 4.8 dargestellten Ergebnisse für unterschiedliche Parameter p_2. Neben dem Tupel (min, 2%-Perzentil, 99%-Perzentil, max) für die Funktionaldeterminante (zweite Spalte) ist eine Summation über die Werte $\det(D\,y^j) > 1$ (dritte Spalte) und die Anzahl der zugehörigen Gitterzellen (vierte Spalte) dargestellt.

p_2	$\det(D\,y^j)$	$\sum \det(D\,y^j) > 1$	# $\det(D\,y^j) > 1$
2×10^{-1}	(0,712, 0,770, 1,375, 2,315)	1681,25	1157
1×10^{-1}	(0,472, 0,553, 1,851, 4,114)	2344,78	1129
1×10^{-2}	(0,246, 0,381, 2,516, 4,221)	3404,78	1505
1×10^{-3}	(0,160, 0,282, 2,902, 4,575)	4233,31	1751
1×10^{-5}	(0,225, 0,298, 2,848, 3,761)	4432,17	1973
1×10^{-7}	(0,134, 0,227, 3,002, 3,748)	4815,97	2081

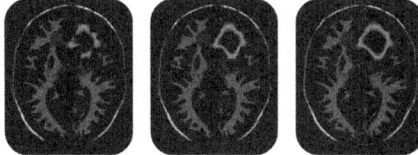

Abbildung 4.9 Variation der Wichtung α_S für den Strafterm S_{L2} (von links nach rechts: $\alpha_S = 1 \times 10^{-2}$, $\alpha_S = 1 \times 10^{-3}$ und $\alpha_S = 1 \times 10^{-4}$).

lauten $\gamma = 0{,}05\,\text{d}^{-1}$, $w_W = 6{,}5\times 10^{-8}\,\text{m}^2/\text{d}$, $w_G = 1{,}3\times 10^{-8}\,\text{m}^2/\text{d}$, $x_I = (1{,}3\times 10^{-1}\,\text{m}, 1{,}16\times 10^{-1}\,\text{m}, 6\times 10^{-2}\,\text{m})^\text{T}$, $\alpha_S = 0{,}1$, $p_1 = 1$ und $p_2 = 0$ mit dem Straffunktional S_J. Als Verfahren zur Optimierung dient die MSA mit regulärer Schrittweite. Der Simulationszeitraum beträgt 300 d (Zeitspanne vom Auftreten des Tumors bis zum dargestellten Ergebnis). Für die Funktionaldeterminante ergibt sich (0,292, 0,488, 1,317, 2,393). Die obere Reihe in Abb. 4.10 zeigt erneut das deformierte Template mit der zugehörigen Zustandsfunktion. In der unteren Reihe von Abb. 4.10 ist ein aus der Zustandsfunktion durch Schwellwertbildung bestimmter, binärer Kennsatz in die Patientendaten eingeblendet. Dieser Kennsatz ist auf der Basis des in [222] vorgeschlagenen, hypothetischen Schwellwerts für die minimale Zelldichte, die sich als Hyperintensität in den T2w-Bilddaten abzeichnet, erstellt.

Um die Übereinstimmung zwischen Simulationsergebnis und Daten zu quantifizieren, wird die Überdeckung zwischen einer manuellen Expertensegmentierung des Tumors (vgl. Abschnitt 5.3.6.3 auf S. 148) und dem aus der Zustandsfunktion erstellten binären Kennsatz bemessen. Es ergibt sich eine mittlere HAUSDORFF-Distanz (siehe (5.24) auf S. 146) von 0,691 mm und ein DICE-Koeffizient (siehe (5.21) auf S. 146) von 0,759.

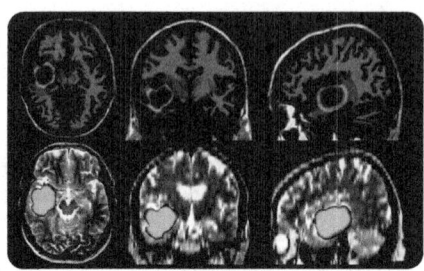

Abbildung 4.10 Vergleich zwischen der berechneten Zustandsfunktion u und patientenindividuellen T2w-MRT-Bilddaten.

4.6 Fazit

Im vorangegangen Kapitel wurde ein neuartiger Ansatz zur Modellierung tumorinduzierter Gewebedeformation vorgestellt. Das Verfahren basiert auf einer variationellen Problemformulierung. Diese besteht aus zwei Modulen: Einem Defektfunktional $\mathcal{E}$ und einem Straffunktional $\mathcal{S}$. Der Zusammenhang zwischen dem vorgeschlagenen Defektfunktional und dem in etablierten Ansätzen zur Modellierung tumorinduzierter Gewebedeformation [106 & 107] verwendeten Kraftfeld wurde über Variationsrechnung etabliert. Das verwendete Straffunktional $\mathcal{S}$ orientiert sich an der parametrischen Natur des Modells. Es dient dazu, biomechanische Eigenschaften des Gewebes zu approximieren.

Trotz des approximativen Charakters und der unüblichen Formulierung auf der Basis eines Optimierungsproblems konnte gezeigt werden, dass sich das Modell durch die verwendeten Parameter gut kontrollieren lässt. Damit eignet es sich potenziell dafür, bezüglich individueller Daten angepasst zu werden. Um diese Aussage zu bestätigen, wurde ein erster Vergleich zu einem patientenindividuellen Datensatz vorgenommen. In diesem Zusammenhang ist festzuhalten, dass das Modell nicht für eine patientenindividuelle Modellierung, sondern für den Einsatz in der nichtrigiden Registrierung entwickelt wurde. Die tatsächliche Güte wird sich erst in dieser Anwendung – d. h. nach der Entwicklung eines hybriden Verfahrens – zeigen. Für eine detaillierte Diskussion sei auf Kapitel 6 verwiesen.

5

Parameteridentifikation: Das inverse Problem

Eine Vielzahl an Vorgängen in der Natur lässt sich über PDGLs beschreiben. Deren Lösung liefert eine Vorhersage über das Verhalten eines Systems unter der Annahme, dass die zugehörigen Systemparameter bekannt sind. Diese sind jedoch in der Regel nicht *a priori* verfügbar. Mit dieser Schwierigkeit vor Augen wird das nächste Forschungsfeld im Zusammenhang mit der in Kapitel 3 (siehe S. 31 ff.) vorgestellten Modellierung beschritten – die Kalibrierung des Modells.

Im Gegensatz zu Kapitel 3, in dem die Lösung des *direkten Problems*, d. h. die Berechnung der Zustandsfunktion bei bekannten Systemparametern, behandelt wurde, beschäftigt sich dieser Teil der Arbeit mit dem zugehörigen *inversen Problem*, d. h. der Identifikation von Modellparametern aus einer (oder mehreren) Observable(n). Diese Observable(n) stellt (stellen) im Idealfall eine verrauschte Messung der Zustandsfunktion u dar. Der in der Arbeit verfolgte Ansatz mündet in einem Optimierungsproblem mit *Differenzialgleichungsnebenbedingung* (DGL-Nebenbedingung) und eventuell weiteren Restriktionen. Die generelle Idee dieser Verfahrensweise ist es, diejenige Zustandsfunktion zu bestimmen, die eine vorliegende Observable am besten erklärt, unter der Nebenbedingung, dass die verwendete Zustandsgleichung erfüllt ist. Derartige Probleme sind auch unter dem Begriff der *optimalen Steuerung* bekannt [233].

Teile der im Folgenden vorgestellten Methodik und der zugehörigen Ergebnisse sind in [EK01 & EZ05] publiziert.

5.1 Einführung in die Problemstellung

Ein zentrales Problem einer personalisierten Modellierung ist die Identifikation der Modellparameter. Generell lassen sich in den meisten Fällen die Parameter nur unzureichend *a priori* abschätzen – eine direkte Messung ist nicht möglich. Es ist notwendig, die Modellparameter möglichst exakt aus den vorliegenden Messdaten (Observablen) indirekt zu bestimmen.

Ultimatives Ziel ist es, die Invasionsgrenze des Tumors abzuschätzen, sowie eine patientenindividuelle Prognose für den Verlauf der Krankheit bereitzustellen. Die Datenbasis für die Observable sind klinische (*in vivo* gemessene) Bildgebungsdaten. Diese können funktioneller, physiologischer oder morphologischer Natur sein. Die vorliegende Arbeit beschränkt sich auf letztere. Bildgebendes Verfahren ist die MRT. In Abschnitt 1.2.2 wurde bereits ein Einblick in die Verlaufsbeurteilung und Diagnostik primärer Hirntumoren mittels Verfahren der MRT gegeben. Im Folgenden wird sich zeigen, dass eine Aufbereitung dieser bildgebenden Daten es erlaubt, unter gewissen Einschränkungen und auf der Basis hypothetischer Annahmen, einen Bezug zur berechneten Zustandsfunktion u herzustellen.

Es wird vorausgesetzt, dass das Vorwärtsmodell hinreichend gut verstanden ist und den Verlauf der Pathologie adäquat abbildet. Die Evidenz für diese Annahmen liefern Vorarbeiten, in denen gezeigt werden konnte, dass das betrachtete ARWP es erlaubt, den Verlauf der Krankheit, wie er sich in patientenindividuellen Bildgebungsdaten darstellt, hinreichend gut zu reproduzieren [18, 35, 107, 131–134, 217 & 218].

Eine generelle Schwierigkeit der Personalisierung mathematischer Modelle des Wachstums von Tumoren, auf der Basis von medizinischen Bilddaten, ist die Spärlichkeit der vorliegenden Informationen [134]. Eine nähere Betrachtung der Bilddaten zeigt, dass sich die den Tumor kennzeichnende Hyper- und Hypointensität nicht als eine glatte Funktion, sondern als Niveaumenge abzeichnet (vgl. Abb. 1.2 auf S. 8 bzw. Abb. 1.3 auf S. 9). Die Lösung einer PDGL liefert hingegen eine glatte Zustandsfunktion u. Hinzu kommen Störungen und Unsicherheiten in den Daten (z. B. Rauschen oder Partialvolumenartefakte). Ein weiteres Dilemma ist die generelle Datenlage. Wenngleich longitudinale Studien primärer Hirntumoren existieren [EA02, EA03, EK26, EZ07, 153], ist der Zugang zu seriellen Bildgebungsdaten hochgradiger Tumoren im klinischen Alltag generell nicht gegeben. Auch in der vorliegenden Arbeit liegen keine präoperativen seriellen Bilddaten vor. Hierdurch wird eine zuverlässige Schätzung von Modellparametern zusätzlich erschwert. Deshalb müssen starke Annahmen an Modell und Parameter gemacht werden, um ein solides Verfahren bereitzustellen.

Da die Parameteridentifikation ein klassisches inverses Problem ist, wird im weiteren Verlauf ein Einblick in die Theorie inverser Probleme gegeben. Zuvor werden allerdings existierende Ansätze für eine patientenindividuelle Modellierung der Progression primärer Hirntumoren rekapituliert.

5.1.1 Literatur

Eine Vielzahl an Arbeiten beschäftigt sich mit der Entwicklung einer realitätsgetreuen Abbildung der Progression primärer Hirntumoren (vgl. Kapitel 3). Die Anzahl der Arbeiten, die sich hingegen mit einer Kalibrierung mathematischer Modelle auf der Basis von medizinischen Bilddaten beschäftigt, ist überschaubar [36, 107, 132–135, 168 & 222]. Hiervon beschäftigen sich lediglich die Arbeiten [107, 134, 135 & 222] mit einer Parameteridentifikation im eigentlichen Sinne.

Die Arbeit in [216] behandelt die Schätzung der Invasionsgeschwindigkeit von Zellkulturen in einer Petrischale. Das Verfahren ist im Sinne der Observablen konsistent mit einer Parameterschätzung in medizinischen Bilddaten, da die Ausbreitung der Berandung des Tumors (d. h. einer Niveaumenge) betrachtet wird. Wegen der Annahme einer radialsymmetrischen Ausbreitung des Tumors, ist das analytische Resultat nicht auf Daten der medizinischen Bildgebung übertragbar [134]. Auch der Effekt der Proliferation wird nicht berücksichtigt.

Existierende Ansätze zur Parameteridentifikation anhand von patientenindividuellen Bildgebungsdaten können in zwei Klassen unterteilt werden: (*i*) die Schätzung der Ausbreitungsfront des Tumors basierend auf asymptotischen Eigenschaften von Reaktions-Diffusions-Gleichungen (RDG) [134, 135 & 222] und (*ii*) ein Ansatz zur Parameteridentifikation basierend auf der Lösung eines Optimierungsproblems mit DGL-Nebenbedingung [107].

In [222] wird die asymptotische Annahme einer Wellenfrontlösung (auch *Wandernde-Wellen-Lösung* (WWL)) von RDGs dazu verwendet, patientenindividuelle Parameter zu schätzen. Die visuell sichtbare Ausbreitungsfront (Niveaumenge) des Tumors fließt nicht direkt in das Modell ein. Stattdessen wird eine Kugelfläche ($d = 3$; Kreisscheibe für $d = 2$) desselben Volumens für die Berechnungen verwendet. Die Heterogenität des Gewebes, die patientenindividuelle Morphologie, die Struktur der Nervenbahnen und die Unterschiede in der Ausbreitungsgeschwindigkeit in der weißen und grauen Substanz werden nicht berücksichtigt. Es kann einzig eine Aussage über die Geschwindigkeit der Ausbreitung gewonnen werden: Für $t \to \infty$ ergibt sich die radiale Ausbreitungsgeschwindigkeit der Wellenfront zu $|v| = 2\sqrt{\gamma D}$ ($\gamma > 0$ (Wachstumsrate); $D > 0$ (Diffusionskoeffizient)) [206, S. 56 ff.]. Es kann alleinig das Verhältnis γ/D bestimmt werden. Dieses kann als die relative Steigung des Gradienten der Zelldichte, die peripher zu der in den T1w+K-Bilddaten sichtbaren Abnormalität gelegen ist, interpretiert werden [97 & 239]. Wird ein Parameter fixiert, ist es möglich den zweiten zu schätzen. In [222] ist die Wachstumsrate mit $\gamma = 1{,}2 \times 10^{-2}\,\mathrm{d}^{-1}$ festgelegt.

In [134] ist ein Verfahren zur Schätzung von Parametern in seriellen Bildgebungsstudien beschrieben. Die Ausbreitung des Tumors wird in Form einer Niveaumenge beschrieben. Damit ist das Verfahren konsistent zu der in den Bildgebungsdaten vorliegenden Information. Sowohl die Heterogenität des Gewebes, die Struktur der Nervenbahnen als auch die Morphologie des Gehirns werden berücksichtigt. Der vorgestellte Ansatz baut auf den Vorarbeiten in [133 & 135] auf und nutzt (wie [222]) die asymptotischen Eigenschaften von RDGs [55]. Ausgangspunkt ist die Existenz einer WWL in einem unbeschränkten Zylinder für konstante Koeffizienten im Grenzfall $t \to \infty$. Die Verallgemeinerung auf patientenindividuelle Daten erfolgt über eine lokale Linearisierung: Innerhalb einer Gitterzelle werden die Koeffizienten als konstant und die Ausbreitung als planar angenommen. Das Verfahren nutzt als Startpunkt eine Segmentierung des Tumors und konstruiert sukzessive eine Annäherung an die Invasionsgrenze auf der Basis von Gewebecharakteristika und DT-Bilddaten. Die Herleitung über eine WWL führt zu einer PDGL zweiter Ordnung (präziser zu einer Hamilton-Jacobi-Gleichung). In [134] wird das beschriebene Verfahren zur Schätzung der Diffusionskoeffizienten einer RDG verwendet. In [131 & 132] wird es zur Extrapolation der Invasionsgrenze primärer Hirntumoren eingesetzt. Die Modellparameter werden hierbei nicht explizit bestimmt.

In [36 & 168] ist ebenfalls ein Verfahren beschrieben, das es ermöglicht, die Invasionsgrenze primärer Hirntumoren zu identifizieren. Es wird – analog zu [131 & 132] – nicht versucht, eine Zellverteilung (d. h. die Zustandsfunktion u) zu schätzen, sondern lediglich die Ausbreitungsfront des Tumors zu bestimmen. Wachstumsparameter werden nicht bestimmt. Der Effekt der Zellvermehrung wird vernachlässigt. Der verwendete Ansatz basiert auf der Hypothese, dass sich Tumorzellen präferentiell entlang der Nervenbahnen der weißen Substanz ausbreiten. Die Invasionsgrenze wird mittels einer, auf der Riemannschen Mannigfaltigkeit der DTs definierten, geodätischen Distanz geschätzt. Der verwendete Formalismus basiert auf Arbeiten zur Traktographie in der DT-Bildgebung [141 & 173]. Die Herleitung führt, ähnlich zu [132 & 134], auf eine Hamilton-Jacobi-Gleichung – allerdings erster Ordnung. Das Modell wird über eine Konturierung des sichtbaren Bereiches des Tumors initialisiert.

In [107] wird die Suche nach geeigneten Modellparametern als ein Problem der optimalen Steuerung formuliert. Als Gütekriterium dient die L^1-Norm des Abstandes manuell selektierter Landmarken. Neben den reinen Wachstumsparametern der zugrunde liegenden RDKG, wird ein Deformationsfeld geschätzt, welches die raumfordernde Wirkung des Tumors beschreibt. Wird ein Deformationsmodell in die Parameterschätzung integriert, kommt erschwerend hinzu, dass die patientenindividuellen gewebespezifischen Elastizitätsparameter nicht bekannt sind.

Basierend auf [107] wurden jüngst Verfahren entwickelt, die eine Schätzung von Wachstumsparametern im Sinne der Güte einer nichtrigiden Bildregistrierung ermöglichen [77 & 106]. Ähnliche Ansätze sind in [164, 250 & 251] beschrieben. Da sich diese Arbeiten nicht mit der direkten Schätzung von Wachstumsparametern beschäftigen, sondern mit der nichtrigiden Bildregistrierung und diese bereits in Abschnitt 4.1 auf S. 105 besprochen wurden, wird in diesem Teil der Arbeit lediglich kontextbezogen im weiteren Verlauf auf sie eingegangen.

5.1.2 Inverse Probleme und Parameteridentifikation

Inverse Probleme sind Gegenstand aktueller Forschung. Sie treten in einer Vielzahl von Anwendungen auf. Die Theorie inverser Probleme ist vieluntersucht und komplex. Deshalb kann eine umfassende Diskussion dieses Themenfeldes im Rahmen der vorliegenden Arbeit nicht erfolgen. Die nachstehende Einführung bietet lediglich einen Einblick in die Natur inverser Probleme. Für eine weiterführende Lektüre sei auf [123, 185 & 238] verwiesen.

In Kapitel 3 wurde die Bestimmung der Lösung (Wirkung) bei bekannter Eingabe und bekannten Systemparametern als das *direkte Problem* definiert. Im Gegensatz hierzu ist der Prototyp[53] für ein inverses Problem wie folgt definiert (vgl. [185, S. 14]):

Definition 18 Sei $A(w) : \mathfrak{X} \to \mathfrak{B}$ ein *mathematisches Modell*, das von der Menge der Ursachen $\mathfrak{X}$ in die Menge der Wirkungen $\mathfrak{B}$ (Daten) abbildet. Die Bestimmung der Ursache $x \in \mathfrak{X}$ bzw. der Parameter $w \in \mathfrak{W}$ aus der Wirkung $b \in \mathfrak{B}$ wird als *inverses Problem* bezeichnet. ♣

Anmerkung 12 Präziser wird die Berechnung der Eingabe $x \in \mathfrak{X}$, bei gegebener Wirkung $b \in \mathfrak{B}$ und gegebenen Systemparametern $w \in \mathfrak{W}$, als ein *Rekonstruktionsproblem* bezeichnet [100, S. 10]. Die Bestimmung der Systemparameter $w \in \mathfrak{W}$, bei gegebener Wirkung $b \in \mathfrak{B}$ und gegebenem Zustand $x \in \mathfrak{X}$, heißt *Identifikationsproblem* [100, S. 10].
◇

Inverse Probleme sind in der Regel *schlecht* (inkorrekt) *gestellte Probleme*. Die Definition eines schlecht gestellten Problems basiert i. Allg. auf dem, durch HADAMARD [93] eingeführten Begriff eines *gut* (korrekt, sachgemäß) *gestellten Problems* (vgl. [123, S. 9]):

Definition 19 Sei $A : \mathfrak{X} \to \mathfrak{B}$ eine Abbildung zwischen den topologischen Räumen $\mathfrak{X}$ und $\mathfrak{B}$. Ein mathematisches Problem $(A, \mathfrak{X}, \mathfrak{B})$ wird im Sinne von HADAMARD als *gut gestellt* bezeichnet, falls folgende Bedingungen erfüllt sind:

(IP1) $A(w)x = b$ hat für jedes $b \in \mathfrak{B}$ eine Lösung (*Existenz*; d. h. $b \in \text{im}(A)$).

(IP2) Die Lösung ist eindeutig bestimmt (*Eindeutigkeit*; A ist injektiv).

(IP3) Die Lösung hängt stetig von den Daten ab (*Stabilität*; A^{-1} existiert und ist stetig).

Ist eine der Bedingungen (IP1)–(IP3) nicht erfüllt, heißt das Problem *schlecht gestellt*. ♣

---

[53] Die Bezeichnung der Variablen weicht um einer generellen Darstellung willen von den vorangegangenen und folgenden Ausführungen ab. Die Verbindung zum direkten Problem aus Abschnitt 3.3.2 wird in Abschnitt 5.2 klar.

Anmerkung 13 Eine äquivalente Formulierung für (IP3) in Def. 19 ist, dass kleine Störungen ϵ in b kleine Störungen in der Lösung x bzw. w nach sich ziehen [185, S. 15]. ◊

Anmerkung 14 Für ein kontinuierliches Problem wird bei der Verletzung von (IP3) in Def. 19 von einem *schlecht gestellten Problem* gesprochen. Ein diskretes lineares System wird hingegen als ein *schlecht konditioniertes Problem* bezeichnet (vgl. bspw. [13, S. 11 ff.]).
◊

Ursprünglich ging HADAMARD davon aus, dass ein mathematisches Modell, welches auf physikalischen Gesetzmäßigkeiten basiert, generell auf ein gut gestelltes Problem führt. Nur eine nicht sachgemäße oder unvollständige Formulierung führt auf ein schlecht gestelltes Problem. Diese Vermutung stellt sich als falsch heraus. Generell ist es die Bedingung (IP3) in Def. 19, die in den meisten Fällen auf ein schlecht gestelltes Problem führt. Insbesondere ist (IP3) prekär, falls b nicht exakt vorliegt (d. h. durch Messungen gewonnen wird). Dies ist in nahezu allen praxisrelevanten Anwendungen der Fall.

Eine *Perturbation* (Störung) in der Observablen kann entweder durch nicht beachtete Einflüsse in der Messung oder durch numerische Rundungsfehler auftreten. Die Berechnung einer Lösung mittels numerischer Verfahren ist zum Scheitern verurteilt, sollte die Lösung nicht stetig von b abhängen. Zur näheren Illustration wird folgendes Beispiel betrachtet[54]:

Beispiel 6 Sei $(A, \mathbf{R}^2, \mathbf{R}^2)$,

$$A = \begin{pmatrix} 1 & 1 \\ 1 & 1+\epsilon \end{pmatrix},$$

mit einer Störung[55] $\epsilon = 2{,}2204 \times 10^{-16}$ und der rechten Seite $b = (42, 42)^\mathsf{T}$ gegeben[56]. Da A invertierbar ist, ergibt sich für das inverse Problem $x^* = A^{-1}b$ die Lösung zu $x^* = (42, 0)^\mathsf{T}$. Wird nun b mit einer Perturbation ϵ von der Gestalt $b^\delta = (b^1, b^2 - \epsilon b^2)^\mathsf{T}$ beaufschlagt, ergibt sich die Lösung des inversen Problems zu $x^\delta = (74, -32)^\mathsf{T}$. Diese ist in der Tat sehr unterschiedlich zur tatsächlichen Lösung x^*. Das inverse Problem ist schlecht konditioniert. ♠

Nach dieser allgemeinen Einführung nun zum eigentlichen *Parameteridentifikationsproblem* im Sinne der Schätzung von Koeffizienten (*Systemparameter* bzw. *Inversionsvariablen*) einer DGL.

Wie in Kapitel 3 gesehen, liefert die Lösung des direkten Problems unter Kenntnis der Systemparameter w die Zustandsvariable u. Generell ist das direkte Problem gut gestellt,

---
[54] Das Beispiel ist an [162, S. 118, Bsp. 8.2] angelehnt.
[55] Die verwendete Störung entspricht der Maschinengenauigkeit eines MacBook Air, 1,7 GHz Intel Core i5, 4GB 1333 MHz DDR3, Mac OS X 10.7.4.
[56] Die Konditionszahl cond_2 (siehe Def. 3 auf S. 20) des vorliegenden Operators ist $\text{cond}_2(A) = 1{,}2738 \times 10^{16}$.

sofern die Zusatzbedingungen sachgemäß gewählt sind. Das zugehörige inverse Problem der Identifikation der Systemparameter w ist hingegen gemeinhin *schlecht gestellt*. Auch für den Fall, dass das direkte Problem linear in der Zustandsvariable ist, sind Parameteridentifikationsprobleme gewöhnlich nichtlinearer Natur. Dies und weitere Sachverhalte illustriert folgendes Beispiel[57]:

Beispiel 7 Sei die eindimensionale, elliptische DGL

$$-d_x\left(w(x)d_x u\right) = f(x) \quad \text{in } \Omega := (0,1), \quad d_x u|_{x=0} = 0, \quad u(1) = 0$$

gegeben. Das direkte Problem ist die Berechnung der Zustandsfunktion $u : \bar{\Omega} \to \mathbf{R}_0^+$, $x \mapsto u(x)$, bei gegebenen Systemparametern $w : \bar{\Omega} \to \mathbf{R}^+$, $x \mapsto w(x)$ und der Funktion $f : \bar{\Omega} \to \mathbf{R}, x \mapsto f(x)$. Das inverse Problem ist die Rekonstruktion der Funktion w, gegeben eine verrauschte Messung $u^\delta = u + \delta u$. ♠

Formal ergibt sich für das inverse Problem aus Bsp. 7

$$w(x)d_x u = a(0)d_x u(0) + \int_0^x f(\tilde{x})\,d\tilde{x} \quad \Leftrightarrow \quad w(x) = \frac{1}{d_x u}\int_{\tilde{x}=0}^x f(\tilde{x})\,d\tilde{x}. \tag{5.1}$$

Hieraus leitet sich direkt ab, dass im inversen Fall die Systemparameter w nichtlinear von der Zustandsfunktion u (bzw. $d_x u$) abhängen. Eine genauere Betrachtung von Bsp. 7 zeigt weitere Erscheinungsformen schlecht gestellter Probleme. Falls die Ableitung auf Ω verschwindet (d. h. $d_x u = 0$ gilt und damit $u = 0$ und $f = 0$ ist) ist die Funktion w auf Ω nicht eindeutig definiert. Weiter ist zu erkennen, dass w nicht stetig von u abhängt: Eine Perturbation der Gestalt $\delta u = \epsilon \sin(x\epsilon^{-2})$ verschwindet für $\epsilon \to 0$. Für die Ableitung $d_x \delta u = \epsilon^{-1}\cos(x\epsilon^{-2})$ hingegen gilt $d_x \delta u \to \infty$ für $\epsilon \to 0$. Aus (5.1) ist ersichtlich, dass die zugehörige Störung in w für $\epsilon \to 0$ beliebig groß wird.

5.2 Grundsätzliche Verfahrensweise

Im Folgenden wird der mathematische Rahmen für die Lösung eines Parameteridentifikationsproblems hergeleitet. Es wird einen Einblick in die generelle Behandlung von Parameteridentifikationsproblemen geben. Ziel ist es, das allgemeine Verständnis für die vorliegende Problemstellung zu verbessern. Zudem dient dieser Abschnitt als eine Bauanleitung für weiterführende Arbeiten. Die Translation des hier vorgestellten Verfahrens auf das Modell in Kapitel 3 und damit die Anwendung auf medizinische Daten verbleibt für zukünftige Arbeiten. Nichtsdestotrotz liefert dieser Abschnitt einen wertvollen Einblick in die Methodik.

---

[57] In abgewandelter Form entliehen aus [238, S. 86, Bsp. 6.2].

Parameteridentifikationsprobleme sind i. Allg. in ihrer Natur unendlichdimensional und komplex. Eine allgemein gültige Lösungsstrategie für verschiedene Typen an PDGLs (siehe Abschnitt 3.2.1 auf S. 34 ff.) bereitzustellen, erscheint als ein unrealistisches Unterfangen [88]. Es wird in dem was folgt allerdings ein konsistenter Rahmen für die Beschreibung der Problemstellung entwickelt. Die nachstehenden Ausführungen basieren im Wesentlichen auf [87, 88, 237 & 238].

5.2.1 Optimierungsproblem

Das direkte Problem (auch *Zustandsgleichung*; vgl. Def. 12 auf S. 39) sei durch

$$A(w)u = q \quad \Rightarrow \quad C(u,w) := A(w)u - q = 0 \tag{5.2}$$

repräsentiert. Erneut bezeichnet $w \in \mathfrak{W}$ die Systemparameter (Koeffizientenfunktion, Steuerung), $A(w) : \mathfrak{U} \to \mathfrak{Q}$ einen (Differenzial-)Operator (der adäquate Randbedingungen beinhaltet) und $q \in \mathfrak{Q}$ die Wirkung. Der Operator A ist linear und liefert für jedes w und q eine eindeutige Lösung u. Die präzise Definition der Funktionenräume $\mathfrak{W}$, $\mathfrak{Q}$ und $\mathfrak{U}$ bleibt offen.

Grundlegende Annahme für die zu entwickelnde Verfahrensweise ist, dass die Observable b aus der Zustandsfunktion u über den linearen Zusammenhang (vgl. [87 & 88])

$$b = Qu(w) \stackrel{(5.2)}{=} QA^{-1}(w)q \tag{5.3}$$

gewonnen werden kann. Der Operator Q ist eine Abbildung vom Zustandsraum $\mathfrak{U}$ in den Observablenraum $\mathfrak{B}$ (*state-to-observation map* [238, S. 86]). Ein intuitives Beispiel für den Operator Q ist, dass Q einer nur räumlich variierenden Zustandsfunktion u die Positionen in $\Omega \subset \mathbf{R}^d$ zuordnet, an denen Messwerte $b^\delta \in \mathfrak{B}$ vorliegen. Nach (5.3) hängt die Zustandsfunktion u implizit von der Steuerung w ab. Dies ermöglicht es (im einfachsten Fall), die DGL-Nebenbedingung zu eliminieren und eröffnet damit den Zugang zu Verfahren der unrestringierten Optimierung.

Eine Grundannahme ist, dass die Messdaten als eine, durch eine *Perturbation* verzerrte, Lösung u^δ des direkten Problems modelliert werden können. Präziser gilt (vgl. bspw. [87 & 88])

$$b^\delta = Qu + \delta u =: u^\delta \tag{5.4}$$

mit der bekannten Perturbation δu. Der Zusammenhang in (5.4) ist es, der zum jetzigen Zeitpunkt eine Anwendung der nachstehend beschriebenen Methodik auf medizinische Daten nicht direkt möglich macht. Im Detail ist nicht bekannt, wie die berechnete Zustandsfunktion u mit der in den verwendeten Bilddaten dargestellten Information im Zusammenhang steht. Formal ist also die präzise Ausprägung des Operators Q in (5.3) bzw. (5.4) nicht bekannt.

Für die folgenden Ausführungen ist allerdings zunächst davon auszugehen, dass das Modell (5.4) reproduzierbar ist. Infolgedessen ist die zu lösende Aufgabe, w in der Gestalt zu bestimmen, dass

$$\underbrace{\|\mathcal{Q}u(w)-b^\delta\|_2^2}_{\stackrel{(5.3)}{=}b} \leq \varepsilon \tag{5.5}$$

unter der Vorraussetzung, dass (5.2) erfüllt ist. Eine Möglichkeit dieses Problem zu lösen, ist die Suche nach geeigneten Systemparametern w als eine Minimierungsaufgabe der Gestalt

$$\min_{u\in\mathfrak{U},w\in\mathfrak{W}}\left\{\mathcal{D}(u,b^\delta):=\frac{1}{2}\|\mathcal{Q}u-b^\delta\|_{\mathfrak{B}}^2 \quad \text{u. d. Nb. } C(u,w)=0\right\} \tag{5.6}$$

zu formulieren. Wie eingangs erwähnt, ist das Problem der Rekonstruktion von w schlecht gestellt. Eine gängige Gegenmaßnahme ist es, anstelle von (5.6) ein nahe liegendes Ersatzproblem, gegeben durch das TIKHONOV-Funktional

$$\min_{u\in\mathfrak{U},w\in\mathfrak{W}}\left\{\mathcal{J}_\alpha(u,b^\delta):=\mathcal{D}(u,b^\delta)+\alpha^2\mathcal{R}(w-w_R) \quad \text{u. d. Nb. } C(u,w)=0\right\}, \tag{5.7}$$

zu lösen. Hierbei repräsentiert $\mathcal{R}:\mathfrak{W}\to\mathbf{R}_0^+$ ein *Regularisierungsfunktional*, $\alpha > 0$ den zugehörigen *Regularisierungsparameter* und w_R ein *Referenzmodell*. Beispiele für mögliche Regularisierungsmodelle werden in Abschnitt 5.2.2 besprochen. Der Parameter α stellt einen Kompromiss zwischen Datentreue und Stabilität her. Das Referenzmodell w_R erlaubt es, Vorwissen über die Gestalt der Lösung w in das Regularisierungsfunktional einzubringen (d. h. über w_R kann der Kern des Operators angepasst werden).

Ist das direkte Problem gut gestellt, kann die Lösung von (5.2) formal als

$$u = A(w)^{-1}q \tag{5.8}$$

dargestellt werden. Basierend auf (5.8) lässt sich das restringierte Optimierungsproblem in (5.7) in ein unrestringiertes Problem der Gestalt [238, S. 86]

$$\min_{w\in\mathfrak{W}}\left\{\mathcal{J}(w):=\frac{1}{2}\|\mathcal{P}(w)-b^\delta\|_{\mathfrak{B}}^2+\alpha^2\mathcal{R}(w-w_R)\right\} \tag{5.9}$$

mit dem Regularisierungsparameter $\alpha > 0$ und der Abbildung $\mathcal{P}:\mathfrak{W}\to\mathfrak{B}$, $\mathcal{P}(w):= \mathcal{Q}A(w)^{-1}q$, (*parameter-to-observation map* [238, S. 86]) überführen.

5.2.2 Regularisierung

Wie aus (5.7) bzw. (5.9) hervorgeht, wird eine quadratische TIKHONOV-*Regularisierung* verwendet [228]. Das Funktional $\mathcal{R}$ ist in allgemeiner Form durch

$$\mathcal{R}(w - w_R) = \frac{1}{2} \|\mathcal{L}[w - w_R]\|^2_{L^2(\Omega)}$$

erklärt. Der Operator $\mathcal{L}$ erlaubt es, Forderungen an die Eigenschaft der Lösung des inversen Problems (z. B. Stetigkeit) zu stellen. Für diesen einführenden Teil wird das Funktional [88]

$$\mathcal{R}(w - w_R) = \frac{1}{2} \int_\Omega (\beta(w - w_R))^2 + |\nabla(w - w_R)|^2 \, dx \qquad (5.10)$$

mit $\beta > 0$ und $\nabla := (\partial_{x^1}, ..., \partial_{x^d})^\mathsf{T} \in \mathbf{R}^d$ genutzt. Damit setzt sich $\mathcal{R}$ aus zwei Operatoren $\mathcal{L}_i$, $i = 1,2$, zusammen – $\mathcal{L}_1 = \mathrm{id}$ und $\mathcal{L}_2 = \nabla$. Es gibt eine Vielzahl an weiteren Möglichkeiten [58]. Tatsächlich ist die Entwicklung und Wahl eines geeigneten Regularisierungsfunktionals für sich alleine genommen Gegenstand aktueller Forschung. Hiermit wird sich diese Arbeit allerdings nicht weiter befassen. Für weitere Details zur TIKHONOV-Regularisierung sei auf [58, S. 124 ff., Kapitel 5] oder [13, S. 99 ff., Kapitel 5] verwiesen.

5.2.3 Numerische Behandlung

Im vorliegenden Abschnitt wird ein generischer Rahmen für die numerische Lösung des in den vorangegangenen Abschnitten beschriebenen, großmaßstäblichen Parameteridentifikationsproblems skizziert. Generell können zwei Verfahrensklassen unterschieden werden: "*erst optimieren, dann diskretisieren*" (*OD-Ansatz*; engl. *optimise-then-discretise*) und "*erst diskretisieren, dann optimieren*" (*DO-Ansatz*; engl. *discretise-then-optimise*) [88]. Der OD-Ansatz liefert mittels variationellem Kalkül eine notwendige Bedingung für einen Minimierer des Zielfunktionals (5.7). Dies führt typischerweise auf ein System PDGLs, das es zu diskretisieren und zu lösen gilt. Beim DO-Ansatz wird das Zielfunktional zuerst diskretisiert und dann optimiert. Dies ermöglicht den Zugang zu etablierten Verfahren der numerischen Optimierung (vgl. Abschnitt 2.3 auf S. 24 ff. bzw. [171]). Es wird exklusiv letzterer Ansatz betrachtet. Demnach ist der erste Schritt, die diskrete Form der Funktionale zu entwickeln.

5.2.3.1 Diskretisierung

Das diskrete, direkte Problem ist in seiner allgemeinen Form durch

$$C^h(u^h, w^h) = A^h(w^h)u^h - q^h = 0 \qquad (5.11)$$

erklärt. Erneut liegen die Funktionen in einer *lexikographischen Anordnung* $u^h \in \mathbf{R}^n$, $w^h \in \mathbf{R}^n$ und $q^h \in \mathbf{R}^n$ vor (vgl. Def. 15 auf S. 57; zellzentrierte (räumliche) Diskretisierung). Der Operator $A^h \in \mathbf{R}^{n \times n}$ stellt eine Diskretisierung der PDGL (inkl. Randbedingung) basierend auf der FDM, der FVM oder der FEM dar (vgl. Abschnitt 3.4).

Grundsätzliche Verfahrensweise 137

Die diskrete Form der zu lösenden Minimieraufgabe lautet

$$\mathcal{J}^h(u^h, w^h) = \mathcal{D}^h(u^h(w^h), b^\delta) + \alpha^2 \mathcal{R}^h(w^h - w_R^h). \tag{5.12}$$

Die konkrete Form der Diskretisierung der einzelnen Bausteine in (5.12) liefern die folgenden Abschnitte.

5.2.3.1.1 Defektfunktional

Für die numerische Quadratur wird eine Mittelpunktsregel verwendet (vgl. Def. 16 auf S. 71). Es folgt für $\mathcal{D}^h$ in (5.12) in Anlehnung an (5.6) der Ausdruck

$$\mathcal{D}^h(u^h(w^h), b^\delta) = h_d \frac{1}{2} \|Q^h u^h(w^h) - b^\delta\|_2^2 \stackrel{r:=Q^h u^h - b^\delta}{=} h_d \frac{1}{2} \|r\|_2^2 = h_d \frac{1}{2} r^\mathsf{T} r, \tag{5.13}$$

mit $h_d = \prod_{i=1}^{d} h^i$. Es ist zweckmäßig, zunächst davon auszugehen, dass die Daten in (5.4) überall vorliegen. Demnach ist Q^h in (5.13) durch $Q^h = \mathrm{diag}(1, ..., 1) \in \mathbf{R}^{n \times n}$ erklärt. Der Vektor $r \in \mathbf{R}^n$ in (5.13) wird als *Residuum* bezeichnet.

5.2.3.1.2 Regularisierungsfunktional

Die Diskretisierung des Regularisierungsfunktionals (5.10) lautet [88]

$$\mathcal{R}^h(w^h - w_R^h) = h_d \frac{1}{2} \left\| \mathcal{L}^h \left[w^h - w_R^h \right] \right\|_2^2 = h_d \frac{1}{2} \left(\mathcal{L}^h \left[w^h - w_R^h \right] \right)^\mathsf{T} \left(\mathcal{L}^h \left[w^h - w_R^h \right] \right)$$

$$= h_d \frac{1}{2} \left(\left\| \nabla^h (w^h - w_R^h) \right\|_2^2 + \beta \left\| w^h - w_R^h \right\|_2^2 \right) \tag{5.14}$$

mit der TIKHONOV-*Matrix*

$$\mathcal{L}^h = h^{\frac{3}{2}} \begin{pmatrix} \nabla^h \\ \beta^{\frac{1}{2}} E \end{pmatrix} \in \mathbf{R}^{(n_d + n) \times n}.$$

Hierbei gilt $E = \mathrm{diag}(1, ..., 1) \in \mathbf{R}^{n \times n}$, $n = \prod_{i=1}^{d} m^i$ und $n_d = \sum_{j=1}^{d} \prod_{i=1}^{d} \tilde{m}^i$ mit $\tilde{m}^i = (m^i + 1)$ für $j = i$ und $\tilde{m}^i = m^i$ für $j \neq i$. Die Vorschriften für die Konstruktion der Matrix $\nabla^h \in \mathbf{R}^{n_d \times n}$ sind in Abschnitt 3.4.2 bereitgestellt. Für $\mathcal{L}_1^h := E$ handelt es sich um eine TIKHONOV-Regularisierung nullter und für $\mathcal{L}_2^h := \nabla^h$ um eine TIKHONOV-Regularisierung erster Ordnung [13, S. 110].

Damit liegen alle Bausteine der Optimierungsaufgabe in diskreter Form vor. Als nächstes werden die für die Optimierung benötigten Diskretisierungen zurechtgelegt.

5.2.3.2 Numerische Optimierung

Für die Lösung des Optimierungsproblems werden die ableitungsbasierten Verfahren aus (2.3) verwendet. Infolgedessen sind Ableitungen für das Zielfunktional bereitzustellen. Dies wird im nachstehenden Abschnitt erfolgen. Erneut werden Defekt- und Regularisierungsfunktional separat besprochen.

5.2.3.2.1 Ableitung des Defektfunktionals

Die Ableitung des Defektfunktionals $\mathcal{D}^h$ bedarf einiger Vorüberlegungen. Einleitend ist die Frage zu beantworten, wie sich eine Perturbation in w auf die Zustandsfunktion u und damit auf b in (5.3) auswirkt. Eine TAYLOR-Entwicklung liefert die Abschätzung[58]

$$u(w + \delta w) = u(w) + \nabla_w u(w)\delta w + O\left(\|\delta w\|_{\mathfrak{W}}^2\right) \quad \Rightarrow \quad \delta u \approx \nabla_w u(w)\delta w. \tag{5.15}$$

Der Ausdruck für $\nabla_w u(w)$ leitet sich aus einer TAYLOR-Entwicklung der Zustandsgleichung in (5.2) her. Es gilt

$$C(u + \delta u, w + \delta w) \approx \underbrace{C(u,w)}_{\stackrel{(5.2)}{=} 0} + \nabla_w C(u,w)\delta w + \nabla_u C(u,w)\delta u \stackrel{(\star)}{=} 0, \tag{5.16}$$

wobei für die Identität $(\star)$ ausgenutzt wird, dass (5.16) weiterhin (5.2) erfüllt. Aus (5.16) folgt für $\nabla_u C$ regulär unmittelbar der Zusammenhang

$$\delta u = -\left(\nabla_u C(u,w)\right)^{-1} \nabla_w C(u,w)\delta w$$
$$\stackrel{(5.15)}{\Rightarrow} \nabla_w u(w) = -\left(\nabla_u C(u,w)\right)^{-1} \nabla_w C(u,w).$$

Der Ausdruck $\nabla_w u(w)$ repräsentiert die Sensitivität der Zustandsfunktion u bzgl. Änderungen in der Steuerung w. Ausgehend von dem diskretisierten System in (5.11) ergibt sich rein formal

$$Q^h \nabla_w = -Q^h \underbrace{\left(\nabla_u C^h(u^h, w^h)\right)^{-1} \nabla_w C^h(u^h, w^h)}_{:=G(u^h, w^h)} =: S(u^h, w^h). \tag{5.17}$$

Die Ableitung bzgl. der Zustandsfunktion ist trivial. Sie ergibt sich zu

$$\nabla_u C^h(u^h, w^h) \stackrel{(5.11)}{=} \nabla_u(A^h(w^h)u^h - q^h) = A^h(w^h) \in \mathbf{R}^{n \times n}.$$

Die Ableitung bzgl. der Steuerung ist komplizierter. Sie hängt von der konkreten Ausprägung des Vorwärtsmodells ab. Für die Diskretisierung (3.59) auf S. 74 gilt bspw.

---

[58] Es sei daran erinnert, dass die Zustandsfunktion u implizit von der Steuerung w abhängt.

Grundsätzliche Verfahrensweise 139

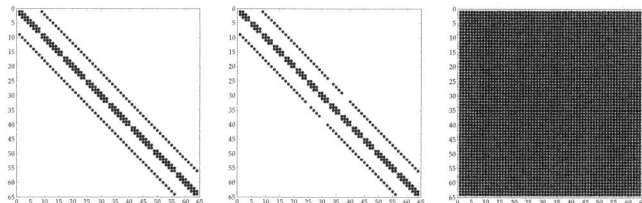

Abbildung 5.1 Besetzungsstruktur der Ableitungen der diskreten Zustandsgleichung (3.59) (siehe S. 74) bzgl. der Zustandsfunktion und der Steuerung (Anzahl der Diskretisierungspunkte: $m = (8,8)^\mathsf{T}$). Von links nach rechts: $\nabla_u C^h(u^h, w^h) \in \mathbf{R}^{64 \times 64}$, $\nabla_w C^h(u^h, w^h) \in \mathbf{R}^{64 \times 64}$ und $S(u^h, w^h) \in \mathbf{R}^{64 \times 64}$.

$$\nabla_w C^h(u^h, w^h) = \nabla_w \left[-\nabla^{h,\mathsf{T}} \operatorname{diag}(e \oslash (M (e \oslash w^h))) \nabla^h u^h \right]$$
$$= -\nabla^{h,\mathsf{T}} \operatorname{diag}(\nabla^h u^h) Q M \operatorname{diag}(e \oslash (w^h \odot w^h)) \in \mathbf{R}^{n \times n}$$

mit $Q = \operatorname{diag}\left(e \oslash \left((M (e \oslash w^h))\right) \odot (M (e \oslash w^h))\right)$.

Die Matrizen $\nabla_w C^h(u^h, w^h) \in \mathbf{R}^{n \times n}$ und $\nabla_u C^h(u^h, w^h) \in \mathbf{R}^{n \times n}$ sind dünnbesetzt. Die Matrix S in (5.17) ist allerdings vollbesetzt. Diesen Sachverhalt illustriert Abb. 5.1 für $m = (8,8)^\mathsf{T}$ Diskretisierungspunkte.

Abschließend wird die Ableitung des Defektfunktionals $\mathcal{D}^h$ auf Basis dieser Vorüberlegungen entwickelt. Die Kettenregel liefert

$$\nabla_w \mathcal{D}^h(u^h(w^h), b^\delta) = \nabla_w \| Q^h u^h(w^h) - b^\delta \|_2^2 = S(u^h, w^h)^\mathsf{T} (Q u^h(w^h) - b^\delta)$$
$$= S(u^h, w^h)^\mathsf{T} r \in \mathbf{R}^n.$$

Hierbei ist S generell von der Gestalt [88]

$$S(u^h, w^h) = -Q^h A^h(w^h)^{-1} G(u^h, w^h) \in \mathbf{R}^{n \times n}.$$

Wie angedeutet, ist S vollbesetzt und sollte deshalb nicht explizit berechnet werden. Dies ist in der praktischen Anwendung allerdings unproblematisch, da S stets in Form eines Matrixvektorproduktes auftritt und somit nicht explizit konstruiert werden muss.

5.2.3.2.2 Ableitung des Regularisierungsfunktionals

Die erste Ableitung des diskreten Regularisierungsfunktionals (5.14) bzgl. der Koeffizientenfunktion ist durch

$$\nabla_w \mathcal{R}^h(w^h) = \mathcal{L}^{h,\mathsf{T}} \left(\mathcal{L}^h w^h \right) \in \mathbf{R}^n \qquad (5.18)$$

erklärt.

5.2.4 Zwischenbilanz

Damit wäre ein erster Einblick in Steuerungsprobleme gegeben und die Natur des vorliegenden inversen Problems illustriert. Es wird sich, wie bereits angedeutet, herausstellen, dass der beschriebene Ansatz nicht direkt auf das vorliegende Problem angewendet werden kann. Die skizzierte Verfahrensweise wird zwar prinzipiell beibehalten, allerdings kann das Defektfunktional nicht unmittelbar als L^2-Distanz zwischen geschätztem Zustand und Observable modelliert werden. Im Detail ist der Operator Q in (5.3) bzw. (5.4) nicht bekannt. Dies führt im Zusammenhang mit der numerischen Behandlung der Optimierungsaufgabe zu einer andersgearteten Verfahrensweise.

5.3 Ansatz für patientenindividuelle Bildgebungsdaten

Der folgende Abschnitt beschäftigt sich mit der Entwicklung eines Verfahrens zur Parameteridentifikation in klinischen Bilddaten. Ziel ist es, das in Kapitel 3 (siehe S. 31 ff.) entwickelte Modell in einem ersten Schritt auf diese Weise phänomenologisch zu validieren.

5.3.1 Defektfunktional

Der in Abschnitt 5.2 vorgestellte Ansatz kann nicht unmittelbar auf das vorliegende Problem übertragen werden. Eine zentrale Schwierigkeit liegt in dem verwendeten Defektfunktional: Generell ist der Zusammenhang (im Sinne einer Übertragungsfunktion) zwischen der Zustandsfunktion u und dem Intensitätsprofil in den MRT-Daten nicht bekannt.

Damit ist die L^2-Norm der Differenz zwischen der Zustandsfunktion und den Observablen (im vorliegenden Fall der Bildintensität) als Defektfunktional nicht direkt anwendbar.

In [77, 78 & 107] wird vorgeschlagen, eine Wahrscheinlichkeitskarte b_w^δ für unterschiedliche Gewebetypen/Tumorareale, durch die Anwendung eines Klassifikators auf multiparametrische Bildgebungsdaten, zu errechnen. Unter der Annahme, dass ein direkter Zusammenhang zwischen b_w^δ und der Zustandsfunktion u besteht, kann – wie im vorangegangenen Abschnitt – die L^2-Norm der Differenz zwischen b_w^δ und u als Defektfunktional verwendet werden. Fraglich ist, inwiefern die berechnete Wahrscheinlichkeitskarte b_w^δ tatsächlich der durch die Zustandsfunktion u repräsentierten Information entspricht. Wegen etwaigen Unsicherheiten wird in [77 & 78] vorgeschlagen, anstelle einer L^2-Distanz eine *Log-Likelihood*-Funktion für die Schätzung von Modellparametern, bei gleichzeitig iterativer Verbesserung der Wahrscheinlichkeitskarten, zu verwenden. Klassifikatoren konnten im Rahmen der vorliegenden Arbeit aus Mangel an Trainingsdaten (Segmentierungen unterschiedlicher Gewebetypen in patientenindividuellen Bilddaten) nicht

Ansatz für patientenindividuelle Bildgebungsdaten 141

eingesetzt werden. Eine weitere Möglichkeit ist es, die L^2- bzw. die L^1-Norm des Abstandes zwischen manuell identifizierten, anatomischen Landmarken als Gütekriterium zu verwenden [106 & 107]. Das Modell wird damit jedoch lediglich auf der Basis der raumfordernden Wirkung des Tumors an die Daten angepasst. Demzufolge hängt die Parameterschätzung stark von dem Kopplungsmechanismus zwischen den Kontinuitätsgleichungen ab [134]. In diesem Teil der Arbeit wird die raumfordernde Wirkung des Tumors vernachlässigt. Damit sind anatomische Landmarken keine Option.

Der verfolgte Ansatz bedient sich der Hypothese, dass die in der Bildgebung sichtbare Berandung des Tumors einer Niveaumenge der tatsächlich vorliegenden Zelldichte entspricht [97, 132, 134, 217 & 222]. Anstelle der L^2-Distanz wird die Überdeckung von Regionen (Ähnlichkeit von Mengen) bemessen. Dadurch ist das Verfahren, im Sinne der Observablen, konsistent mit der in der Bildgebung beobachteten Information[59].

Als Niveau für die Zustandsfunktion u werden die in Abschnitt 3.6.1.2 (siehe Abb. 3.36 auf S. 93) eingeführten Werte $\varepsilon_{u,1} > 0$ (kontrastmittelanreichernde Berandung in den T1w+K Bilddaten) und $\varepsilon_{u,2} > 0$ (Berandung der hyperintensen Bereiche in den T2w-Bilddaten) verwendet. Basierend auf diesen Schwellwerten werden aus der Zustandsfunktion u zwei, zu den Bilddaten korrespondierende, binäre Masken erstellt. Liegt für einen gegebenen Satz an Modellparametern $w^* \in \mathbf{R}^{n_p}$ eine Lösung u^* vor, so sind die zugehörigen binären Masken (in einer semidiskreten Darstellung) durch

$$\mathfrak{U}^{h,l}(u^*,t) = \left\{ x_k \in \Omega^h : u^*(x_k,t) \geq \varepsilon_l, \varepsilon_l > 0 \right\}, \; l = 1,2,$$

erklärt. Die binäre Maske seitens der Bilddaten wird auf der Basis von Expertensegmentierungen gewonnen (siehe Abschnitt 5.3.6.3) und mit $\mathfrak{B}^{h,l}$ bezeichnet. Die zugehörigen, zu einem Zeitpunkt t^k gemessenen, Bilddaten werden als $b^{1,k}$ (T1w+K) und $b^{2,k}$ (T2w) notiert.

Einer allgemeinen Darstellung wegen wird davon ausgegangen, dass die Daten für $m_s \in \mathbf{N}$ Akquisitionszeitpunkte t^k, $k = 1, ..., m_s$, vorliegen. Weiter wird angenommen, dass $m_b \in \mathbf{N}$ korrespondierende binäre Kennsätze für die Observablen und den vorhergesagten Zustand zur Verfügung stehen (d. h. $l = 1, ..., m_b$). Dann ist das Funktional zur Bewertung der Überdeckung der Regionen $\mathfrak{U}^{h,l}$ und $\mathfrak{B}^{h,l}$, in einer semidiskreten Darstellung, über

$$\mathcal{D}^h(u,b) = -\frac{1}{2} \sum_{k=1}^{m_s} \int_0^\tau \delta(t-t^k) \sum_{l=1}^{m_b} \left(\frac{2\#(\mathfrak{U}^{h,l}(u,t) \cap \mathfrak{B}^{h,l}(b^{l,k}))}{\#\mathfrak{U}^{h,l}(u,t) + \#\mathfrak{B}^{h,l}(b^{l,k})} \right) dt \quad (5.19)$$

mit dem Tupel $b = (b^{1,1}, ..., b^{1,m_s}, ..., b^{m_b,1}, ..., b^{m_b,m_s})$ erklärt, wobei # die Mächtigkeit einer Menge bezeichnet.

---
[59] Die Idee einer Bemessung der Überdeckung von Regionen wurde jüngst in einer ähnlichen Problemstellung verwendet [33].

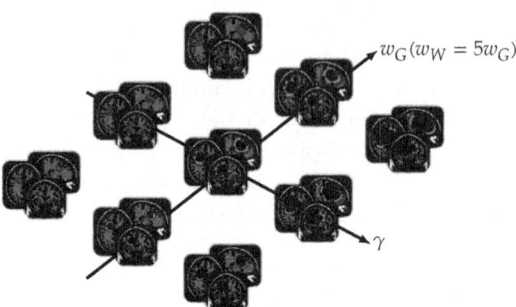

Abbildung 5.2 Illustration der Einschränkung des Parameterraums in Bezug auf zulässige Wachstumsraten $\gamma > 0$ und Diffusionskoeffizienten $w_l > 0, l \in \{G, W\}$.

Bei (5.19) handelt es sich im Kern um den mittleren DICE-Koeffizienten [52] (vgl. auch Abschnitt 5.3.5 auf S. 145).

5.3.2 Mathematisches Modell

Basierend auf dem Defektfunktional $\mathcal{D}^h$ in (5.19) ist die zu lösende Optimierungsaufgabe formal wie folgt erklärt:

Problem 8 *Für eine vorgegebene Observable* $b \in \mathfrak{B}$ *ist die Inversionsvariable* $w \in \mathbf{R}^{n_p}$, $n_p \in \mathbf{N}$, *in der Gestalt zu bestimmen, dass*

$$\min_{u \in \mathfrak{U}, w \in \mathfrak{W}} \mathcal{D}^h(u, b) \quad \text{u.d.Nb.} \quad C(w, u) = 0, \tag{5.20.a}$$

$$w_U \leq w \leq w_O, \tag{5.20.b}$$

mit $\mathcal{D}^h$ *aus (5.19),* $u \in \mathfrak{U}$ *und* $w_l \in \mathbf{R}^{n_p}$, $l \in \{U, L\}$, *für eine vorgegebene Zustandsgleichung* $C(w, u) = 0$ *erfüllt ist.*

In (5.20.a) repräsentiert C die *DGL-Nebenbedingung* (d. h. die Zustandsgleichung), u die *Zustandsfunktion* und w die *Inversionsvariable* (gesuchte Parameter; siehe Abschnitt 5.3.3). Die Restriktion (5.20.b) (sog. *box constraints*) definiert einen zulässigen Parameterraum, mit der unteren Schranke $w_U \in \mathbf{R}^{n_p}$ und der oberen Schranke $w_O \in \mathbf{R}^{n_p}$. Hierdurch wird es möglich, die Optimierung auf physiologisch sinnvolle Koeffizienten zu beschränken. Eine Illustration dieser Idee ist in Abb. 5.2 gegeben. Es ist festzuhalten, dass die tatsächlichen physiologischen Parameterschranken nicht bekannt sind.

Sowohl die Wahl der Inversionsvariable $w \in \mathbf{R}^{n_p}$ als auch die der Parameterschranken $w_U \in \mathbf{R}^{n_p}$ und $w_O \in \mathbf{R}^{n_p}$ wird in Abschnitt 5.3.4 diskutiert. Für die Berechnung einer Lösung von (5.20) wird das im folgenden Abschnitt vorgestellte Verfahren verwendet.

5.3.3 Ableitungsfreie Optimierung

Für die Lösung von Problem (5.20) wird das *Hybrid Optimization Parallel Search PACKage* (HOPSPACK) verwendet [177]. Diese Bibliothek erlaubt es, Optimierungsprobleme mit Funktionalen, die rauschbehaftet, unstetig oder nicht-konvex sind, effizient zu lösen. Sowohl lineare als auch nichtlineare Nebenbedingungen sind zulässig. Damit eignet es sich generell für die Lösung der Optimierungsaufgabe (5.20). Es handelt sich um ein heuristisches, ableitungsfreies Optimierungsverfahren [186], d. h. es basiert rein auf Vergleichen von Funktionalwerten. Präziser gehört es der Klasse der *Direct-Search*-Algorithmen [128] an und wird als *Generating Set Search* (GSS) [82 & 129] bezeichnet. Hierbei handelt es sich um eine Verallgemeinerung heuristischer Suchverfahren (*pattern search*). Diese und ähnliche Strategien zur numerischen Optimierung finden in artverwandten Arbeiten ebenfalls Verwendung [33, 77, 78, 106 & 107]. Da nur eine Auswertung der Funktionalwerte erfolgt, genügt es in der konkreten Implementierung, das Vorwärtsproblem zu lösen und (5.20) auszuwerten. Verfahren zur effizienten Lösung des ARWP sind in Kapitel 3 bereitgestellt.

5.3.4 Inversionsvariablen

Die Wahl der Modellparameter basiert sowohl auf Erfahrungen aus Vorwärtsexperimenten (vgl. Abschnitt 3.6.1.2 auf S. 93) als auch auf Angaben aus der Literatur [35, 107, 134, 179, 217, 218 & 222] (siehe auch Tab. 1 in Abschnitt auf S. 171).

Um den gewählten Parameterraum zu motivieren, werden zunächst einige Vorgaben aus der Literatur, die in Bezug zur Parameteridentifikation stehen, rekapituliert. Die Darstellung beschränkt sich auf die in Tab. 4 (siehe S. 50) vorhandenen Parameter. In [107] wird bzgl. der Amplitude für die Anfangsbedingung (u_I in (3.17) auf S. 44), der Diffusivität in der weißen Substanz ($w_W; w_W = 5w_G$ (vgl. (3.22) auf S. 47)) und der Wachstumsrate γ (vgl. (3.19) auf S. 45) optimiert. In [222] wird lediglich ein homogener Diffusionskoeffizient bei fixierter Wachstumsrate $\gamma = 1{,}2 \times 10^{-2}\,\mathrm{d}^{-1}$ geschätzt. In [134] erfolgt die Optimierung bzgl. der Diffusionskoeffizienten w_W und w_G. Die Wachstumsrate γ wird fixiert. In [78] geht in die Parameterschätzung der Ursprung des Tumors x_I, der Diffusionskoeffizient w_W und der Akquisitionszeitpunkt ein. Die Wachstumsrate wird mit $\gamma = 2{,}5 \times 10^{-2}\,\mathrm{d}^{-1}$ festgesetzt. Der Diffusionskoeffizient in der grauen Substanz wird ebenfalls konstant gehalten (es gilt $w_G = \exp(-10)$). Damit ist die Wahl, der zu optimierenden Parameterräume, für alle Ansätze aus Abschnitt 5.1.1 besprochen. In den Arbeiten in [36, 132 & 168] werden keine Modellparameter geschätzt.

Diese Vorarbeiten liefern die Grundlage für die in dieser Arbeit verfolgte Strategie. Allerdings ist anzumerken, dass im Gegensatz zu [107 & 134] keine longitudinalen Daten für die Modellkalibrierung zur Verfügung stehen. Wegen der Spärlichkeit der Daten (einzelner Akquisitionszeitpunkt, Darstellung des Tumors als Niveaumenge, unbekannte Historie des Patienten) und dem potenziellen Rauschen in den Daten (Partialvolumenartefakte, Unsicherheiten in der manuellen Segmentierung, Unsicherheiten in den tatsächlichen Parameterschranken, schlechte Auflösung der Bilddaten (siehe Tab. 5.1)) müssen starke Annahmen gemacht werden, um solide Lösungen für das Parameteridentifikationsproblem bereitstellen zu können.

Essentiell ist ein detailliertes Vorwissen über die Anatomie. Dieses liefert in der vorliegenden Arbeit ein Atlas (siehe Abschnitt 3.3.1 auf S. 38 ff.). Als Initialbedingung wird – motiviert durch [78 & 105–107] – eine Normalverteilung (vgl. (3.17), S. 44) verwendet. Für die Inversionsvariablen werden relativ starre Verhältnisse verwendet, um der Schwierigkeit entgegen zu wirken, dass lediglich präoperative Daten zu einem Zeitpunkt $t_b := t^0$ vorliegen (d. h. $m_s = 1$ in (5.19)).

Um zusätzliche Uneindeutigkeiten im Parameterraum zu vermeiden, werden die Modellparameter, die in Zusammenhang mit der Initialbedingung stehen, festgehalten. Es gilt $u_I = u_M$ und $\sigma_I = 2 \times 10^{-3}$ m. In [106 & 107] ist vorgeschlagen, x_I durch eine visuelle Inspektion der Daten zu bestimmen. In der vorliegenden Arbeit wird davon ausgegangen, dass der Kernbereich des Tumors (definiert durch den binären Kennsatz $\mathfrak{B}^{h,1}$ aus den T1w+K Daten) nahezu kugelförmig bzw. ellipsenähnlich ist. Entsprechend kann x_I (Ausgangspunkt des Tumors) über den Massenmittelpunkt (erster Moment) des binären Kennsatzes $\mathfrak{B}^{h,1}$ bestimmt werden.

Da der Zeitraum zwischen Tumorgenese und Bildakquisition $(t_b - t^0)$ *a priori* nicht verfügbar ist, wird ein vernünftiger Zeitpunkt, getragen durch Erfahrungen aus Vorwärtssimulationen, experimentell bestimmt. Im Detail wird, ausgehend von einer Serie an Parameteridentifikationen für unterschiedliche t_b, der Zeitpunkt mit der höchsten Konfidenz (d. h. mit dem kleinsten Wert für $\mathcal{D}^h$ in (5.19)) gewählt.

Die verbleibenden Parameter aus Prb. 4 (siehe S. 50) werden über die Optimierung bestimmt. Entsprechend gilt $w := (\gamma, w_W, s, \alpha) \in \mathbf{R}^4$, wobei der Parameter $s > 1$ einen linearen Zusammenhang zwischen w_G und w_W herstellt. Präziser gilt $w_W = sw_G$. Dies folgt der Annahme, dass die Migrationsgeschwindigkeit und damit die mittlere Diffusivität in der grauen nur ein Bruchteil derer in der weißen Substanz beträgt (vgl. Abschnitt 3.3.4.5 bzw. Tab. 1).

Jeder dieser Parameter kontrolliert unterschiedliche biophysikalische Phänomene. Die Diffusionskoeffizienten w_W und w_G kontrollieren die Migrationsgeschwindigkeit in der weißen und grauen Substanz. Die Wachstumsrate γ kontrolliert die Zunahme der Zelldichte basierend auf einem logistischen Wachstumsmodell (siehe (3.19) auf S. 45). Der Parameter α kontrolliert die Anisotropie des Tensorfeldes (siehe (3.27) auf S. 49) und dadurch die Gerichtetheit der Invasion in der weißen Substanz[60].

Ansatz für patientenindividuelle Bildgebungsdaten 145

Um den Suchraum auf einen biophysikalisch sinnvollen Bereich einzuschränken und unerwünschte Lösungen auszuschließen, werden Restriktionen bzgl. des Parameterraums (siehe (5.20.b) in Prb. 8) eingeführt. Die tatsächlichen, physiologisch validen Parameterschranken w_U und w_O sind generell unbekannt. Deshalb werden als Initialbedingung Parameter verwendet, für die bereits gezeigt werden konnte, dass sie es ermöglichen, das Erscheinungsbild primärer Hirntumoren in klinischen Daten zu erklären (vgl. [35, 107, 114, 134, 218 & 220]). Im Einklang mit Werten aus der Literatur (vgl. Tab. 1 in Abschnitt auf S. 171) und unterstützt durch Erfahrungen aus Vorwärtssimulationen, wird zu diesen Parametern ein Konfidenzintervall hinzuaddiert[61]. Es gilt $\gamma \in [0{,}05\ \text{d}^{-1}, 0{,}15\ \text{d}^{-1}]$, $w_W \in [1 \times 10^{-7}\ \text{m}^2/\text{d}, 5 \times 10^{-7}\ \text{m}^2/\text{d}]$, $\alpha \in [1, 4]$ und $s \in [1, 10]$ mit den Initialwerten $\gamma_I = 0{,}1\ \text{d}^{-1}$, $w_{W,I} = 3 \times 10^{-7}\ \text{m}^2/\text{d}$, $s_I = 5$ und $\alpha_I = 1$. Damit gilt $w_L = (0{,}05\ \text{d}^{-1}, 1{,}00 \times 10^{-7}\ \text{m}^2/\text{d}, 1, 1)$, $w_U = (0{,}15\ \text{d}^{-1}, 5 \times 10^{-7}\ \text{m}^2/\text{d}, 10, 4)$ und $w_I = (0{,}1, 3 \times 10^{-7}\ \text{m}^2/\text{d}, 5, 1)$.

5.3.5 Quantifizierung der Güte der Modellkalibrierung

Nun folgend wird eine mögliche Verfahrensweise zur Quantifizierung der Güte der Modellkalibrierung vorgestellt. Hierfür ist es notwendig, einen „Goldstandard" („echte Wahrheit") in den Bilddaten bereitzustellen. Dies ist für sich alleine genommen ein Forschungsgegenstand. Da weder Tiermodelle vorliegen noch ein Vergleich zu histologischen Serienschnitten möglich ist, muss diese Wahrheit direkt in den Patientendaten etabliert werden. Häufig wird hierfür Expertenwissen verwendet. So auch im vorliegenden Fall.

Da bis heute keine wirklich anerkannte Verfahrensweise existiert, um eine direkte Relation zwischen Intensitatsmuster und Zustandsfunktion herzustellen, wird sowohl auf Datenseite als auch seitens des Modells die vorliegende Information in binäre Kennsätze übersetzt. Für die Bilddaten erfolgt die Übersetzung basierend auf einer manuellen Segmentierung der hyperintensen Bereiche (siehe Abschnitt 5.3.6.3). Die Segmentierung liefert die zwei Kennsätze $\mathfrak{B}^{h,1}$ (für den T1w+K Datensatz) und $\mathfrak{B}^{h,2}$ (für den T2w-Datensatz). Für die Erstellung der Binärmaske $\mathfrak{U}^{h,l}$, $l \in \{1,2\}$, aus der Zustandsfunktion u wird die in Abschnitt 5.3.1 beschriebene Schwellwertbildung verwendet.

Für eine Quantifizierung der Güte der Kalibrierung wird die Übereinstimmung der Regionen $\mathfrak{U}^{h,l}$ und $\mathfrak{B}^{h,l}$, $l = 1, 2$, bewertet. Die verwendeten Kennzahlen sind in der Evaluation von Algorithmen zur Registrierung und Segmentierung verbreitet [42, 124 & 189]. Ein ähnlicher Ansatz zur Abschätzung der Güte der Modellkalibrierung wird bspw. in [78 & 191] verwendet.

---

[60] Die Skalierungsvorschrift in (3.27) wahrt per Konstruktion die mittlere Diffusivität des Tensorfeldes [114]. Damit wird die mittlere Diffusivität in Ω_W lediglich durch den Parameter w_W kontrolliert.
[61] Die Schranken und Initialwerte für w_W und γ entsprechen den in [106] angegebenen Werten.

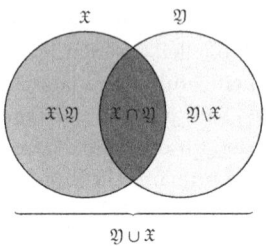

Abbildung 5.3 V$_{ENN}$-*Diagram* für zwei beliebige Mengen $\mathfrak{X}$ und $\mathfrak{Y}$.

Für die Bewertung der Überdeckung (Ähnlichkeit der Mengen) wird der D$_{ICE}$-*Koeffizient* [52]

$$\mathcal{D}_D^h(\mathfrak{U}^{h,l}, \mathfrak{B}^{h,l}) = \frac{2\#(\mathfrak{U}^{h,l} \cap \mathfrak{B}^{h,l})}{\#\mathfrak{U}^{h,l} + \#\mathfrak{B}^{h,l}}, \quad l \in \{1,2\}, \tag{5.21}$$

bzw. der J$_{ACCARD}$-*Index* [113] (auch bekannt unter dem Namen T$_{ANNIMOTO}$-*Koeffizient* [54])

$$\mathcal{D}_J^h(\mathfrak{U}^{h,l}, \mathfrak{B}^{h,l}) = 2\frac{\#(\mathfrak{U}^{h,l} \cap \mathfrak{B}^{h,l})}{\#(\mathfrak{U}^{h,l} \cup \mathfrak{B}^{h,l})} = \frac{\mathcal{D}_D^h(\mathfrak{U}^{h,l}, \mathfrak{B}^{h,l})}{2 - \mathcal{D}_D^h(\mathfrak{U}^{h,l}, \mathfrak{B}^{h,l})}, \quad l \in \{1,2\}, \tag{5.22}$$

verwendet. In beiden Fällen definiert der Operator # die Mächtigkeit der Menge. Der Wertebereich für $\mathcal{D}_D^h$ und $\mathcal{D}_J^h$ ist auf $[0,1]$ beschränkt. Hierbei repräsentiert der Wert null vollständige Diskrepanz und der Wert eins eine komplette Übereinstimmung. Die verwendeten Mengenoperationen sind in Abb. 5.3 illustriert.

Die Bewertung der Übereinstimmung des räumlichen Inhaltes erfolgt über den Kennwert (siehe bspw. [124])

$$\mathcal{D}_V^h(\mathfrak{U}^{h,l}, \mathfrak{B}^{h,l}) = 2\frac{(\#\mathfrak{B}^{h,l} - \#\mathfrak{U}^{h,l})}{(\#\mathfrak{B}^{h,l} + \#\mathfrak{U}^{h,l})}, \quad l \in \{1,2\}, \tag{5.23}$$

mit dem Wertebereich $[-2, 2]$. Vollständige Übereinstimmung der Volumina im Sinne von (5.23) entspricht einem Wert von null.

Für die Bewertung der Übereinstimmung der Berandung der Kennsätze wird die mittlere H$_{AUSDORFF}$-*Distanz* [203]

$$\mathcal{D}_H^h(\mathfrak{U}^{h,l}, \mathfrak{B}^{h,l}) = \frac{1}{2}(\mathcal{D}_H^{h,\star}(\mathfrak{U}^{h,l}, \mathfrak{B}^{h,l}) + \mathcal{D}_H^{h,\star}(\mathfrak{B}^{h,l}, \mathfrak{U}^{h,l})), \quad l \in \{1,2\}, \tag{5.24}$$

mit $\mathcal{D}_H^{h,\star}(\mathfrak{X}_1^h, \mathfrak{X}_2^h) = \frac{1}{\#\mathfrak{X}_1^h} \sum_{x_{1,k} \in \mathfrak{X}_1^h} \min_{x_{2,k} \in \mathfrak{X}_2^h} |x_{1,k} - x_{2,k}|_{h,2}$ für beliebige Kennsätze $\mathfrak{X}_i^h$, $i = 1, 2$, verwendet. Der Wertebereich von $\mathcal{D}_H^h$ ist $[0, \infty)$, wobei eine vollständige Übereinstimmung der Kennsätze für einen Wert von null erreicht wird.

Einen Anhaltspunkt für die Art der Diskrepanz der Überdeckung der Kennsätze liefert die *Falsch-Negativ-Rate* (siehe bspw. [124])

$$\mathcal{D}_{FN}^h(\mathfrak{U}^{h,l}, \mathfrak{B}^{h,l}) = \frac{\#(\mathfrak{B}^{h,l} \setminus \mathfrak{U}^{h,l})}{\#\mathfrak{B}^{h,l}} \tag{5.25}$$

und die *Falsch-Positiv-Rate* (siehe bspw. [124])

$$\mathcal{D}_{FP}^h(\mathfrak{U}^{h,l}, \mathfrak{B}^{h,l}) = \frac{\#(\mathfrak{U}^{h,l} \setminus \mathfrak{B}^{h,l})}{\#\mathfrak{U}^{h,l}}. \tag{5.26}$$

Der Wertebereich für $\mathcal{D}_{FN}^h$ und $\mathcal{D}_{FP}^h$ ist auf $[0,1]$ beschränkt, wobei der Wert null eine perfekte Übereinstimmung der Kennsätze bedeutet.

5.3.6 Bilddaten und Datenvorverarbeitung

Im Folgenden werden die verwendete Datenbasis und die Vorverarbeitungsschritte der Daten vorgestellt.

5.3.6.1 Verwendete Datenbasis

Im experimentellen Teil dieser Arbeit werden präoperative, klinische Bilddaten[62] von zwölf Patienten (zehn Männer, zwei Frauen, mittleres Alter 58,75 a (max: 74 a, min: 44 a)) verwendet. Alle Patienten sind mit GB[63] diagnostiziert. Die klinischen MRT-Daten (T1w, T2w und T1w+K (0,1 mmol/kg Gadovist®, Schering AG, Germany, bzw. 0,2 mmol/kg Magnevist®, Schering AG, DE; intravenöse Kontrastmittelgabe)) wurden auf einem Philips Achieva 1,5 T oder 3,0 T Gerät akquiriert. Eine Grundvoraussetzung für die Einbeziehung der Daten eines individuellen Patienten ist eine Kontrastmittelanreicherung in den T1w+K-MRT-Daten – ein typisches Merkmal von GB[64].

Als Gradientenechosequenz für die Akquisition der T1w+K- und der T2w-Daten wurde eine Turbo-Spin-Echo- (TSE) bzw. eine Fast-Field-Echo-Sequenz (FSE) verwendet. Detailliertere Angaben zu den Bildgebungsparametern sind in Tab. 5.1 subsummiert. Die Bildgebungsdaten der zwölf Patienten P_k, $k = 1,...,12$, die auf Basis derselben Bildgebungsparameter akquiriert wurden, sind in Kohorten K_i, $i \in \{1,2\}$, eingeteilt. Es gilt $K_1 = \{P_1, P_2, P_8, P_{11}\}$ bzw. $K_2 = \{P_3, P_4, P_5, P_6, P_7, P_9, P_{10}, P_{12}\}$. Die Gesamtmenge an Patienten wird im Folgenden mit $K_G = \{K_1, K_2\}$ bezeichnet.

---

[62] Mit freundlicher Genehmigung durch Prof. Dr. Dirk Petersen, Direktor des Instituts für Neuroradiologie der Universität zu Lübeck, DE.
[63] Details über diese Tumorentität sind im einleitenden Teil dieser Arbeit zusammengetragen (siehe Abschnitt 1.2.1).
[64] Ein Einblick in die Verfahren der MRT im Zusammenhang mit der Verlaufsbeurteilung und Diagnostik primärerer Hirntumoren, ist in Abschnitt 1.2.2 zu finden

Tabelle 5.1 Bildgebungsparameter (Repetitionszeit (TR), Echozeit (TE), Schichtdicke (h_3), Schichtabstand (δs), Rekonstruktionsmatrix (RM), Akquisitionsmatrix (AM), Gitterschrittweite $h_1 \times h_2$ und Feldstärke (FS)) für die in der Studie verwendeten T1w-, T1w+K- und T2w-MRT-Daten.

	TR/ms	TE/ms	h_3/mm	δs/mm	RM	AM	$(h_1 \times h_2)$/mm²	FS/T
				T1w(+K)				
K_1	230	2	5	5,5	576×576	384×307	0,40×0,40	3
K_2	227	2	5	5,5	336×336	328×263	0,68×0,68	1,5
				T2w				
K_1	3000	80	5	5,5	512×512	340×262	0,45×0,45	3
K_2	5646	100	5	5,5	512×512	328×265	0,45×0,45	1,5

5.3.6.2 Räumliche Normalisierung der Daten

Die Modellierung erfolgt auf der Basis eines digitalen Atlanten (siehe Abschnitt 3.3.1 auf S. 38). Für die Modellindividualisierung ist es notwendig, eine räumliche Korrespondenz zwischen diesem Referenzraum und den Patientendaten herzustellen. Hierfür werden Verfahren der intensitätsbasierten Bildregistrierung verwendet[65].

Die Vorgehensweise orientiert sich im Wesentlichen an [EZ07]. Die räumliche Korrespondenz zwischen Atlas und patientenindividuellen Daten wird über die jeweiligen T1w-Bilddaten hergestellt. Für die monomodale, multi-subjekt Registrierung wird initial eine rigide Registrierung durchgeführt. In einem zweiten Schritt erfolgt eine affine Registrierung. In beiden Fällen wird eine Multiresolutionsstrategie mit drei Auflösungsstufen verwendet. Als Defektfunktional dient die Transinformation (*mutual information*) [150 & 178]. Für die Optimierung wird die MSA mit regulärer Schrittweite verwendet (siehe Abschnitt 2.3.3.1)

Die T2w- und die T1w+K-Daten eines individuellen Patienten werden mit dem jeweiligen, patientenindividuellen T1w-Datensatz rigide registriert. Nach einer Komposition der errechneten Transformationen liegen alle Daten im Referenzraum des Atlas (TALAIRACH-Raum) vor.

Die beschriebene Verfahrensweise ist in Abb. 5.4 illustriert. Es bezeichnet R den Referenzatlas, R_k die patientenindividuellen T1w-Daten, $T_{1,k}$ die zugehörigen T1w+K und $T_{2,k}$ die jeweiligen T2w-Bilddaten. Der Laufindex $k = 1, ..., n$, $n \in \mathbf{N}$, markiert die Patientennummer.

5.3.6.3 Manuelle Segmentierung

Zur Erstellung eines „Silberstandards" wird der in den T1w+K- und den T2w-Bilddaten sichtbare Bereich des Tumors innerhalb der orginären Bilddaten manuell segmen-

---

[65] Details über die konkrete Implementierung können Abschnitt entnommen werden.

Numerische Experimente und Anwendung 149

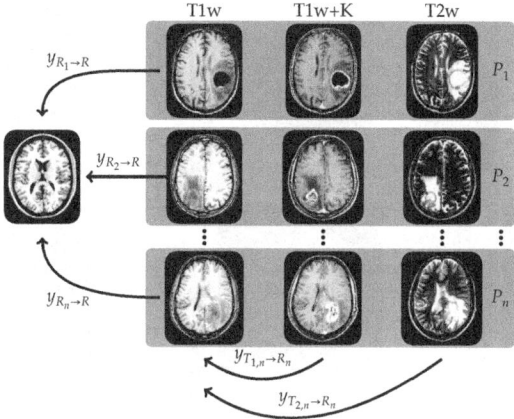

Abbildung 5.4 Illustration der Registrierung der individuellen Patientendatensätze in den Standardreferenzraum (definiert durch den Atlas).

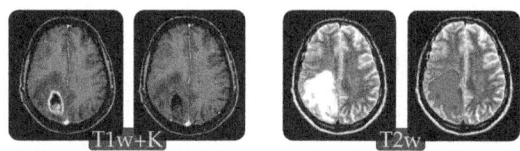

Abbildung 5.5 Expertensegmentierung. Dargestellt sind die orginären Daten und die jeweiligen Expertensegmentierungen für exemplarische T1w+K- (links) und T2w-Datensätze (rechts) eines Patienten mit der Diagnose GB in einer axialen Schnittansicht.

tiert [248] (siehe Abb. 5.5). Die etablierte räumliche Korrespondenz zwischen den patientenindividuellen Bilddaten und dem Atlas wird verwendet, um die *Expertensegmentierung* $b^{k,l,\star} : \Omega \to \{0,1\}$, $k = 1,...,12, l \in \{1,2\}$, in den Referenzraum abzubilden. Interpolation und Abtastratenkonvertierung führen zu einer unscharfen Maske. Die Rückgewinnung einer Binärmaske $b^{k,l} : \Omega \to \{0,1\}$ erfolgt durch Schwellwertbildung (Schwellwert: 0,5).

5.4 Numerische Experimente und Anwendung

Im folgenden Abschnitt wird das beschriebene Verfahren zur Modellkalibrierung auf dessen Eignung hin untersucht.

5.4.1 Parameteridentifikation: Synthetische Modellprobleme

In diesem einleitenden, experimentellen Teil werden synthetische Probleme betrachtet, um das vorgestellte Verfahren generell zu analysieren und einen besseren Einblick in die Methodik zu erlangen.

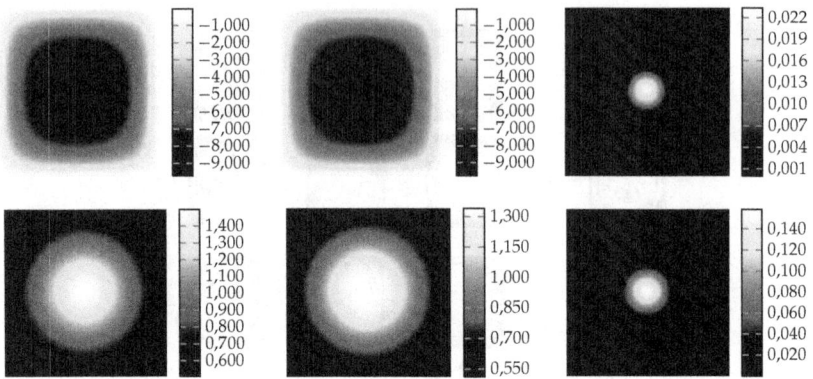

Abbildung 5.6 Resultate für die Parameteridentifikation einer elliptischen Modellgleichung. In der oberen Reihe ist die resultierende Zustandsfunktion (links: bekannte Zustandsfunktion; mittig: geschätzte Zustandsfunktion; rechts: Absolutbetrag der Differenz) dargestellt. Die untere Reihe zeigt die bestimmte Koeffizientenkarte in selbiger Reihung.

5.4.1.1 Elliptische Modellgleichung

Es erfolgt eine Bestätigung der in Abschnitt 5.2 vorgestellten Methodik. Da diese skizzierte Verfahrensweise dazu dient einen deskriptiven Einblick in die Natur von Parameteridentifikationsproblemen zu bekommen und primär den Weg für zukünftige Arbeiten weist, ist dieser experimentelle Teil relativ kurz gehalten. Als PDGL wird das elliptische Problem aus Abschnitt 3.3.3 betrachtet. Die zu identifizierende Koeffizientenfunktion w^* ist durch (3.10) erklärt. Für die Optimierung wird das in Abschnitt 2.3 vorgestellte L-BFGS-Verfahren verwendet. Das genutzte Rechengitter hat die Dimension $m = (64,64)^T$. Die Referenz-Koeffizientenfunktion w_r wird mit Null initialisiert. Die Regularisierungsparameter sind mit $\alpha = 1 \times 10^{-4}$ und $\beta = 1 \times 10^{-4}$ experimentell bestimmt. Als Initialbedingung wird die Koeffizientenfunktion auf dem gesamten Gebiet auf den Wert 0,1 gesetzt.

Die Ergebnisse sind in Abb. 5.6 dargestellt. Wie aus dieser Abbildung zu erkennen ist, lässt sich die Koeffizientenfunktion relativ gut rekonstruieren. Die Differenz zwischen der bestimmten und der echten Koeffizientenfunktion ist vornehmlich im Zentrum des Gebietes ausgeprägt. Die visuelle Inspektion der zugehörigen Zustandsfunktionen zeigt nur geringe Unterschiede. Diese sind erst durch das Differenzbild (Abb. 5.6 oben rechts) zu identifizieren.

5.4.1.2 Petalum-Form

Mit dem folgenden Experiment wird die generelle Eignung der in Abschnitt 5.3 skizzierten Verfahrensweise zur Parameterschätzung überprüft (d. h. die Tauglichkeit des GSS

Abbildung 5.7 *Petal*-Form für unterschiedliche Parameter π_0, ρ und θ. Die Referenzparameter sind $\pi_0 = 6{,}4 \times 10^{-2}$ m, $\theta = 0$ und $\rho = 4$. In der oberen Reihe wird π_0, in der mittleren Reihe ρ und in der unteren Reihe θ variiert. (obere Reihe: $\pi_0 \in (34, 84)$; mittlere Reihe: $\theta \in (0, 10)$; untere Reihe $\rho \in (1, 9)$).

Optimierungsverfahrens in Zusammenhang mit einem Defektfunktional, das die Überdeckung von Regionen (Dice-Koeffizient) bemisst). Als Referenz wird ein parametrisiertes Objekt – präziser eine *Petal*-Form – verwendet (entnommen aus [42]). Das Templatebild T lässt sich hierbei wie folgt konstruieren:

$$T(x) = \begin{cases} 1, & \text{falls } \pi(x) > \|x - x_I\|_2, \\ 0, & \text{sonst}, \end{cases}$$

mit $\pi(x) = \pi_0 + s\sin(n\operatorname{atan2}(x) + \theta)$, $\pi_0 \geq s$, $s = \pi_0/\rho$, $\rho > 1$, $\theta \in \mathbf{R}$ und $n \in \mathbf{N}$. Der Parameter n legt die Anzahl der „Blätter" (Harmonische) fest und wird mit $n = 6$ festgesetzt. Der Parameter π_0 gibt den Radius des Objektes an und s kontrolliert die Wölbung/Krümmung. Der Parameter θ kontrolliert die Rotation des Objektes. Die *Petal*-Form ist in Abb. 5.7 für unterschiedliche Parameter π_0, ρ und θ dargestellt.

Das zu lösende Problem wird in der Gestalt formuliert, dass ausgehend von einer Referenzform $(x_I = (1{,}28 \times 10^{-1}\,\text{m}, 1{,}28 \times 10^{-1}\,\text{m})^\mathsf{T}$, $\pi_0 = 6{,}4 \times 10^{-2}\,\text{m}$, $\theta = 0$, $s = 4)$ Störungen auf die Modellparameter addiert werden. Diese Störungen gilt es zu identifizieren. Im Detail ist die pertubierte Funktion durch

$$\pi^\delta(x) = \pi_0 + \pi^\delta + s^\delta \sin(n\operatorname{atan2}(x) + \theta + \theta^\delta),$$

mit $s^\delta = (\pi_0 + \pi^\delta)/\rho$ erklärt. Die Störungen sind $\pi^\delta = -1{,}0 \times 10^{-2}$ m und $\theta^\delta = -2$. Der Parameter ρ wird direkt bestimmt. Als obere und untere Schranke für die Parameter werden die Werte $\pi^\delta_{0,U} = 0$ m, $\pi^\delta_{0,O} = 3{,}0 \times 10^{-2}$ m, $\rho^\delta_U = 1$, $\rho^\delta_O = 9$, $\theta^\delta_U = 0$ und $\theta^\delta_O = 10$ gewählt. Die Störung kann exakt (im Rahmen der Maschinengenauigkeit) rekonstruiert werden. Die ersten 45 Iterationen sind in Abb. 5.8 dargestellt.

5.4.1.3 Modellkalibrierung: Vorwärtssimulation

Bevor die Resultate für medizinische Bilddaten vorgestellt werden, wird in einem synthetischen Experiment die Schwierigkeit der Parameteridentifikation illustriert. Es wird eine

Abbildung 5.8 Iterationsverlauf für die Parameteridentifikation. Dargestellt sind die ersten 45 Iterationen (von links oben nach rechts unten).

Vorwärtssimulation durchgeführt und anschließend versucht, die verwendeten Modellparameter zu identifizieren. Zu diesem Zweck wird, wie im vorangegangenen Experiment, die in Abschnitt 5.3 beschriebene Methode genutzt. Aus der für die bekannten Parameter simulierten Zustandsfunktion wird auf Basis der in Abschnitt 5.3.1 beschriebenen Verfahrensweise ein binärer Kennsatz aus der Zustandsfunktion abgeleitet. Dieser repräsentiert die Observable. Die Parameter, die es zu bestimmen gilt, sind die Wachstumsrate γ, der Diffusionskoeffizient w_W und das Verhältnis zwischen dem Diffusionskoeffizienten in der weißen und grauen Substanz. Es gilt $w = (w_W, \gamma, s)$. Die für die Vorwärtssimulation verwendeten Modellparameter sind durch $w^* = (8 \times 10^{-8} \text{ m}^2/\text{d}, 0{,}04 \text{ d}^{-1}, 2)$ festgelegt.

Die Parameterschranken und Initialbedingungen sind für das erste Experiment durch $w_{O,1} = (1 \times 10^{-7} \text{ m}^2/\text{d}, 0{,}06 \text{ d}^{-1}, 5)$, $w_{U,1} = (5 \times 10^{-8} \text{ m}^2/\text{d}, 0{,}05 \text{ d}^{-1}, 1)$ und $w_{I,1} = (5 \times 10^{-8} \text{ m}^2/\text{d}, 0{,}05 \text{ d}^{-1}, 1)$ erklärt. Der Wert der Zielfunktion ist -0,9797. Die bestimmten Modellparameter sind $w_{E,1} = (6{,}257 \times 10^{-8} \text{m}^2/\text{d}, 0{,}0558 \text{d}^{-1}, 4)$. In einem zweiten Experiment werden die Parameterschranken vergrößert. Es gilt $w_{O,2} = (1 \times 10^{-7} \text{ m}^2/\text{d}, 0{,}1 \text{ d}^{-1}, 10)$, $w_{U,2} = (1 \times 10^{-8} \text{ m}^2/\text{d}, 0{,}01 \text{ d}^{-1}, 1)$ und $w_{I,2} = (5 \times 10^{-8} \text{ m}^2/\text{d}, 0{,}05 \text{ d}^{-1}, 5)$. Der Wert der Zielfunktion ergibt sich zu -0,975. Die bestimmten Parameter sind $w_{E,2} = (8{,}0468 \times 10^{-8} \text{ m}^2/\text{d}, 0{,}05 \text{ d}^{-1}, 6{,}2)$.

Die Übereinstimmung zwischen den synthetischen Daten und der bestimmten Zustandsfunktion ist als sehr gut zu bewerten. Es ist allerdings zu erkennen, dass sich, trotz der relativ engen Parameterschranken, die für die Vorwärtssimulation verwendeten Modellparameter nur bedingt rekonstruieren lassen. Dies deutet auf die zentralen Schwierigkeiten hin, die in Verbindung mit der Spärlichkeit der Daten stehen. Die Resultate sind in Abb. 5.9 qualitativ gegenübergestellt. Die Unterschiede zwischen den Daten sind als sehr gering einzustufen.

5.4.2 Modellkalibrierung: Patientenindividuelle Daten

Der vorliegende Abschnitt bereitet die Resultate für die Kalibrierung des in Abschnitt 3.3 (siehe S. 171) beschriebenen Vorwärtsmodells auf. Die Kalibrierung des Modells wird für

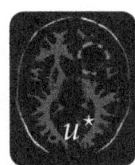  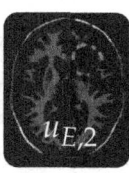

Abbildung 5.9 Modellkalibrierung auf der Basis einer Vorwärtssimulation. Die simulierten Referenzdaten sind links dargestellt. Die resultierende Zustandsfunktion für die beiden Experimente ist mittig und rechts dargestellt.

Bilddaten von zwölf Patienten durchgeführt (vgl. Abschnitt 5.3.6.1). Zu Beginn werden die Ergebnisse rein qualitativ dargestellt.

5.4.2.1 Qualitative Darstellung der Resultate

Eine qualitative Illustration der Ergebnisse ist Abb. 5.10 zu entnehmen. Gezeigt sind Resultate für alle verfügbaren Patienten. Jede Reihe stellt für einen individuellen Patienten P_k, $k = 1, \ldots, 12$, den verwendeten Atlas und die patientenindividuellen T1w+K- und T2w-Daten (in eben dieser Reihenfolge) mit der berechneten Zustandsfunktion u in Überlagerung dar. Für die einzelnen Datensätze wird jeweils eine axiale, eine koronale und eine sagittale (in eben dieser Reihenfolge) Schnittansicht gezeigt. Die Komponenten der Koordinate x_I (Ausgangspunkt des Tumors) definieren die Auswahl des jeweiligen Schichtbildes.

Für den Atlas ist jeweils der gesamte Wertebereich der Zustandsfunktion u abgebildet. Für die patientenindividuellen Daten sind die Schwellwerte $\varepsilon_{u,1}$ (T1w+K-Daten) und $\varepsilon_{u,2}$ (T2w-Daten) auf die Zustandsfunktion angewendet (vgl. Abschnitt 3.6.1.1 auf S. 92 ff.). Der qualitative Vergleich zwischen patientenindividuellen Daten und der geschätzten Zustandsfunktion zeigt eine gute Übereinstimmung für alle Daten (vor allem in Anbetracht der Spärlichkeit der Information und der damit verbundenen Schwierigkeit des Identifikationsproblems).

In der quantitativen Analyse in Abschnitt 5.4.2.2 wird die Kalibrierung für die Patienten P_2, P_3 und P_6 als unzureichend bewertet. Die zugehörigen Resultate sind in Abb. 5.10 farblich unterlegt.

Eine Auswahl der Ergebnisse aus Abb. 5.10 ist in Abb. 5.11 dargestellt. Präziser ist die Kalibrierung des Modells bzgl. der Daten der Patienten P_4 (Abb. 5.11 (links)) und P_5 (Abb. 5.11 (rechts)) dargestellt. Die jeweiligen Abbildungen zeigen in der oberen Reihe ein axiales, ein koronales und ein sagittales Schnittbild (in eben dieser Reihenfolge) der reinen Simulationsergebnisse. In der mittleren und unteren Reihe ist die bestimmte Zustandsfunktion den patientenindividuellen Daten (mittlere Reihe: T1w+K; untere Reihe: T2w) überlagert. Um einen direkten Vergleich zu ermöglichen, ist die zugehörige Detektionsschwelle in der Visualisierung der Zustandsfunktion erneut berücksichtigt. Neben den Schnittbildern für das gesamte Volumen sind Nahansichten bereitgestellt.

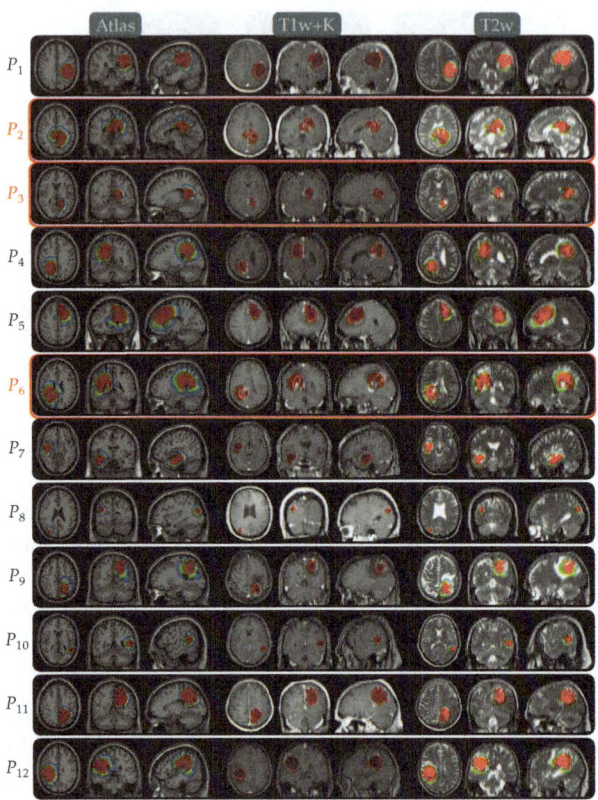

Abbildung 5.10 Resultate für die Modellkalibrierung. Dargestellt sind die Resultate für alle Patienten P_k, $k = 1, ..., 12$. Jede Reihe zeigt den Atlas und die patientenindividuellen Daten mit der geschätzten Zustandsfunktion u in Überlagerung. Für die patientenindividuellen Daten sind die jeweiligen Schwellwerte $\varepsilon_{u,l}$, $l = 1, 2$, angewendet.

Die bestimmten Modellparameter (x_I, t_b und w_G) und die geschätzten Inversionsvariablen ($w = (\gamma, w_W, s, \alpha)$) sind in Tab. 5.2 zusammengefasst.

5.4.2.2 Quantitative Analyse

In dem vorliegenden Abschnitt erfolgt eine quantitative Auswertung der im vorangegangenen Abschnitt aufbereiteten Ergebnisse. Die Auswertung basiert auf den in Abschnitt 5.3.5 vorgestellten Maßen. Neben den Resultaten für die individuellen Patienten sind Kastengrafiken dargestellt, um die Streu- und Lagemaße zu illustrieren.

Numerische Experimente und Anwendung

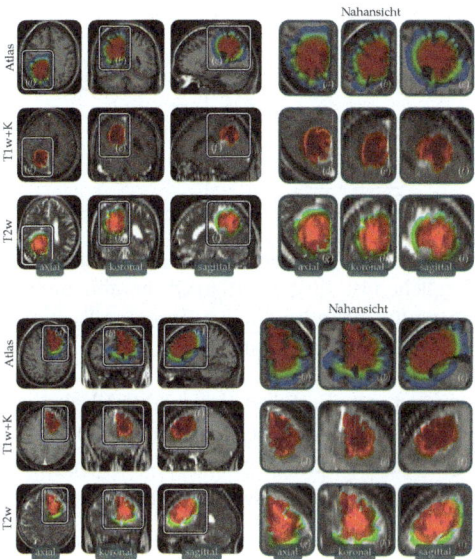

Abbildung 5.11 Qualitative Illustration ausgewählter Resultate für die Modellkalibrierung (oben: P_4; unten: P_5).

Tabelle 5.2 Geschätzte Inversionsvariablen $w = (\gamma, w_W, s, \alpha)$ und bestimmte Modellparameter x_I, t_b und w_G für die individuellen Patienten P_k, $k = 1, ..., 12$.

#	x_I /m	t_b /d	w_W /m²/d	s	w_G /m²/d	α	γ /d⁻¹
P_1	(4,70×10⁻², 9,30×10⁻², 1,04×10⁻¹)	2,0×10²	1,000×10⁻⁷	5,396	1,853×10⁻⁸	1,000	1,263×10⁻¹
P_2	(8,30×10⁻², 8,80×10⁻², 1,02×10⁻¹)	3,5×10²	1,000×10⁻⁷	4,991	2,004×10⁻⁸	1,248	5,234×10⁻²
P_3	(7,20×10⁻², 7,40×10⁻², 8,20×10⁻²)	1,5×10²	1,000×10⁻⁷	4,656	2,148×10⁻⁸	2,584	1,266×10⁻¹
P_4	(1,11×10⁻¹, 7,60×10⁻², 1,08×10⁻¹)	3,0×10²	1,310×10⁻⁷	6,023	2,175×10⁻⁸	1,070	5,000×10⁻²
P_5	(7,40×10⁻², 1,53×10⁻¹, 1,13×10⁻¹)	3,5×10²	1,906×10⁻⁷	3,969	4,803×10⁻⁸	1,375	5,000×10⁻²
P_6	(1,11×10⁻¹, 8,30×10⁻², 9,40×10⁻²)	2,3×10²	2,838×10⁻⁷	9,978	2,845×10⁻⁸	1,000	6,587×10⁻²
P_7	(1,33×10⁻¹, 1,19×10⁻¹, 5,90×10⁻²)	2,0×10²	1,168×10⁻⁷	2,000	5,842×10⁻⁸	1,001	8,438×10⁻²
P_8	(1,25×10⁻¹, 4,80×10⁻², 9,50×10⁻²)	1,0×10²	1,000×10⁻⁷	4,805	2,081×10⁻⁸	1,001	1,068×10⁻¹
P_9	(6,60×10⁻², 6,70×10⁻², 1,22×10⁻¹)	2,0×10²	4,351×10⁻⁷	5,046	8,621×10⁻⁸	1,004	6,985×10⁻²
P_{10}	(3,60×10⁻², 7,80×10⁻², 8,30×10⁻²)	2,0×10²	1,064×10⁻⁷	5,608	1,897×10⁻⁸	1,000	5,977×10⁻²
P_{11}	(7,30×10⁻², 7,30×10⁻², 1,15×10⁻¹)	1,8×10²	1,000×10⁻⁷	5,563	1,797×10⁻⁸	1,062	1,359×10⁻¹
P_{12}	(1,36×10⁻¹, 9,30×10⁻², 1,02×10⁻¹)	3,5×10²	1,210×10⁻⁷	5,019	2,410×10⁻⁸	1,251	5,000×10⁻²

Die Quartile $Q_{0,5}$ (0,5-Quantil) wird durch eine horizontale rote Linie angezeigt. Die Quartile $Q_{0,25}$ (0,25-Quantil) und $Q_{0,75}$ (0,75-Quantile) sind durch das obere bzw. das

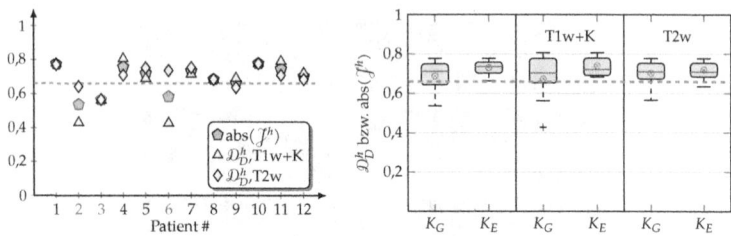

Abbildung 5.12 Quantitative Auswertung: Werte für den DICE-Koeffizient und die Zielfunktion. Verglichen ist die geschätzte Observable mit den Kennsätzen der Expertensegmentierung für die individuellen Patienten P_k, $k = 1, \ldots, 12$ (links) und das zugehörige Kastendiagramm (rechts).

untere Ende des Kastens repräsentiert. Der (Inter-)Quartilsabstand $Q_R = Q_{0,75} - Q_{0,25}$ wird durch die Länge der *Whisker* (Antennen) repräsentiert. Die Länge dieser entspricht dem 1,5-fachen des Quartilsabstand Q_R. Ausreißer werden, sofern vorhanden, als + dargestellt. Der Mittelwert wird durch $\otimes$ symbolisiert.

In Abb. 5.12 sind die Werte für den DICE-Koeffizient $\mathcal{D}_D^h$ (siehe (5.21)) und für den Betrag der Zielfunktion $\mathcal{J}^h$ in (5.19) gezeigt.

Die vertikale gestrichelte Linie zeigt den Schwellwert, ab dem eine Simulation als erfolgreich bewertet wird. Dieser Schwellwert ist der Bewertung von Resultaten der Segmentierung medizinischer Daten entliehen [98]. Die Kalibrierung des Modells wird als Erfolg gewertet, wenn der mittlere Wert für den DICE-Koeffizient von $\mathfrak{U}^{h,l}$ und $\mathfrak{B}^{h,l}$ 66% erreicht oder übersteigt. Dies gilt für die Patienten $K_E := \{P_1, P_4, P_5, P_7, P_8, P_9, P_{10}, P_{11}, P_{12}\}$ (d. h. eine Erfolgsrate von 75%). Die Kalibrierung wird für die Patienten $K_F = K_G \setminus K_E = \{P_2, P_3, P_6\}$ als fehlgeschlagen bewertet.

Neben den Resultaten für die einzelnen Patienten zeigt Abb. 5.12 Kastendiagramme für die Werte der Zielfunktion (linke Spalte) sowie für die Werte des DICE-Koeffizient (mittlere Spalte: T1w+K-Bilddaten; rechte Spalte: T2w-Bilddaten). Hierbei wird in der Darstellung der Ergebnisse zwischen Werten für die Patienten K_G und Werten für die Patienten K_E unterschieden.

Die Bewertung der Ähnlichkeit der Volumina basierend auf $\mathcal{D}_V^h$ in (5.23) ist in Abb. 5.13 dargestellt. Um die Gestalt der Diskrepanz zwischen Schätzung und manuell etablierter Wahrheit besser zu illustrieren, ist der dargestellte Wertebereich auf $[-1, 1]$ beschränkt. Der tatsächliche Wertebereich für $\mathcal{D}_V^h$ ist $[-2, 2]$. Insgesamt ist eine gute Übereinstimmung bzgl. der Volumina für nahezu alle Patienten zu verzeichnen. Zusätzlich zu den Einzelresultaten zeigt Abb. 5.13 eine Aufbereitung der erzielten Ergebnisse in Form eines Kastendiagramms.

Die Resultate für die mittlere HAUSDORFF-Distanz $\mathcal{D}_H^h$ in (5.24) sind in Abb. 5.14 dargestellt. Die vertikalen Linien zeigen die Auflösung der Bilddaten. Im Detail repräsentiert die

Fazit

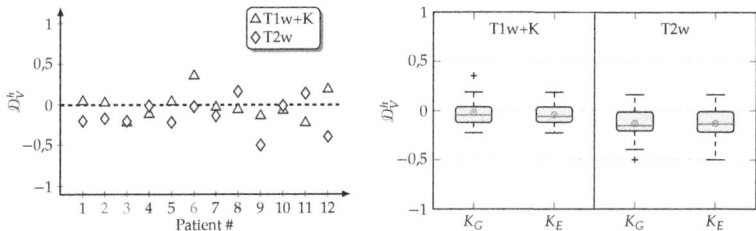

Abbildung 5.13 Quantitative Auswertung: Ähnlichkeit der Volumina zwischen Schätzung und manuell etablierter Wahrheit für die einzelnen Patienten P_k, $k = 1, \ldots, 12$ (links) und das zugehörige Kastendiagramm (rechts).

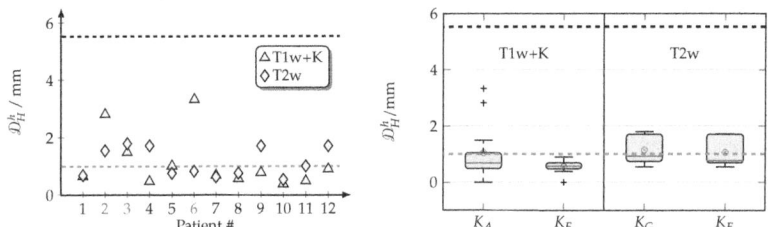

Abbildung 5.14 Quantitative Auswertung: Mittlere HAUSDORFF-Distanz zwischen der geschätzten Observable und den manuell in den Daten etablierten Kennsätzen. Dargestellt sind Resultate für alle Patienten P_k, $k = 1, \ldots, 12$ (links) und das zugehörige Kastendiagramm (rechts).

untere horizontale Linie die Auflösung des verwendeten Atlas (Zelldiagonale: 1 mm) und die obere horizontale Linie die Auflösung der patientenindividuellen Bilddaten (Zelldiagonale: 5,537 mm bzw. 5,529 mm). Die Werte für die mittlere HAUSDORFF-Distanz liegen deutlich unter dem Wert für die Zelldiagonale der patientenindividuellen Daten. Die Ausreißer entsprechen abermals den Patienten K_F. Neben den Einzelresultaten zeigt Abb. 5.14 erneut die zugehörigen Kastendiagramme.

In Abb. 5.15 sind Werte für die Falsch-Positiv-Rate $\mathcal{D}_{FP}^h$ in (5.26) (Abb. 5.15 (links)) und die Falsch-Negativ-Rate $\mathcal{D}_{FN}^h$ in (5.25) (Abb. 5.15 (mittig)) dargestellt. Erneut sind die Ausreißer primär den Patienten K_F zugeordnet. Daneben zeigt Abb. 5.15 (rechts) den resultierenden JACCARD-Index $\mathcal{D}_J^h$ aus (5.22), um einen direkten Vergleich zur quantitativen Evaluierung in [77 & 168] zu ermöglichen. Hierbei ist anzumerken, dass ein direkter Zusammenhang zwischen dem JACCARD-Index und dem DICE-Koeffizient besteht (siehe (5.22)).

5.5 Fazit

In diesem Teil der Arbeit wurde ein Verfahren zur Parameteridentifikation für das in Abschnitt 3.3 entwickelte Vorwärtsmodell vorgestellt. Einleitend wurde eine Einführung in

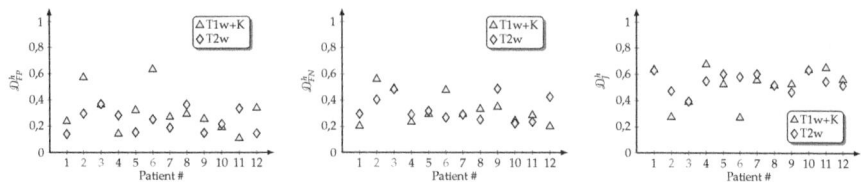

Abbildung 5.15 Quantitative Auswertung: Falsch-Positiv- (rechts), Falsch-Negativ-Rate (mittig) und der JACCARD-Index für die bestimmten und manuell etablierten Kennsätze für die einzelnen Patienten $P_k, k = 1, \ldots, 12$.

die Problemstellung gegeben und auf existierende Ansätze zur Parameteridentifikation (bzw. Modellkalibrierung / Schätzung der Invasionsgrenze von primären Hirntumoren) eingegangen. Zur Lösung des Identifikationsproblems wurde ein Optimierungsproblem mit DGL-Nebenbedingung vorgestellt. Die Verwendung manueller Segmentierungen ist konsistent mit der in der Bildgebung vorliegenden Information. Durch eine qualitative und quantitative Analyse in Bildgebungsdaten von zwölf Patienten wurde das Potenzial des Verfahrens demonstriert. Die experimentellen Untersuchungen deuten darauf hin, dass das vorgestellte Verfahren es ermöglicht, das Modell mit einer hinreichenden Genauigkeit, an die Daten anzupassen. Die gezeigten Resultate validieren das in Kapitel 6 vorgestellte Modell phänomenologisch.

6

Fazit und Diskussion

In den vorherigen Abschnitten wurden verschiedene Fragestellungen im Zusammenhang mit der bildbasierten Modellierung der Progression von Gliomen behandelt. Durch die entwickelte Simulationsumgebung wurde die Tür zu einem vielseitigen Forschungsfeld aufgestoßen. In diesem abschließenden Kapitel werden die vorgestellten Verfahren bewertet und kritisch diskutiert sowie die gesammelten Erfahrungen rekapituliert. Darüber hinaus werden zukünftige Forschungsschwerpunkte identifiziert. Wenngleich neue Erkenntnisse gewonnen werden konnten, ist festzuhalten, dass viele Fragen nur anteilig beantwortet wurden oder durch diese Arbeit erst neu eröffnet wurden. Auch auf diese Fragen wird im Folgenden eingegangen.

Der Mehrwert mathematischer Modelle liegt in einer systematischen und objektiven Bewertung von Daten, dem Bereitstellen von quantitativen dynamischen Informationen für die patientenindividuelle Verlaufsbeurteilung und Befundung sowie der Möglichkeit prognostische Aussagen über den Verlauf einer Pathologie abzuleiten. Es ist eine anerkannte Tatsache [115, 208 & 229], dass keines der im klinischen Alltag verwendeten bildgebenden Verfahren es vermag, die (histologische) Invasionsgrenze von Tumoren zu erfassen. Auch hierfür kann eine personalisierte Modellierung von großem Nutzen sein. Um sich klinisch signifikanten Fragestellungen zuwenden zu können, ist es notwendig, effiziente und valide Verfahren zur patientenindividuellen Modellierung der Progression von Tumoren sowie zur Datenanalyse bereitzustellen. Die vorliegende Arbeit leistet hierzu einen zentralen Beitrag.

Es gilt sich allerdings zu vergegenwärtigen, dass die Verwendung von Modellen nicht nur Vorteile mit sich bringt, sondern auch Risiken in sich birgt. So können bspw. fehlerhafte Modellannahmen zu einer Missinterpretation der Daten führen. Diese Schwierigkeit ist insbesondere bei der Modellierung im medizinischen Kontext von zentralem Belang.

Diesbezüglich ist festzuhalten, dass die Modellierung hier nicht als alleinige Entscheidungsgrundlage für die Planung einer klinischen Intervention verstanden wird. Sie ist lediglich ein Werkzeug, welches das Portfolio der Methoden zur Bildaufbereitung ergänzt und es erlaubt, Ergebnisse aus unterschiedlichen wissenschaftlichen Disziplinen systematisch aufzubereiten und zusammenzuführen.

Nach diesen einleitenden Gedanken werden die einzelnen Themenschwerpunkte dieser Arbeit separat behandelt.

6.1 Vorwärtsmodellierung

Einleitend werden die Eignung der in Kapitel 3 beschriebenen Simulationsumgebung und mögliche Modellerweiterungen diskutiert. Das verwendete Modell ist etabliert (siehe [169, S. 537 ff.] und Referenzen darin) und dessen Komplexität ist überschaubar. Es besteht aus zwei Modulen: ein Modell, das die Vermehrung von Zellen beschreibt (siehe Abschnitt 3.3.4.4) und ein Modell, das die Migration von Zellen in gesundes umliegendes Gewebe behandelt (siehe Abschnitt 3.3.4.5). Die resultierende Zustandsfunktion kann als Dichtefunktion aufgefasst werden, die angibt, wie wahrscheinlich es ist, dass tumoröse Zellen zu einem gegebenen Zeitpunkt an einem bestimmten Ort vorzufinden sind. Sowohl Therapieeffekte [44, 57, 179, 187, 188 & 219] als auch feingranuläre, zellphysiologische Prozesse [210, 211 & 221] werden im Modell bewusst nicht berücksichtigt. Dies ist adäquat, da eine Modellindividualisierung (vgl. [36, 107, 132, 134, 168 & 222] bzw. Kapitel 5) von einem niedrigdimensionalen Parameterraum profitiert. Auch die Modellentwicklung für die Anwendung in der nichtrigiden Bildregistrierung (vgl. Kapitel 4) bedarf keines komplizierten Wachstumsmodells.

Die gesammelten Erkenntnisse über die einzelnen Teilaspekte des in Kapitel 3 entwickelten Modells sind:

- **Proliferationsmodell**: Es wurde ein zweiparametrisches, logistisches Proliferationsmodell betrachtet (vgl. Abschnitt 3.3.4.4). Diese Entscheidung basiert auf dessen breiter Akzeptanz [77, 107, 132, 134, 187 & 191]. Die intuitive Beschränkung von Ressourcen in einem Lebensraum auf Basis eines selbstlimitierenden Modells zu berücksichtigen, erweist sich als eine geeignete Annäherung. Eine mögliche Erweiterung für zukünftige Arbeiten ist es, drei- und vierparametrische, selbstlimitierende Proliferationsmodelle [224] zu berücksichtigen.

- **Migrationsmodell**: Die Integration von Daten aus der DT-Bildgebung erlaubt es, die experimentell bestätigte [71, 72 & 181], präferenzielle Ausbreitung tumoröser Zellen entlang der Nervenfaserbahnen in der weißen Substanz zu berücksichtigen [18, 35, 36, 114, 132, 134, 168 & 191] (vgl. Abschnitt 3.3.4.5.2). Um die Ausbreitung tumoröser Zellen im Gehirn hinreichend gut abzubilden, erscheint eine naive, direkte Integration von DT-Daten jedoch unzureichend [36, 114, 132, 134 & 168]. Durch numerische Experimente wurde bestätigt (siehe Abschnitt 3.6), dass es mit dem entwickelten Modell, trotz des glatten Tensorfeldes des verwendeten Atlas, über eine Reskalierung der Tensoren [114] möglich ist, Tumoren mit einem komplexen Erscheinungsbild (d. h. Tumoren, die sich nicht sphärisch oder ellipsenähnlich darstellen) zu erklären. Eine detaillierte Aussage über die Modellgüte wird erst durch einen quantitativen Vergleich zu patientenindividuellen Bilddaten möglich. Ein erster Schritt in diese Richtung wurde in Kapitel 5 unternommen. Dabei ist eine naheliegende Verfeinerung für zukünftige Arbeiten, eine Degradierung des Gewebes (Verlust der Integrität der Nervenfasern) im Modell zu berücksichtigen. Eine Analyse und Integration patientenindividueller DT-Daten, wie in [132, 134 & 168] geschehen, ist in diesem Zusammenhang vielversprechend.

Eine Erweiterung um eine unscharfe Gewebekarte (siehe (3.23)) erlaubt es, einen weichen Übergang der Diffusionskoeffizienten zwischen der grauen und der weißen Substanz zu modellieren. So wird eine detailgetreuere Abbildung der Anatomie des Gehirns erreicht. Die Unterschiede in den Simulationsergebnissen sind nicht hinreichend signifikant, um ableiten zu können, ob eine Verwendung statistischer Gewebekarten, wie jüngst in der Studie in [191] gezeigt, Vorteile in Bezug auf eine patientenindividuelle Simulation liefert (im Vergleich zur klassischen, stückweise konstanten Koeffizientenkarte). Ein Grund, der für die Verwendung glatter Gewebekarten spricht, ist, dass diese der numerischen Implementierung zuträglich sind.

- **Diskretisierung der PDGL**: Im Rahmen dieser Arbeit wurden zwei Verfahren zur Diskretisierung der Modellgleichung betrachtet. Die FDM (vgl. Abschnitt 3.4.3.1) zeichnet sich durch ihre Einfachheit aus. Sie ist allerdings wegen der Glattheitsvoraussetzungen für eine Diskretisierung von Modellproblemen mit unstetigen Koeffizienten ungeeignet. Die FVM (vgl. Abschnitt 3.4.3.2) hingegen ist auch aus theoretischer Sicht für derartige Modellprobleme anwendbar und deshalb zur Diskretisierung der vorliegenden Modellgleichung zu bevorzugen. Die Anwendung der FVM auf tensorwertige Koeffizientenfunktionen ist Forschungsgegenstand für zukünftige Arbeiten. Aufgrund der Glattheit des Tensorfeldes und der statistischen Gewebekarte erweist sich die FDM, ungeachtet der Einschränkungen aus der Theorie, als ein geeignetes Verfahren. Dessen Stabilität wurde für den relevanten Parameterbereich experimentell bestätigt (siehe Abschnitt 3.6.1.2 und Abschnitt 5.4).

- **Diskretisierung der Randbedingung**: Es wurde eine Diskretisierung auf der Basis von regulären Gittern vorgenommen (vgl. Abschnitt 3.4.1.1). Dies ermöglicht eine effiziente Implementierung. Allerdings ist die Behandlung der Randbedingungen angesichts der vorliegenden komplexen Geometrie diffizil. Diese Schwierigkeit wurde, motiviert durch [105], durch die Verwendung eines *Penalty*-Verfahrens (*Fictitious-Domain*-Methode; siehe Abschnitt 3.4.3.3) umgangen. Dies ist, unter dem

Gesichtspunkt der unpräzisen, geometrischen und physiologischen Informationen und einer mangelnden Kenntnis über präzise Stoffgesetze zweckmäßig [105]. Die Eignung dieser Verfahrensweise wurde durch numerische Experimente (siehe Abschnitt 3.4.3.3.3) nachgewiesen.

- **Numerische Lösungsverfahren**: Zur numerischen Lösung des ARWP wurden unterschiedliche Verfahren betrachtet. Neben klassischen, impliziten Methoden wurde ein explizites, numerisches Zeitintegrationsverfahren mit zyklischer Schrittweitenänderung [3, 68, 69 & 80] auf seine Eignung untersucht. Der Vorzug dieser Verfahrensklasse liegt in der Stabilität, der einfachen Parallelisierbarkeit und der unkomplizierten, inhärent matrixfreien Implementierung. Der Vorteil der Stabilität impliziter Verfahren wird mit den Vorteilen expliziter Verfahren vereinigt. Die Eignung und Effizienz der entwickelten Simulationsumgebung wurde auf der Basis von numerischen Experimenten (siehe Abschnitt 3.6.2) und durch eine experimentelle Anwendung in Abschnitt 4.5 und Abschnitt 5.4 demonstriert.

Abschließende Bewertung: Die entwickelte Methodik ist effizient. Die Parallelimplementierung des stabilen, expliziten Zeitintegrationsverfahrens in Kombination mit einer Diskretisierung auf regulären Gittern ist nutzbringend. Die Performanz des numerischen Lösers wurde experimentell belegt. Eine quantitative Auswertung des numerischen Fehlers weist die Exaktheit der Methodik nach. Die inhärent matrixfreie Implementierung ist der Speichereffizienz zuträglich. Damit eignet sich die entwickelte Methodik insbesondere als Grundlage für die in den nächsten beiden Abschnitten diskutierten Verfahren.

6.2 Gewebedeformation

In Kapitel 4 wurde ein neuartiger Ansatz zur Modellierung tumorinduzierter Gewebedeformation vorgestellt. Ziel ist es, ein Verfahren bereitzustellen, das sich für eine Integration in die nichtrigide Bildregistrierung eignet. Aus dieser Motivation heraus wurde ein Ansatz vorgestellt, der auf einem variationellen Optimierungsproblem basiert.

Trotz des approximativen Charakters und der unüblichen Formulierung als Optimierungsproblem, konnte experimentell nachgewiesen werden, dass sich das Modell gut kontrollieren lässt. Ein erster qualitativer und quantitativer Vergleich zu patientenindividuellen Daten bestätigt die Methodik. Es ist festzuhalten, dass das Modell nicht für eine personalisierte Modellierung der tumorinduzierten Gewebedeformation ausgelegt ist. Es ist alleinig für den Einsatz im Zusammenhang mit der nichtrigiden Bildregistrierung entwickelt.

Wie schon im vorangegangenen Abschnitt werden die einzelnen Bestandteile des Modells separat besprochen, beginnend mit dem zentralen Beitrag, dem Defektfunktional.

Gewebedeformation 163

- **Defektfunktional**: Äquivalent zu Verfahren der Bildregistrierung treibt das vorgeschlagene Defektfunktional die Deformation voran. Über Variationsrechnung lässt sich die Äquivalenz zwischen dem in biophysikalischen Modellen verwendeten Kraftfeld [106 & 107] und dem aus der GÂTEAUX-Ableitung des vorgeschlagenen Defektfunktionals resultierenden Kraftfeld zeigen (siehe Abschnitt 4.3.2). Dies belegt den vorgeschlagenen heuristischen Ansatz aus theoretischer Sicht.

- **Straffunktional**: Klassische Methoden zur Modellierung der Gewebedeformation basieren auf Gesetzen aus der Kontinuumsmechanik [35, 106, 107, 137, 163 & 242]. Im Gegensatz zu diesen Verfahren ist der in dieser Arbeit verfolgte Ansatz heuristisch und explorativ. Von einer biophysikalischen Validität kann nur bedingt gesprochen werden. Gewiss wird für die Modellierung der raumzeitlichen Dynamik tumoröser Zellen ein aktueller Ansatz verwendet (vgl. Kapitel 3), doch ist die Annäherung an biomechanische Eigenschaften des Gewebes über ein Straffunktional approximativ. Dies ist zielführend, sofern eine Anwendung für die Registrierung im Zentrum des Interesses steht. Die Verwendung einer weichen Nebenbedingung orientiert sich an der parametrischen Natur des Modells. Der Wechsel zu einem nichtparametrischen Modell und damit einhergehend zu elastischen und hyperelastischen Regularisierungsfunktionalen [23 & 26] liegt nahe. Rein formal würde sich hieraus ein zu den klassischen Methoden [35, 106, 107, 137, 163 & 242] sehr ähnliches Modell ergeben.

- **Zustandsgleichung**: Die Grundlage für die Modellierung der Progression des Tumors bildet das in Kapitel 3 vorgestellte Modell. Im Gegensatz zu rein biomechanischen Verfahren [137, 163 & 242] berücksichtigt die vorliegende Methodik (analog zu [35, 106 & 107]) demzufolge den infiltrierenden Charakter primärer Hirntumoren. Hieraus ergibt sich in Entsprechung zu [35, 106 & 107] ein weicher Übergang zwischen dem Kernbereich des Tumors und den infiltrierten Bereichen. Die durch den Tumor induzierte Kraft wirkt nicht abrupt, ausgehend von der Berandung, sondern geht weich (in Abhängigkeit vom Gradienten der Zustandsfunktion) in das umliegende Gewebe über. Dies ist eine aus biophysikalischer Sicht plausible Modellannahme.

Eine Integration von Tensordaten erscheint vor dem Hintergrund des approximativen Charakters des Deformationsmodells nicht zweckmäßig[66]. Stattdessen wird eine inhomogene, isotrope Ausbreitung der Zellen angenommen.

---

[66] In diesem Zusammenhang ist zu erwähnen, dass eine Anwendung einer Deformation auf DT-Daten einer Reorientierung der Tensoren [2], unter der Berücksichtigung ihrer mathematischen Eigenschaften [11 & 16] (positive Definitheit) bei der zugehörigen Interpolation, bedarf. Derartige Verfahren wurden im Rahmen dieser Arbeit implementiert. Da sie allerdings, wie angesprochen, keine Verwendung finden wurde auf eine detaillierte Beschreibung verzichtet.

Für zukünftige Arbeiten ist es essentiell, eine Massenerhaltung zu fordern: Bei der Anwendung der Deformation auf die Zustandsfunktion hat eine Volumenveränderung einen direkten Einfluss auf deren Wert – eine Expansion setzt die Zelldichte herab, eine Kompression erhöht sie. Dies kann über eine zusätzliche Skalierung auf Basis der Funktionaldeterminante berücksichtigt werden, was eine reguläre Deformation erfordert. Wie in Anm. 11 (siehe S. 117) angedeutet, sind elaboriertere Berechnungsvorschriften erforderlich [51, 89, 91 & 92], um eine Regularität zwingend zu garantieren.

Abschließende Bewertung: Das vorgestellte Verfahren nutzt eine zur Bildregistrierung äquivalente Problemformulierung. Damit ist es prinzipiell für die Entwicklung eines hybriden Ansatzes geeignet. Eine exakte Implementierung der biomechanischen Eigenschaften des Gewebes auf Basis von Modellen aus der Kontinuumsmechanik entfällt. Diese Vereinfachung ist angesichts des Ziels, ein Modell bereitzustellen, welches lediglich dem Zweck dient, die Registrierung von Daten mit topologischen Unterschieden zu ermöglichen, angemessen. Die prinzipielle Eignung des Verfahrens wurde durch einen Vergleich zu medizinischen Daten und auf der Basis von numerischen Experimenten bestätigt. Die tatsächliche Güte ist in der Anwendung der Registrierung nachzuweisen und obliegt damit zukünftigen Arbeiten.

6.3 Modellindividualisierung

In Kapitel 5 wurde ein Verfahren zur Parameteridentifikation für die in Kapitel 3 vorgestellte PDGL entwickelt. Ziel ist es, eine phänomenologische Validierung des Modells zu ermöglichen. Entsprechend wird die Parameteridentifikation im Sinne der Kalibrierung des Modells anhand patientenindividueller Bilddaten verstanden. Es ist einzig die Frage zu beantworten, ob es mit dem vorgestellten Verfahren möglich ist, die vorliegenden Daten mit einer hinreichenden Genauigkeit zu erklären.

Der entwickelte Ansatz erlaubt es, diese phänomenologische Validierung auf systematische Art und Weise in einem Kollektiv an Patienten vorzunehmen. Die Korrektheit der geschätzten Parameter, bspw. im Sinne der Klassifizierung der pathologischen Wertigkeit eines patientenindividuellen Tumors, kann im Rahmen dieser Arbeit nicht bewertet werden. Dies verbleibt als Forschungsgegenstand für weiterführende Arbeiten.

Ein zentraler Vorteil gegenüber Verfahren, die asymptotische Eigenschaften der RDG zur Modellkalibrierung nutzen [131–135 & 222], liegt in der Modularität der vorgestellten Methodik: Lediglich die DGL-Nebenbedingung in Prb. 8 (siehe Abschnitt 5.3) ist auszutauschen, um weitere Phänomene der Progression von Tumoren zu berücksichtigen.

Erneut werden die einzelnen Bestandteile des Modells für sich alleine genommen besprochen.

Modellindividualisierung 165

- **Modellparameter**: Um solide Resultate zu erhalten, sind, bedingt durch die Spärlichkeit der Daten, starke Annahmen an die Modellparameter zu stellen. Aus diesem Grund werden der Parameterraum (Bereich für zulässige Parameter) und die Problemdimension (Anzahl der Parameter) klein gehalten. Zentraler Bestandteil des Modells sind in diesem Zusammenhang die verwendeten Parameterschranken (d. h. die *box constraints*). Diese erlauben es, den zulässigen Bereich auf physiologisch sinnvolle Werte zu begrenzen und den Suchraum so weiter einzuschränken.

  Spärlichkeit der Daten meint in diesem Zusammenhang, dass sich lediglich eine Niveaumenge in den Daten abbildet, an die das Modell anzupassen ist [134]. Die Historie der Erkrankung ist unbekannt. Longitudinale Daten liegen nicht vor. Der Tumor wird deshalb *de novo* modelliert. Plausible Zeitfenster zwischen Tumorgenese und Bildakquisition wurden experimentell identifiziert: Für verschiedene Endzeitpunkte (bestimmt auf der Basis von Erfahrungen aus Vorwärtssimulationen) wird eine Parameteridentifikation durchgeführt. Das Resultat mit der höchsten Konfidenz (d. h. mit dem kleinsten Wert der Zielfunktion) wird als Endergebnis festgehalten. Diese Vorgehensweise ist zielführend, zeigt aber auch, dass die Aussagekraft der geschätzten Parameter stark eingeschränkt ist.

  In zukünftigen Arbeiten ist der Parameterraum detaillierter zu analysieren. Eine Sensitivitätsanalyse ist vorzunehmen. Die Eindeutigkeit der Lösung des vorliegenden Optimierungsproblems mit DGL-Nebenbedingung ist näher zu untersuchen. Die vorgestellten Experimente anhand von synthetischen Fallbeispielen bestätigen die in [134] beschriebene Kopplung zwischen den Wachstumsparametern w_W, w_G und γ. Es wurde ein heuristischer Ansatz gewählt, um die Mehrdeutigkeiten des Problems durch eine Verbesserung der Datenlage einzuschränken. Anstelle der Verwendung von nur einer Konturierung, wurden zwei Observablen, basierend auf der Segmentierung des Tumors in unterschiedlichen Datensätzen (T1w+K und T2w), für die Optimierung verwendet.

- **Defektfunktional**: Es wurde ein Defektfunktional vorgeschlagen, welches auf einer aus der Zustandsfunktion abgeleiteten Observablen basiert, die konsistent mit der in der Bildgebung sichtbaren Information ist. Das Funktional basiert auf dem Vergleich der Anomalie in den Daten mit einer entsprechenden hypothetischen Niveaumenge [222] auf Seiten der Zustandsfunktion. Die Quantifizierung der Güte erfolgt über die Auswertung der Überdeckung dieser Regionen. Im Sinne der numerischen Behandlung ist diese Wahl sicherlich suboptimal. In diesem Zusammenhang sind weitere Maße für die Bewertung der Überdeckung von Regionen [42 & 124] zu prüfen.

  Die Verwendung anderer Defektfunktionale ist ein wichtiger Schritt für zukünftige Arbeiten, auch in Bezug auf die Reduktion von Mehrdeutigkeiten im Lösungsraum. Klassifikatoren zur Schätzung einer Wahrscheinlichkeitskarte für die in den

Bilddaten vorliegenden Gewebetypen und Tumorareale [77 & 107] sind ein vielversprechender Ansatz. In [134] wurde eine euklidische Distanz zwischen den Segmentierungen in den Daten und den zugehörigen, aus der Zelldichte geschätzten, Niveaumengen verwendet. Dieser Formalismus ist ebenfalls konsistent mit der durch die Bildgebung bereitgestellten Information und eignet sich generell für eine Integration in das vorgestellte Verfahren.

- **Box constraints** Die verwendeten *box constraints* sind ein zentraler Bestandteil des vorliegenden Algorithmus. Sie ermöglichen es, wie bereits erwähnt, die Parameter auf physiologisch sinnvolle Bereiche einzuschränken. Hierbei ist festzuhalten, dass die tatsächlichen Parameterschranken nicht bekannt sind [107]. Die verwendeten Werte für diese Schranken haben einen starken Einfluss auf die Optimierung. Auch dies deutet darauf hin, dass die bestimmten Parameter mit Sorgfalt zu behandeln sind.

  Diese Beobachtung bietet allerdings eine Chance für zukünftige Arbeiten: Der zulässige Parameterbereich wird derzeit für alle Daten gleich gewählt. Eine Adaption dieses Hyperkubus durch die Hinzunahme zusätzlicher, pathophysiologischer Biomarker scheint naheliegend. Hierdurch ließe sich zudem die Konfidenz bzgl. der geschätzten Parameter verbessern.

- **Quantitative Auswertung**: Ein wesentlicher Beitrag dieser Arbeit ist die quantitative Analyse der Güte der Modellkalibrierung durch den Vergleich der Prädiktion mit manuellen Expertensegmentierungen in zwölf patientenindividuellen MRT-Daten. Bis vor Kurzem sind direkte Vergleiche zwischen Modellprädiktion und Patientendaten meist qualitativ auf der Basis einer stark limitierten Anzahl von Patienten (≤ 2) bzw. auf der Basis von synthetischen Daten erfolgt (siehe [35, 105, 107, 114, 131, 132, 134 & 218]). Unlängst wurde im Kontext der nichtrigiden Registrierung [77 & 78], der Schätzung der Invasionsgrenze von Tumoren [168] und der Analyse der Eignung statistischer Gewebekarten für die Modellierung von Tumorwachstum [191] eine ähnliche Strategie wie in der vorliegenden Arbeit verwendet. Die Arbeiten in [77 & 78] bewerten die Modellkalibrierung allerdings vornehmlich im Sinne der Güte der nichtrigiden Registrierung der Daten. In [168] wird ein Modell kalibriert, jedoch steht die Schätzung der Invasionsgrenze im Vordergrund. Es wird weder eine Zustandsfunktion modelliert noch werden Parameter identifiziert. In [191] wird das Verfahren aus [222] verwendet, um das Modell an die Daten anzupassen. Damit existieren distinkte Unterschiede zur vorliegenden Arbeit.

  In Anbetracht der Schwierigkeiten (Spärlichkeit der Daten, Störungen in den Daten, Bildauflösung, Unkenntnis der Patientenhistorie, Eigenschaften der Zielfunktion, interindividuelle anatomische Variabilität) ist die erreichte Modellgüte als sehr gut zu bewerten. Die Kennwerte in der quantitativen Analyse der Überdeckung zwischen den geschätzten und den manuell etablierten Kennsätzen liegt in der

Modellindividualisierung 167

Größenordnung von den Ergebnissen, wie sie typischerweise in der nichtrigiden Intersubjekt-Registrierung erreicht werden [124]. Der erzielte JACCARD-Index für das Tumorareal liegt über den Werten in [77] und ist äquivalent zu den Ergebnissen in [168]. Die Güte der Simulation wird anhand der quantitativen Analyse in 75 % der zwölf Patienten als ausreichend bewertet. Eine visuelle Inspektion der Resultate für die Patienten, bei denen die Modellkalibrierung als unzureichend bewertet wurde, zeigt, dass die Intersubjekt-Unterschiede in der Anatomie und die Vernachlässigung der tumorinduzierten Deformation der Hauptgrund für die verminderte Güte der Modellkalibrierung sind.

Ein zentrales Problem der vorgestellten quantitativen Evaluierung der Modellkalibrierung ist, dass die manuellen Expertensegmentierungen bereits als Gütekriterium für das formulierte Optimierungsproblem eingesetzt wurden. Eine manuelle Expertensegmentierung als „Silberstandard" zu verwenden, ist naheliegend, da diese im klinischen Alltag zur Verlaufsbeurteilung und Planung der Therapiemaßnahmen genutzt werden. Damit scheint es auch aus Sicht der Validierung zweckmäßig, sich über andere Gütekriterien zur Kalibrierung des Modells Gedanken zu machen. Einen „Goldstandard" („echte Wahrheit") in den Daten zu etablieren ist eine Schwierigkeit, welcher die Forschung mit Sicherheit noch eine geraume Zeit gegenübersteht. Eine Möglichkeit bietet die Verwendung von Tiermodellen. Dies eröffnet den Zugang zu longitudinalen Daten. Derartige Daten standen im Rahmen dieser Arbeit nicht zur Verfügung.

- **Numerische Implementierung**: Auf Grund der Gestalt der Zielfunktion wird in der vorliegenden Arbeit ein ableitungsfreies Optimierungsverfahren verwendet. Diese und ähnliche zweckmäßige Strategien zur numerischen Optimierung werden ebenfalls in artverwandten Arbeiten verwendet [33, 77, 78, 106 & 107]. Da nur eine Auswertung der Funktionalwerte erfolgt, genügt es, in der konkreten Implementierung, das Vorwärtsproblem zu lösen und den Wert des Zielfunktionals zu bestimmen. In zukünftigen Arbeiten sind aus numerischer Sicht elaboriertere Strategien zu verwenden [1, 87, 88 & 107]. Erste Schritte in diese Richtung wurden in der vorliegenden Arbeit unternommen.

Abschließende Bewertung: Die Verwendung eines ableitungsfreien Optimierungsverfahrens bedarf lediglich der Auswertung des Vorwärtsoperators. Die Performanz der Implementierung des Lösers für das direkte Problem wurde bereits dargelegt. Damit ist eine effiziente Methodik zur Parameteridentifikation bereitgestellt. Die Validität der bestimmten Parameter unterliegt starken Einschränkungen. Gleichwohl konnte, trotz der Spärlichkeit der Observablen, für Bilddaten von zwölf Patienten die Eignung des vorgestellten Verfahrens gezeigt werden. Der qualitative Vergleich zwischen berechnetem Zustand und den MRT-Intensitätsmustern deutet auf eine gute Übereinstimmung hin. Die bestimmte Zustandsfunktion, scheint die vorliegenden Daten hinreichend gut zu erklären. Die quantitative Übereinstimmung zwischen Modellprädiktion und Observablen entspricht jener jüngst in der Literatur beschriebener Methoden [168]. Hierdurch konnte die phänomenologische Validität des entwickelten Modells auf systematische Art und Weise bestätigt werden, ein erstes Ziel, dem sich die vorliegende Arbeit verschreibt.

6.4 Schlussbemerkung und Ausblick

Zu Beginn dieser Arbeit wurde dargelegt, welchen Beitrag eine mathematische Modellierung für (*i*) die Studie der Progression primärer Hirntumoren, (*ii*) die Verlaufsbeurteilung und (*iii*) die Planung einer klinischen Intervention zu leisten vermag. Um eine Translation in die klinische Anwendung vollziehen zu können, ist es erforderlich, valide, akkurate und effiziente Verfahren für eine naturgetreue Simulation des Wachstumsverhaltens primärer Hirntumoren bereitzustellen. Zudem ist es notwendig, Methoden zu entwickeln, die eine (populationsübergreifende) Aufbereitung und Analyse klinischer (Bild-)Daten ermöglichen. Die vorliegende Arbeit hat auf beiden Gebieten folgende zentrale Beiträge geleistet:

- Die Entwicklung einer effizienten Umgebung zur Simulation der Progression primärer Hirntumoren und deren detaillierte Beschreibung.

- Eine Analyse der Effizienz und der Genauigkeit der bereitgestellten Methodik.

- Die Entwicklung eines neuartigen Verfahrens zur Modellierung tumorinduzierter Gewebedeformation für die nichtrigide Bildregistrierung.

- Die Entwicklung eines Ansatzes zur Parameteridentifikation anhand von patientenindividuellen medizinischen Bilddaten.

- Eine quantitative phänomenologische Validierung des entwickelten Modells auf der Basis von medizinischen Bilddaten von zwölf Patienten.

So konnte die Eignung der entwickelten Methodik zur phänomenologischen Modellierung von Tumorwachstum bestätigt werden. Die Verfahren wurden kritisch diskutiert. Neue Forschungsziele sind identifiziert. Demgemäß ist der erste, zwingend notwendige Schritt in der Methodenentwicklung erfolgt. Bis hin zur Etablierung prognostischer Verfahren, die eine Vorhersage des Wachstumsverhaltens von Tumoren erlauben, ist es noch ein weiter Weg. Eine zentrale Schwierigkeit, die in diesem Zusammenhang verbleibt, ist eine Validierung der entwickelten Verfahren. Das verwendete Modell vermag es zwar, die Daten phänomenologisch zu erklären, doch unterliegt es starken Vereinfachungen. Darum ist eine detailliertere experimentelle Analyse, vorzugsweise im Tiermodell oder in longitudinalen Bildgebungsstudien, zwingend erforderlich.

Schlussbemerkung und Ausblick

Gleichwohl konnte in dieser Arbeit gezeigt werden, dass eine großmaßstäbliche Modellierung es vermag, die unterliegenden Bilddaten gewinnbringend und systematisch aufzubereiten, um damit potenziell wertvolle Informationen zugänglich zu machen. Es konnte gezeigt werden, dass es möglich ist, dynamische Informationen bereitzustellen, wie sie im klinischen Alltag nicht zur Verfügung stehen. Die personalisierte, mathematische Modellierung von Tumorwachstum hat insgesamt das Potenzial, ein integraler Bestandteil von klinisch eingesetzten Verfahren der Bildaufbereitung und Bildbearbeitung zu werden. Neben Fernzielen in der klinischen Anwendung, ist ein fundamentaler Nutzen für die medizinische Forschung zu sehen. Eine systematische Analyse von Wachstumsparametern in individuellen Patienten und über ein Patientenkollektiv hinweg sowie der Vergleich von Modellprädiktion mit bildmorphologischen, funktionellen oder physiologischen patientenindividuellen Charakteristika erlaubt es, neue Einblicke in den Verlauf von Tumorerkrankungen zu gewinnen. Im Rahmen dieser Arbeit wurden verschiedene Methoden entwickelt, deren ultimatives Ziel es ist, den Weg in diese translatorische Forschung zu ebnen.

Appendix

Modellparameter

In Tab. I wird ein Überblick über verwendete Parameter für die Modellierung des Wachstums primärer Hirntumoren gegeben. Dieser basiert (ohne Anspruch auf Vollständigkeit) auf Angaben aus der für diese Arbeit relevanten Primärliteratur. Gelistet sind lediglich diejenigen Parameter, die in der vorliegenden Arbeit Verwendung finden.

Tabelle I In der Literatur verwendete Modellparameter.

Bezeichnung	Symbol	Wert	Referenz
Wachstumsrate	γ / d	$1{,}2 \times 10^{-2}$	[39, 131, 179, 191, 218, 222 & 230]
		$2{,}5 \times 10^{-2}$	[78]
		$3{,}6 \times 10^{-2}$	[105]
		$[1{,}2 \times 10^{-1}, 5{,}2]$	[122]
		$[9 \times 10^{-3}, 2{,}4 \times 10^{-2}]$	[134]
Diffusionskoeffizient	$w_G / m^2/d$	$1{,}3 \times 10^{-7}$	[131, 179, 217, 218 & 230]
		$[5 \times 10^{-9}, 2{,}5 \times 10^{-8}]$	[134]
	$w_W / m^2/d$	$[2{,}5 \times 10^{-8}, 5 \times 10^{-7}]$	[134]
	s	5	[106, 179 & 218]
		10	[84]
Trägerkapazität	u_M / mm^{-3}	$3{,}5 \times 10^4$	[18, 35, 44 & 232]
		1×10^6	[191]
		1×10^8	[187]
Detektionsschwellwert	u/u_M	0,4	[134]
		0,8 (T2w)	[222]
		0,16 (T1w+K)	[222]

Softwareumgebung

Zur Erstellung der in der vorliegenden Arbeit diskutierten Softwareumgebung werden diverse, frei zugängliche Softwarepakete verwendet. Der Simulationskern ist in einer

C++ Umgebung entwickelt. Die Grundlage für das entwickelte Softwarepaket liefert das *Insight Segmentation and Registration Toolkit* (ITK) (Insight Software Consortium) [112]. Um eine plattformunabhängige Entwicklung zu ermöglichen, wird zur Erstellung des Programmpaketes das Programmierwerkzeug *CMake* verwendet. Die Software wird unter den Betriebssystemen Mac OS X und Windows erstellt und getestet. Als integrierte Entwicklungsumgebung wird *Microsoft Visual Studio* und *XCode* verwendet. Die Ansteuerung der Programmmodule erfolgt über die Kommandozeile oder über Bash (Mac OS X) und Visual Basic (Windows) Skripte.

Zur Lösung der auftretenden linearen Gleichungssysteme im Rahmen der Modellierung wird für die C++ Implementierungen das *Portable, Extensible Toolkit for Scientific Computation* (PETSc) verwendet [14]. Wie aus Abschnitt 3.4 ersichtlich, führt die Diskretisierung des ARWP u. U. auf dünnbesetzte Gleichungssysteme. Die Speicherung der Matrixoperatoren wird erst durch eine Vernachlässigung der von Null verschiedenen Elemente möglich. Für die Speicherung der dünnbesetzten Matrizen wird in der vorliegenden, konkreten Implementierung ein *Compressed Sparse Row* Format [196, S. 84] verwendet. Für die ableitungsfreie Optimierung einer Zielfunktion unter DGL-Nebenbedingungen wird das *Hybrid Optimization Parallel Search PACKage* (HOPSPACK) verwendet [177].

Für die Visualisierung der Ergebnisse und die Erstellung von Testmodulen und illustrativen Beispielen wird auf die Skriptsprachen *Python* und *MATLAB* (The MathWorks) zurückgegriffen. Für die Visualisierung von Tensordaten wird das *MedINRIA* (INRIA ASCLEPIOS) Softwarepaket verwendet. Für die Visualisierung triangulierter Oberflächen wird entweder *3D Slicer* [175 & 176] oder *ParaView* (Sandia Corporation, Kitware Inc) verwendet.

Danksagung

Abschließend möchte ich dem Dank an all jene Ausdruck verleihen, die auf vielfältige Art und Weise zu der Fertigstellung dieses Werkes beigetragen haben.

In besonderem Maße danke ich meinem Doktorvater Prof. Dr. Thorsten M. Buzug für die ausgezeichnete Betreuung, die Unterstützung im Fachlichen und Persönlichen sowie für das Vertrauen in meine Arbeit.

Gleichermaßen bedanke ich mich bei meinen Kolleginnen und Kollegen an der Universität zu Lübeck für ihre Unterstützung. Insbesondere danke ich unseren klinischen Partnern Dr. Matteo M. Bonsanto, Dr. Thomas Eckey, Dr. Christian Mohr, Prof. Dr. Dirk Petersen und Prof. Dr. Volker M. Tronnier. Überdies bin ich Prof. Dr. Bernd Fischer, Dr. Stefan Heldmann und Prof. Dr. Jan Modersitzki, die mir stets für fachliche und persönliche Gespräche zur Verfügung standen, zu großem Dank verpflichtet.

Mein besonderer Dank gebührt dem gesamten Kollegium am Institut für Medizintechnik für die nette Atmosphäre und die ausgezeichnete Zusammenarbeit in Forschung und Lehre – allen voran den Mitgliedern meiner Arbeitsgruppe, namentlich Stefan Becker, Tina Anne Schütz und Alina Toma. Den Studenten Philipp Klein, Thomas Polzin, Jenny Stritzel und Viktor Wottschel möchte ich für die exzellente Zusammenarbeit danken.

Abschließend gebührt mein Dank Klaas Bente, Anna-Lena Belgardt, Judith Berger, Caroline Hagemann, Matthias Kleine, Martin Koch, Christian Meyer, Britta Göhrisch-Radmacher, Timo Sattel, Julia Schiller, Oliver Schmitz, Maik Stille und Matthias Weber für die sorgfältige und kritische Durchsicht dieses Schriftstückes.

Austin, TX, US, 1. Mai 2013   Andreas Mang

Notationsverzeichnis

$\mathbf{N}$	Menge der positiven ganzen Zahlen
$\mathbf{N}_0$	Menge der nichtnegativen Zahlen
$\mathbf{Z}$	Menge der ganzen Zahlen
$\mathbf{R}$	Menge der reellen Zahlen
$\mathbf{R}_0^+$	Menge der nichtnegativen reellen Zahlen
$\mathbf{R}^+$	Menge der strikt positiven reellen Zahlen
$\#\mathfrak{M}$	Mächtigkeit/Kardinalität einer Menge $\mathfrak{M}$
Ω	Gebiet, Definitionsbereich $\Omega \subset \mathbf{R}^d$
$\partial \Omega = \Gamma$	Berandung des Gebietes $\Omega \subset \mathbf{R}^d$
$\bar{\Omega}$	Abschluss des Gebietes $\Omega \subset \mathbf{R}^d$; $\bar{\Omega} := \Omega \cup \partial \Omega$
Ω^h	diskretes Gebiet (Gitter) $\Omega^h \in \mathbf{R}^{dm^1 \times \cdots \times m^d}$
Ω_B	Gebiet eingenommen durch das Gehirn (mit Berandung $\partial \Omega_B$ und Abschluss $\bar{\Omega}_B$)
Ω_B^h	diskretes Gebiet (Gitter) $\Omega_B^h \subset \Omega^h$
$A \succ 0$	A ist positiv definit
$A \succcurlyeq 0$	A ist positiv semidefinit
A^T	Transponierte einer Matrix $A \in \mathbf{R}^{n \times n}$
$\mathrm{cond}_\alpha(A)$	Konditionszahl von $A \in \mathbf{R}^{n \times n}$ bzgl. der induzierten Norm $\|\cdot\|_\alpha$ (siehe Def. 3, S. 20)
$\mathfrak{S}^n$	Menge der symmetrischen Matrizen aus dem $\mathbf{R}^{n \times n}$
$\mathfrak{S}^{n,+}$	Menge der symmetrisch positiv definiten (SPD) Matrizen aus dem $\mathbf{R}^{n \times n}$
$\mathfrak{S}_0^{n,+}$	Menge der symmetrisch positiv semidefiniten Matrizen aus dem $\mathbf{R}^{n \times n}$
Dy	Funktionalmatrix einer Funktion $y : \mathbf{R}^d \to \mathbf{R}^d$ (siehe Def. 17, S. 114)
$\mathrm{diag}(\cdot)$	Operator zur Konstruktion einer *Diagonalmatrix*; $\mathrm{diag} : \mathbf{R}^n \to \mathbf{R}^{n \times n}$
$\otimes$	Kronecker-Produkt (siehe Def. 14, S. 52)
$\oslash$	Hadamard-Division (siehe Def. 13, S. 52)
$\odot$	Hadamard-Produkt (siehe Def. 13, S. 52)
$x \perp y$	x steht senkrecht auf y; d. h. $\langle x, y \rangle_{\tilde{x}} = 0$
y	Transformation $y = (y^1, \ldots, y^d)^\mathsf{T}$, $y : \mathbf{R}^d \to \mathbf{R}^d$
y_κ	parametrische Transformation
x	Koordinate, $x = (x^1, \ldots, x^d)^\mathsf{T} \in \Omega \subset \mathbf{R}^d$
u	Zustandsfunktion, z. B. $u : \mathbf{R}^d \times \mathbf{R}_0^+ \to \mathbf{R}$

u^δ	perturbierte Zustandsfunktion; $u^\delta := u + \delta u$
u^h	diskrete Zustandsfunktion (Vektorformat; $u^h \in \mathbf{R}^n$)
v	Koeffizientenfunktion; $v : \bar{\Omega} \to \mathbf{R}_0^+$ (skalarwertig) bzw. $v : \bar{\Omega} \to \mathfrak{S}^{n,+}$ (tensorwertig)
w	Modellparameter ($w \in \mathbf{R}^{n_p}$ (Tupel) bzw. $w : \bar{\Omega} \to \mathbf{R}_0^+$ (Koeffizientenfunktion))
w^h	diskrete Parameter- bzw. Koeffizientenfunktion $w^h \in \mathbf{R}^n$ (Vektorformat)
δ	Delta-Distribution, $$\int_{-\infty}^{\infty} \delta(x)\,\mathrm{d}x = 1, \quad \delta(x) \begin{cases} +\infty, & \text{falls } x = 0, \\ 0, & \text{sonst.} \end{cases}$$
$\mathcal{L}$	Differenzialoperator
$\mathcal{L}^h$	diskreter Differenzialoperator
$\mathcal{B}$	Randoperator
$\mathcal{B}^h$	diskreter Randoperator
$\mathcal{Q}$	state-to-observation map
$\mathcal{C}(u,w)$	Operator der Zustandsgleichung
$\mathfrak{F}$	Funktionenraum (z. B. $\mathfrak{F} := \{f : \mathbf{R}^{dn \times n} \to \mathbf{R}\}$)
$\mathfrak{F}^h$	diskreter Funktionenraum (z. B. $\mathfrak{F}^h := \{f^h : \mathbf{Z}^d \to \mathbf{R}\}$)
$\lvert\Omega\rvert = \mathcal{L}^d(\Omega)$	d-dimensionales Lebesque Maß, $\mathcal{L}^d([x,\tilde{x})) = \prod_{i=1}^{d}(\tilde{x}^i - x^i)$
$\mathrm{dom}(\cdot)$	Definitionsmenge einer Funktion / Abbildung
$\mathrm{im}(\cdot)$	Bildbereich (Bild) einer Funktion / Abbildung
$\mathcal{J}$	Funktional (Zielfunktion)
$\mathcal{J}^h$	diskretes Funktional (Zielfunktion)
$\mathcal{D}$	Defektfunktional
$\mathcal{D}^h$	diskretes Defektfunktional
$\mathcal{R}$	Regularisierungsfunktional
$\mathcal{R}^h$	diskretes Regularisierungsfunktional
$\mathcal{O}(\cdot)$	Landau-Symbol

Abkürzungsverzeichnis

ARWP	Anfangsrandwertproblem
BFGS	Broyden-Fletcher-Goldfarb-Shanno(-Verfahren)
CFL	Courrant-Friedrichs-Lewy(-Bedingung)
CG	konjugiertes Gradienten (Verfahren)
CN	Crank-Nicolson(-Verfahren)
CT	Computer-Tomographie
DGL	Differenzialgleichung
DT	Diffusions-Tensor
DTI	Diffusions-Tensor-Bildgebung
EC	Euler-Cauchy(-Verfahren)
FA	fraktionelle Anisotropie
FDM	Finite-Differenzen-Methode
FED	Fast-Explicit-Diffusion
FEM	Finite-Elemente-Methode
FLAIR	*Fluid-Attenuated-Inversion-Recovery*
FVM	Finite-Volumen-Methode
GB	Glioblastom
GDGL	gewöhnliche Differenzialgleichung
GSS	*Generating Set Search*
HOPSPACK	*Hybrid Optimization Parallel Search PACKage*
IE	implizites Euler(-Verfahren)
L-BFGS	*limited-memory* BFGS(-Verfahren)
MPI	Magnetic-Particle-Imaging
MRT	Magnetresonanztomographie
MSA	Methode des steilsten Abstiegs
PCA	*Principal Component Analysis*
PCG	vorkonditionierte konjugierte Gradienten (Methode)
PDGL	partielle Differenzialgleichung
PET	Positronen-Emmissions-Tomographie
QN	Quasi-Newton(-Verfahren)
RDG	Reaktions-Diffusions-Gleichung
RDKG	Reaktions-Diffusions-Konvektions-Gleichung
STS	*Super-Time-Stepping*

WWL	Wandernde-Wellen-Lösung
ZEC	zyklisches Euler-Cauchy(-Verfahren)
FMRT	funktionelle Magnetresonanztomographie

Literaturverzeichnis

Eigene Arbeiten

Im Folgenden sind die Publikationen des Autors dieser Dissertationsschrift zusammengetragen. Arbeiten, die in Verbindung mit der vorliegenden Dissertationsschrift entstanden sind, sind durch ◊ markiert. Veröffentlichungen, die in der vorliegenden Arbeit beschrieben sind, sind durch ♠ markiert.

Begutachtete Beiträge in Zeitschriften

[EZ01] SCHUETZ T. A., BECKER S., MANG A.◊, TOMA A. & BUZUG, T. M. Modelling of glioblastoma growth by linking a molecular interaction network with an agent based model, Math Comp Model Dyn, 19(5):417–433, 2013.

[EZ02] TOMA A., ROCÍO CISNEROS CASTILLO L., SCHUETZ T. A., BECKER S., MANG A.◊, RÉGNIER-VIGOUROUX A. & BUZUG T. M. A validated mathematical model of tumour-immune interactions for glioblastoma. Curr Med Imaging Rev, 9(2):145–153, 2013.

[EZ03] MANG A.♠, TOMA A., SCHUETZ T. A., BECKER S. & BUZUG T. M. A generic framework for modeling brain deformation as a constrained parametric optimization problem to aid non-diffeomorphic image registration in brain tumor imaging. Meth Inf Med, 51(1):429–440, 2012.

[EZ04] TOMA A., MANG A.◊, SCHUETZ T. A., BECKER S. & BUZUG T. M. A novel method for simulating the extracellular matrix in models of tumour growth. Comput Math Method M, 2012(109019):1–11, 2012.

[EZ05] MANG A.♠, TOMA A., SCHUETZ T. A., BECKER S., MOHR C., ECKEY T., PETERSEN D. & BUZUG T. M. Biophysical modeling of brain tumor progression: From unconditionally stable explicit time integration to an inverse problem with parabolic PDE constraints for model calibration. Med Phys, 39(7):4444–4460, 2012.

[EZ06] BECKER S., MANG A.◊, TOMA A. & BUZUG T. M. In-silico oncology: An approximate model of brain tumor mass effect based on directly manipulated free form deformation. Int J Comput Assist Radiol Surg, 5(6):607–622, 2010.

[EZ07] MANG A., SCHNABEL J. A., CRUM W. R., MODAT M., CAMARA-REY O., PALM C., CASEIRAS G. B., JÄGER H. R., OURSELIN S., BUZUG T. M. & HAWKES D. J. Consistency of parametric registration in serial MRI studies of brain tumor progression. Int J Comput Assist Radiol Surg, 3(3-4):201–211, 2008.

[EZ08] MANG A., MÜLLER J. & BUZUG T. M. A multi-modality computer-aided framework towards postmortem identification. J Comput Inf Tech, 14(1):7–19, 2006.

Begutachtete Konferenz- & Workshopbeiträge

[EK01] MANG A.♣, STRITZEL J., TOMA A., BECKER S., SCHUETZ T. A. & BUZUG T. M. Personalisierte Modellierung der Progression primärer Hirntumoren als Optimierungsproblem mit Differentialgleichungsnebenbedingung. In *Proc BVM*, S. 57–62, 2013.

[EK02] TOMA A., RÉGNIER-VIGOUROUX A., MANG A.◊, BECKER S., SCHUETZ T. A. & BUZUG T. M. In-silico modelling of tumour immune system interactions for glioblastomas. In *Math Mod*, S. 1237–1242, 2012.

[EK03] SCHUETZ T. A., MOELLER S., BECKER S., MANG A.◊ & TOMA A. A cross-scale model of tumor growth: Do we need to model molecular interactions in separate artificial compartments within a cell? In *Math Mod*, S. 1294–1299, 2012.

[EK04] MANG A.◊, SCHUETZ T. A., BECKER S., TOMA A. & BUZUG T. M. Cyclic numerical time integration in variational non-rigid image registration based on quadratic regularisation. In *Vis Mod Visual*, S. 143–150, 2012.

[EK05] TOMA A., RÉGNIER-VIGOUROUX A., MANG A.◊, SCHUETZ T. A., BECKER S. & BUZUG T. M. In-silico Modellierung der Immunantwort auf Hirntumorwachstum. In *Proc BVM*, S. 123–128, 2012.

[EK06] SCHUETZ T. A., BECKER S., MANG A.◊, TOMA A. & BUZUG T. M. A computational multiscale model of glioblastoma growth: Regulation of cell migration and proliferation via microRNA-451, LKB1 and AMPK. In *IEEE Eng Med Biol Soc Ann*, S. 6620–6623, 2012.

[EK07] MANG A.♣, SCHUETZ T. A., TOMA A., BECKER S. & BUZUG T. M. An efficient, variational non-parametric model of tumour induced brain deformation to aid non-diffeomorphic image registration. In *I S Biomed Imaging*, S. 732–735, 2012.

[EK08] MANG A.♣, TOMA A., SCHUETZ T. A., BECKER S. & BUZUG T. M. Eine effiziente Parallel-Implementierung eines stabilen EULER-CAUCHY-Verfahrens für die Modellierung von Tumorwachstum. In *Proc BVM*, S. 63–68, 2012.

[EK09] MANG A.♣, SCHUETZ T. A., TOMA A., BECKER S. & BUZUG T. M. Ein dämonenartiger Ansatz zur Modellierung tumorinduzierter Gewebedeformation als Prior für die nicht-rigide Bildregistrierung. In *Proc BVM*, S. 422–427, 2012.

[EK10] TOMA A., MANG A.◊, SCHUETZ T. A., BECKER S. & BUZUG T. M. Is it necessary to model the matrix degrading enzymes for simulating tumour growth? In *Vis Mod Visual*, S. 361–368, 2012.

[EK11] MANG A.♣, BECKER S., TOMA A., SCHUETZ T. A., KÜCHLER J., TRONNIER V., BONSANTO M. M. & BUZUG T. M. A model of tumour induced brain deformation as biophysical prior for non-rigid image registration. In *I S Biomed Imaging*, S. 578–581, 2011.

[EK12] HEYE A., BECKER S., MANG A.◊, SCHUETZ T. A., TOMA A. & BUZUG T. M. Ein kontinuierlicher Ansatz zur Modellierung von Tumorwachstum und Strahlentherapie. In *Proc BVM*, S. 384–388, 2011.

[EK13] MANG A.♣, BECKER S., TOMA A., SCHUETZ T. A. & BUZUG T. M. Modellierung tumorinduzierter Gewebedeformation als Optimierungsproblem mit weicher Nebenbedingung. In *Proc BVM*, S. 294–298, 2011.

Literaturverzeichnis

[EK14] SCHRÖDER Y., BECKER S., TOMA A., **MANG A.**$^\Diamond$, SCHUETZ T. A. & BUZUG T. M. Ein diskreter Ansatz zur Modellierung von Tumorwachstum und Strahlentherapie. In *Proc BVM*, S. 379–383, 2011.

[EK15] BECKER S., **MANG A.**$^\Diamond$, TOMA A. & BUZUG T. M. Approximating tumor induced brain deformation using directly manipulated free form deformation. In *I S Biomed Imaging*, S. 85–88, 2010.

[EK16] BECKER S., **MANG A.**$^\Diamond$ & BUZUG T. M. Approximation des Tumormasseeffekts mittels direkt-manipulierender Free-Form Deformation. In *Proc BVM*, S. 306–310, 2010.

[EK17] BECKER S., JUNGMANN J. O., **MANG A.** & BUZUG T. M. Tumorwachstumsmodellierung als parametrisches Bildregistrierproblem. In *Proc BVM*, S 197–201, 2009.

[EK18] **MANG A.**, CAMARA O., CASEIRAS G. B., CRUM W. R., SCHNABEL J. A., BUZUG T. M., THORNTON J., JÄGER H. R. & HAWKES D. J. Registration of rCBV and ADC maps with structural and physiological MR images in glioma patients: Study and validation. In *I S Biomed Imaging*, S. 37–40, 2007.

[EK19] **MANG A.**, WAGNER M., MÜLLER J., FUCHS M. & BUZUG T. M. Restoration of the sphere-cortex homeomorphism. In *Proc BVM*, S. 286–290, 2006.

[EK20] MÜLLER J., **MANG A.** & BUZUG T. M. A template-deformation method for facial reproduction. In *Image Signal Processing Anal*, S. 359–364, 2005.

Weitere Konferenz- & Workshopbeiträge

[EK21] TOMA A., HOLL-ULRICH K., BECKER S., **MANG A.**$^\Diamond$, SCHUETZ T. A., BONSANTO M. M., TRONNIER V. & BUZUG T. M. A mathematical model to simulate glioma growth and radiotherapy at the microscopic level. Biomed Tech 57(1):218–222, 2012.

[EK22] **MANG A.**$^\clubsuit$, BECKER S., TOMA A. & BUZUG T. M. Coupling tumor growth with brain deformation: A constrained parametric non-rigid registration problem. In *P Soc Photo-Opt Ins*, S. 76230C 1–12, 2010.

[EK23] BECKER S., **MANG A.**, JUNGMANN J. O. & BUZUG T. M. In-silico Modellierung von Tumorwachstum: Approximation des Tumormasseeffektes mittels Thin-Plate-Splines. In *Lect Notes Inf*, S. 1276–1284, 2009.

[EK24] BECKER S., JUNGMANN J. O., **MANG A.** & BUZUG T. M. An adaptive landmark scheme for modeling brain deformation in diffusion-based tumor growth. In *IFMBE Proc*, S 41–44, 2009.

[EK25] **MANG A.**, MÜLLER J. & BUZUG T. M. Soft-tissue segmentation in forensic applications. In *Facial Reconstruction*, S. 62–77, 2007.

[EK26] **MANG A.**, CRUM W. R., CAMARA-REY O., SCHNABEL J. A., PENNEY G. P., CASEIRAS G. B., BUZUG T. M., JÄGER H. R., YOUSRY T. A. & HAWKES D. J. Modelling tumour growth patterns with non-rigid image registration. In *Springer Proc Phys*, S. 139–144, 2007.

[EK27] **MANG A.**, CAMARA O., CASEIRAS G. B., CRUM W. R., SCHNABEL J. A., BUZUG T. M., THORNTON J., JÄGER H. R. & HAWKES D. J. Image registration of structural and physiological MR images of abnormal anatomy. In *Springer Proc Phys*, S. 211–216, 2007.

[EK28] MÜLLER J., **MANG A.** & BUZUG T. M. Radial basis functions for 3D nonlinear soft-tissue warping. In *Facial Reconstruction*, S. 161–175, 2007.

[EK29] MANG A., MÜLLER J. & BUZUG T. M. Gradient vector flow based active contours for facial reconstruction. In *Aktuelle Methoden der Laser- und Medizinphysik*, S. 218–223, 2005.

[EK30] MÜLLER J., MANG A. & BUZUG T. M. 3D warping for forensic soft-tissue reconstruction. In *Aktuelle Methoden Laser- und Medizinphysik*, S. 212–217, 2005.

[EK31] MANG A., MÜLLER J. & BUZUG T. M. Deformable models for soft-tissue assessment in forensic applications. *Biomed Tech*, 50(1):1432–1433, 2005.

[EK32] MANG A., WAGNER M., MÜLLER J., FUCHS M. & BUZUG T. M. Local topology correction of triangle meshes. *Biomed Tech*, 50(1):552–553, 2005.

[EK33] MÜLLER J., MANG A., THOMSEN D. & BUZUG T. M. Regularized 3D thin-plate splines for soft-tissue reconstruction. *Biomed Tech*, 49(2):134–135, 2004.

Kurzfassungen

[EK34] MANG A.$^{\diamond}$, TOMA A., BECKER S., SCHUETZ T. A. & BUZUG T. M. Fast explicit variational diffusion registration. *Biomed Tech*, 57(1):46, 2012.

[EK35] BECKER S., MANG A.$^{\diamond}$, TOMA A., SCHUETZ T. A. & BUZUG T. M. Modelling the progression of brain metastases. *Biomed Tech*, 57(1):812, 2012.

[EK36] BECKER S., POPP K., MANG A.$^{\diamond}$, SCHUETZ T. A., TOMA A., DUNST J., BUZUG T. M. & RADES D. A new mathematical model to simulate the progression of brain metastasis. *Int J Radiat Oncol*, 84(3):297, 2012.

[EK37] TOMA A., HOLL-ULRICH K., BECKER S., MANG A.$^{\diamond}$, SCHUETZ T. A. & BUZUG T. M. Mathematical modeling of tumor dynamics and radiotherapy for early glioma. In *Soc Math Biol Ann*, S. PS8, 2012.

[EK38] SCHUETZ T. A., BECKER S., MANG A.$^{\diamond}$, TOMA A. & BUZUG T. M. A mathematical multiscale model of the role of microRNA-451 in glioblastoma growth. In *Soc Math Biol Ann*, S. 273, 2012.

[EK39] BECKER S., POPP K., MANG A.$^{\diamond}$, SCHUETZ T. A., TOMA A., DUNST J., RADES D. & BUZUG T. M. A mathematical model to simulate the progression and treatment of brain metastasis. In *Soc Math Biol Ann*, S. 84, 2012.

[EK40] TOMA A. MANG A.$^{\diamond}$, SCHUETZ T. A. & BUZUG T. M. Can mathematical modelling help to cure glioblastoma multiforme? *In J Cancer Res Clin Oncol* 138(1):391, 2012.

[EK41] MANG A.$^{\clubsuit}$, TOMA A., BECKER S., SCHUETZ T. A. & BUZUG T. M. Modellierung von Tumorwachstum: Über stabile explizite und implizite numerische Verfahren zur Lösung eines Anfangsrandwertproblems. In *Med Phys*, S. 88–89, 2011.

[EK42] TOMA A., PFENNIG P., MANG A.$^{\diamond}$, SCHUETZ T. A., BECKER S., WICK W. & BUZUG T. M. Concentration driven invasion velocity of tumor cells. In *Int Conf Syst Biol*, S. 246, 2011.

[EK43] BECKER S., MANG A.$^{\diamond}$, TOMA A., SCHUETZ T. A. & BUZUG T. M. A mathematical framework for modeling brain tumor progression and responses to radiation therapy. In *Med Phys*, S. 35, 2011.

[EK44] TOMA A., PFENNIG P., MANG A.$^{\diamond}$, SCHUETZ T. A., BECKER S., WICK W. & BUZUG T. M. In-silico Modellierung der sauerstoffkonzentrationsabhängigen Invasionsgeschwindigkeit von Tumorzellen. In *Med Phys*, S. 85–86, 2011.

[EK45] MANG A., TOMA A., BECKER S., SCHUETZ T. A. & BUZUG T. M. Exploiting analytical derivatives for volume-constrained parametric non-rigid image registration. *Biomed Tech* 56(1):569, 2011.

[EK46] SCHROEDER Y., TOMA A., BECKER S., MANG A., SCHUETZ T. A. & BUZUG T. M. A cellular model of brain tumour growth and the effects of radiotherapy. *Biomed Tech* 56(1):628, 2011.

[EK47] HEYE A., BECKER S., MANG A., SCHUETZ T. A., TOMA A. & BUZUG T. M. A continuous model of tumour progression and radiotherapy. *Biomed Tech* 56(1):420, 2011.

[EK48] SCHUETZ T. A., TOMA A., BECKER S., MANG A. & BUZUG T. M. Multiscale modelling of brain tumour growth: The influence of EGFR on the molecular and cellular level. *Biomed Tech* 56(1):620, 2011.

[EK49] TOMA A., SCHUETZ T. A., MANG A., BECKER S. & BUZUG T. M. A novel hybrid chemotaxis-haptotaxis model to simulate glioma growth. *Biomed Tech* 56(1):421, 2011.

[EK50] TOMA A., MANG A., SCHUETZ T. A., BECKER S., BUZUG T. M., PFENNING P.-N. & WICK W. A nutrient-guided chemotaxis-haptotaxis approach for modeling the invasion of tumor cells. In *Euro Conf Math Theor Biol*, S. 971, 2011.

[EK51] BECKER S., MANG A., SCHUETZ T. A., TOMA A. & BUZUG T. M. A mathematical model of brain tumor and normal tissue responses to radiation therapy. In *Euro Conf Math Theor Biol*, S. 88, 2011.

[EK52] BECKER S., POPP K., SIEBERT F.-A., MANG A., SCHUETZ T. A., TOMA A., BUZUG T. M. & DUNST J. Computer-basierte Simulation von Tumorprogression und Strahlentherapie bei Hirntumoren. *Strahlenther Onkol* 187(1):120, 2011.

[EK53] TOMA A., MANG A., SCHUETZ T. A., BECKER S. & BUZUG T. M. An efficient regular lattice approach for discrete modelling of tumour growth. *Int J Comput Assist Radiol Surg* 6(1):S360–S361, 2011.

[EK54] BECKER S., HEYE A., MANG A., TOMA A., SCHUETZ T. A. & BUZUG T. M. A mathematical model of tumor progression and radiation therapy. *Int J Comput Assist Radiol Surg* 6(1):S53, 2011.

[EK55] SCHUETZ T. A., TOMA A., BECKER S., MANG A. & BUZUG T. M. Computational multiscale modeling of brain tumor growth. In *Euro Conf Comput Biol*, S. G21, 2010.

[EK56] TOMA A., MANG A., BECKER S., SCHUETZ T. A. & BUZUG T. M. A microscopic model of avascular tumor growth. In *Int Conf Syst Biol*, S. 201, 2010.

[EK57] TOMA A., MANG A., BECKER S., SCHUETZ T. A. & BUZUG T. M. Ein hybrides Modell zur Beschreibung von avaskulärem Tumorwachstum. *Biomed Tech* 55:699, 2010.

[EK58] BECKER S., TOMA A., MANG A., SCHUETZ T. A. & BUZUG T. M. Ein kontinuierlicher Ansatz zur nährstoffbasierten Modellierung von Tumorwachstum und Angiogenese. *Biomed Tech* 55:700, 2010.

[EK59] BECKER S., JUNGMANN J. O., MANG A. & BUZUG T. M. Mass-effect approximation of an isotropic diffusion-based brain tumor model. *Int J Comput Assist Radiol Surg* 4(1):S321–S322, 2009.

[EK60] MANG A., SCHNABEL J. A., CRUM W. R., CAMARA-REY O., BUZUG T. M. & HAWKES D. J. Consistency analysis of parametric registration in serial MR imaging studies of tumour disease progression. *Int J Comput Assist Radiol Surg* 3(1):S409–S410, 2008.

[EK61] WAGNER M., MANG A., FUCHS M. & KASTNER J. Restoration of the sphere-cortex homeomorphism for coarse cortical triangle meshes. *NeuroImage* 41(1):S176, 2008.

[EK62] MANG A., CRUM W. R., CAMARA-REY O., SCHNABEL J. A., PENNEY G. P., BRASIL-CASEIRAS G., BUZUG T. M., JÄGER H. R., REES J., YOUSRY T. A. & HAWKES D. J. Nonrigid image registration to analyse glioma tumour growth patterns in serial MR imaging studies. *Biomed Tech* 52:48511, 2007.

Abschlussarbeiten & Berichte

[EA01] MANG A. Parametric deformation models in image computing. Masterarbeit, Institut für Medizintechnik, Universität zu Lübeck, Lübeck, DE, 2009.

[EA02] MANG A. Parametric image registration of serial MR images of brain tumour pathology. Technischer Bericht, Centre for Medical Image Computing, University College London, London, UK, 2008.

[EA03] MANG A. Medical image registration to improve the understanding of disease progression of glioma tumours. Diplomarbeit, Centre for Medical Image Computing, University College London, London, UK, 2006.

[EA04] MANG A. Inflating the brain. Technischer Bericht, RheinAhrCampus Remagen, Remagen, DE, 2005.

Referenzen

[1] ADAVANI S. S. & BIROS G. Multigrid algorithms for inverse problems with linear parabolic PDE constraints. *SIAM J Sci Comput*, 31(8):369–397, 2008.

[2] ALEXANDER D. C., PIERPAOLI C., BASSER P. J. & GEE J. C. Spatial transformations of diffusion tensor magnetic resonance images. *IEEE T Med Imaging*, 20(11):1131–1139, 2001.

[3] ALEXIADES V., AMIEZ G. & GEREMAUD P.-A. Super-time-stepping acceleration of explicit schemes for parabolic problems. *Com Num Meth Eng*, 12:31–42, 1996.

[4] ALJABAR P., BHATIA K. K., MURGASOVA M., HAJNAL J. V., BOARDMAN J. P., SRINIVASAN L., RUTHERFORD M. A., DYET L. E., EDWARDS A. D. & RUECKERT D. Assessment of brain growth in early childhood using deformation-based morphometry. *NeuroImage*, 39(1):348–358, 2008.

[5] ALT W. *Nichtlineare Optimierung*. Vieweg & Teubner, Wiesbaden, Hessen, DE, 2. Aufl., 2011.

[6] ANDASARI V., GERISCH A., LOLAS G., SOUTH A. P. & CHAPLAIN M. A. J. Mathematical modeling of cancer cell invasion of tissue: Biological insight from mathematical analysis and computational simulation. *J Math Biol*, 63(1):141–171, 2011.

[7] ANDERSEN S. M., RAPCSAK S. Z. & BEESON P. M. Cost function masking during normalization of brains with focal lesions: Still a necessity?. *NeuroImage*, 53(1):78–84, 2010.

[8] Anderson J. D. *Computational fluid dynamics: The basics with applications*. McGraw-Hill, New York, New York, US, 1995.

[9] Angot P., Bruneau C.-H. & Fabrie P. A penalization method to take into account obstacles in incompressible viscous flows. *Numer Math*, 81(4):497–520, 1999.

[10] Araujo R. P. & McElwain D. L. S. A history of the study of solid tumour growth: The contribution of mathematical modeling. *Bull Math Biol*, 66(5):1039–1091, 2004.

[11] Arsigny V., Fillard P., Pennec X. & Ayache N. Log-Eclidean metrics for fast and simple calculus on diffusion tensors. *Magn Reson Med*, 56(2):411–421, 2006.

[12] Ashburner J., Csernansky J. G., Davatzikos C., Fox N. C., Frisoni G. B. & Thompson P. M. Computer-assisted imaging to assess brain structure in healthy and diseased brains. *Lancet Neurol*, 2(2):79–88, 2003.

[13] Aster R. C., Borchers B. & Thurber C. *Parameter estimation and inverse problems*. Elsevier Academic Press, Burlington, Vermont, US, 2005.

[14] Balay S., Brown J., Buschelman K., Eijkhout V., Gropp W. D., Kaushik D., Knepley M. G., McInnes L. C., Smith B. F. & Zhang H. PETSc users manual. Technischer Bericht, Mathematics and Computer Science Division, Argonne National Laboratory, Lemont, Illinois, US, 2012.

[15] Basser P. J., Mattiello J. & LeBihan D. MR diffusion tensor spectroscopy and imaging. *Biophys J*, 66(1):259–267, 1994.

[16] Batchelor P. G., Moakher M., Atkinson D., Calamante F. & Connelly A. A rigorous framework for diffusion tensor calculus. *Magn Reson Med*, 53(1):221–225, 2005.

[17] Bellomo N., Li N. K. & Maini P. K. On the foundations of cancer modelling: Selected topics, speculations & perspectives. *Math Mod Meth Appl S*, 18(4):593–646, 2008.

[18] Bondiau P. Y., Clatz O., Sermesant M., Marcy P. Y., Delingette H., Frenay M. & Ayache N. Biocomputing: numerical simulation of glioblastoma growth using diffusion tensor imaging. *Phys Med Biol*, 53(4):879–893, 2008.

[19] Bouma H., Vilanova A., Bescós J. O., Romney B. M. H. & Gerritsen F. A. Fast and accurate gaussian derivatives based on b-splines. In *Scale Space and Variational Methods*, S. 406–417, 2007.

[20] Bredies K. & Lorenz D. *Mathematische Bildverarbeitung: Einführung in Grundlagen und moderne Theorie*. Vieweg & Teubner, Wiesbaden, Hessen, DE, 2010.

[21] Brett M., Leff A. P., Rorden C. & Ashburner J. Spatial normalization of brain images with focal lesions using cost function masking. *NeuroImage*, 14(2):486–500, 2001.

[22] Brewer J. W. Kronecker products and matrix calculus in system theory. *IEEE T Circuits Syst*, 25(9):772–781, 1978.

[23] Broit C. *Optimal registration of deformed images*. Inauguraldissertation, Computer and Information Science, University of Pennsylvania, Philadelphia, Pennsylvania, US, 1981.

[24] Bronstein I. N., Semendjajew K. A., Musiol G. & Mühlig H. *Taschenbuch der Mathematik*. Harri Deutsch, Frankfurt, Hessen, DE, 7. Aufl., 2008.

[25] BURG K., HAF H., WILLE F. & MEISTER A. *Partielle Differentialgleichungen und funktionalanalytische Grundlagen*. Vieweg & Teubner, Wiesbaden, Hessen, DE, 5. Aufl., 2010.

[26] BURGER M., MODERSITZKI J. & RUTHOTTO L. A hyperelastic regularization energy for image registration. *SIAM J Sci Comput*, 35(1):B132–B148, 2012.

[27] BURGRESS P. K., KULESA P. M., MURRAY J. D. & ALVORD E. C. The interaction of growth rates and diffusion coefficients in a three-dimensional mathematical model of gliomas. *J Neuropath Exp Neur*, 50(6):704–713, 1997.

[28] BUXTON R. B. *Introduction to functional magnetic resonance imaging: Principles and techniques*. Cambridge University Press, Cambridge, UK, 2009.

[29] BUZUG T. M. *Computed tomography: From photon statistics to modern cone-beam CT*. Springer, Berlin, Berlin, DE, 2008.

[30] CHAPLAIN M. A. J. Avascular growth, angiogenesis and vascular growth in solid tumours: The mathematical modelling of the stages of tumour development. *Math Comput Model*, 23(6):47–87, 1996.

[31] CHAPLAIN M. A. J. Multiscale mathematical modelling in biology and medicine. *IMA J Appl Math*, 76(3):371–388, 2011.

[32] CHAPLAIN M. A. J., LACHOWICZ M., SZYMAŃSKA Z. & WRZOSEK D. Mathematical modelling of cancer invasion: The importance of cell-cell adhesion and cell-matrix adhesion. *Math Mod Meth Appl S*, 21(4):719–743, 2011.

[33] CHEN X., SUMMERS R. & YAO J. FEM-based 3D tumor growth prediction for kidney tumor. *IEEE T Bio-Med Eng*, 58(3):463–467, 2011.

[34] CHRISTIAN P. E. & WATERSTRAM-RICH K. M. (Herausgeber). *Nuclear medicine and PET/CT: Technology and techniques*. Mosby, Maryland Heights, Missouri, US, 2011.

[35] CLATZ O., SERMESANT M., BONDIAU P. Y., DELINGETTE H., WARFIELD S. K., MALANDAIN G. & AYACHE N. Realistic simulation of the 3D growth of brain tumors in MR images coupling diffusion with biomechanical deformation. *IEEE T Med Imaging*, 24(10):1334–1346, 2005.

[36] COBZAS D., MOSAYEBI P., MURTHA A. & JAGERSAND J. Tumor invasion margin on the Riemannian space of brain fibres. In *Lect Notes Comput Sc*, S. 531–539, 2009.

[37] COCOSCO C., KOLLOKIAN V., KWAN R. K. S. & EVANS A. C. Brainweb: Online interface to a 3D MRI simulated brain database. *NeuroImage*, 5(3):425, 1997.

[38] COLLINS D. L., ZIJDENBOS A. P., KOLLOKIAN V., SLED J. G., KABANI B. J., HOLMES C. J. & EVANS A. C. Design and construction of a realistic digital brain phantom. *IEEE T Med Imaging*, 17(3):463–468, 1998.

[39] COOK J., WOODWARD D. E., TRACQUI P. & MURRAY J. D. Resection of gliomas and life expectancy. *J Neurooncol*, 24:131, 1995.

[40] COURANT R., FRIEDRICHS K. & LEWY H. Über die partiellen Differenzengleichungen der mathematischen Physik. *Math Ann*, 100(1):32–74, 1928.

[41] CRANK J. *The mathematics of diffusion*, Band 2. Oxford University Press, Oxford, UK, 1975.

[42] CRUM W. R., CAMARA O. & HILL D. L. G. Generalized overlap measures for evaluation and validation in medical image analysis. *IEEE T Med Imaging*, 25:1451–1461, 2006.

[43] CRUM W. R., GRIFFIN L. D. & HAWKES D. J. Zen and the art of medical image registration: Correspondence, homology, and quality. *NeuroImage*, 20(3):1425–1437, 2003.

[44] CRUYWAGEN G., WOODWARD D., TRACQUI P., BARTOO G., MURRAY J. D. & ALVORD E. The modelling of diffusive tumours. *J Biol Systems*, 3:937–945, 1995.

[45] CUADRA M. B., CRAENE M. D., DUAY V., MACQ B., POLLO C. & THIRAN J. P. Dense deformation field estimation for atlas-based segmentation of pathological MR brain images. *Comput Meth Prog Bio*, 84(2-3):66–75, 2006.

[46] CUADRA M. B., POLLO C., BARDERA A., CUISENAIRE O. & THIRAN J. P. Atlas-based segmentation of pathological brain MR images using a model of lesion growth. *IEEE T Med Imaging*, 23(10):1301–1314, 2004.

[47] DALYRMPLE S. J., PARISI J. E., ROCHE P. C., ZIESMER S. C., STEVEN C., SCHEITHAUER B. W. & KELLY P. J. Changes in proliferating cell nuclear antigen expression in glioblastoma multiforme cells along a stereotactic biopsy trajectory. *Neurosurgery*, 35(6):1036–1045, 1994.

[48] DAWANT B. M., HARTMANN S. L. & GADAMSETTY S. Brain atlas deformation in the presence of large space-occupying tumors. In *Lect Notes Comput Sc*, S. 589–596, 1999.

[49] DEISBOECK T. S., WANG Z., MACKLIN P. & CRISTINI V. Multiscale cancer modeling. *Annu Rev Biomed Eng*, 13:127–155, 2011.

[50] DENNIS J. E. & SCHNABEL R. B. *Numerical methods for unconstrained optimization and nonlinear equations*. SIAM, Philadelphia, Pennsylvania, US, 1996.

[51] DERKSEN A. Bildregistrierung mit Volumenbeschränkung. Bachelorarbeit, Institut für Mathematische Methoden der Bildverarbeitung, Universität zu Lübeck, 2011.

[52] DICE L. R. Measures of the amount of ecologic association between species. *Ecology*, 26(3):297–302, 1945.

[53] DREVELEGAS A. (Herausgeber). *Imaging of brain tumors with histological correlations*. Springer, Heidelberg, Baden-Württemberg, DE, 2. Aufl., 2011.

[54] DUDA R. O. & HART P. E. *Pattern Classification and Scene Analysis*. John Wiley & Sons Inc, New York, New York, US, 1973.

[55] EBERT U. & SAARLOOS W. Front propagation into unstable states: Universal algebraic convergence towards uniformly translating pulled fronts. *Physica D*, 146(1-4):1–99, 2000.

[56] ECK C., GARCKE H. & KNABNER P. *Mathematische Modellierung*. Springer, Berlin, Berlin, DE, 2011.

[57] EIKENBERRY S. E., SANKAR T., PREU M. C., KOSTELICH E. J., THALHAUSER C. J. & KUANG Y. Virtual glioblastoma: Growth, migration and treatment in a three-dimensional mathematical model. *Cell Proliferat*, 42(4):511–528, 2009.

[58] ENGL H. W., HANKE M. & NEUBAUER A. *Regularization of inverse problems*. Kluwer Academic Publishers, Dordrecht, Südholland, NL, 2000.

[59] EYMARD R., GALLOUËT T. & HERBIN R. *Finite volume methods*, Band 7, S. 713–1018. Elsevier Academic Press, 2000.

[60] FISCHER B. & MODERSITZKI J. Ill-posed medicine – an introduction to image registration. *Inverse Probl*, 24(034008):1–19, 2008.

[61] FORSTER O. *Analysis 1.* Vieweg & Sohn, Wiesbaden, Hessen, DE, 9. Aufl., 2008.

[62] FORSTER O. *Analysis 2: Differentialrechnung im $\mathbf{R}^n$, gewöhnliche Differentialgleichungen.* Vieweg & Teubner, Wiesbaden, Hessen, DE, 2011.

[63] FORSTER O. *Analysis 3: Maß und Integrationstheorie, Integralsätze im $\mathbf{R}^n$ und Anwendungen.* Vieweg & Teubner, Wiesbaden, Hessen, DE, 6. Aufl., 2011.

[64] FREEBOROUGH P. A. & FOX N. C. Modeling brain deformations in Alzheimer disease by fluid registration of serial 3D MR images. *J Comp Assist Tomogr*, 22(5):838–848, 1998.

[65] FURNARI F. B., FENTON T., BACHOO R. M., MUKASA A., STOMMEL J. M., STEGH A., HAHN W. C., LIGON K. L., LOUIS D. N., BRENNAN C., CHIN L., DEPINHO R. A. & CAVENEE W. K. Malignant astrocytic glioma: Genetics, biology, and paths to treatment. *Gene Dev*, 21(21):2683–2710, 2007.

[66] GALANIS E., BUCKNER J. C., MAURER M. J., SYKORA R., CASTILLO R., BALLMAN K. V. & ERICKSON B. J. Validation of neuroradiologic response assessment in gliomas: Measurement by RECIST, two-dimensional, computer-assisted tumor area and computer-assisted tumor volume methods. *Neuro-Oncol*, 8(2):156–165, 2006.

[67] GEIGER C. & KANZOW C. *Theorie und Numerik restringierter Optimierungsaufgaben.* Springer, Berlin, Berlin, DE, 2002.

[68] GENTZSCH W. Numerical solution of linear and non-linear parabolic differential equations by a time-descritsation of third order accuracy. In *Proceedings of the 3rd GAMM-Conference on Numerical Methods in Fluid Mechanics*, S. 109–117, 1979.

[69] GENTZSCH W. & SCHLUTER A. Über ein Einschrittverfahren mit zyklischer Schrittweitenänderung zur Lösung parabolischer Differentialgleichungen. *Z Angew Math Mech*, 58:T415–T416, 1978.

[70] GIATILI S. G. & STAMATAKOS G. S. A detailed numerical treatment of the boundary conditions imposed by the skull on a diffusion-reaction model of glioma tumor growth: Clinical validation aspects. *App Math Comp*, 218(17):8779–8799, 2012.

[71] GIESE A., BJERKVIG R., BERENS M. E. & WESTPHAL M. Cost of migration: Invasion of malignant gliomas and implications for treatment. *J Clin Oncol*, 21(8):1624–1636, 2003.

[72] GIESE A. & WESTPHAL M. Glioma invasion in the central nervous system. *Neurosurgery*, 39(2):235–250, 1996.

[73] GILL P. E., MURRAY W. & WRIGHT M. H. *Practical optimization.* Emerald Group Publishing Limited, San Diego, California, US, 1981.

[74] GILMORE J. H., SHI F., WOOLSON S. L., KNICKMEYER R. C., SHORT S. J., LIN W., ZHU H., HAMER R. M., STYNER M. & SHEN D. Longitudinal development of cortical and sybcortical gray matter from birth to 2 years. *Cereb Cortex*, 22(11):2478–2485, 2012.

[75] GLOWINSKI R., PAN T. W., WELLS R. O. & ZHOU X. Wavelet and finite element solutions for the Neumann problem using fictitious domains. *J Comp Phys*, 126(1):40–51, 1996.

[76] GOLUB G. H. & LOAN C. F. V. *Matrix Computations.* Johns Hopkins University Press, Baltimore, Maryland, US, 3. Aufl., 1996.

[77] GOOYA A., BIROS G. & DAVATZIKOS C. Deformable registration of glioma images using EM algorithm and diffusion reaction modeling. *IEEE T Med Imaging*, 30(2):375–390, 2011.

[78] GOOYA A., POHL K. M., BILELLO M., CIRILLO L. & BIROS G. GLISTR: Glioma image segmentation and registration. *IEEE T Med Imaging*, 31(10):1941–1954, 2012.

[79] GREWENIG S. *Fast explicit methods for PDE-based image analysis*. Inauguraldissertation, Universität des Saarlandes, Saarbrücken, Saarland, DE, 2013.

[80] GREWENIG S., WEICKERT J. & BRUHN A. From box filtering to fast explicit diffusion. In *Lect Notes Comput Sc*, 2010.

[81] GREWENIG S., WEICKERT J., SCHROERS C. & BRUHN A. Cyclic schemes for PDE-based image analysis. Technischer Bericht, Universität des Saarlandes, 2013.

[82] GRIFFIN J. D., KOLDA T. G. & LEWIS R. M. Asynchronous parallel generating set search for linearly-constrained optimization. *SIAM J Opt*, 30(4):1892–1924, 2008.

[83] GROSSMANN C. & ROOS H.-G. *Numerische Behandlung partieller Differentialgleichungen*. Teubner, Wiesbaden, Hessen, DE, 3. Aufl., 2005.

[84] GU S., CHAKRABORTY G., CHAMPLEY K., ALESSIO A. M., CLARIDGE J., ROCKNE R., MUZI M., KROHN K. A., SPENCE A. M., ALVORD E. C., ANDERSON A. R., KINAHAN P. E. & SWANSON K. R. Applying a patient-specific bio-mathematical model of glioma growth to develop virtual [18F]-FMISO-PET images. *Math Med Biol*, 29(1):31–48, 2012.

[85] GURSKI K. F. & O'SULLIVAN S. An explicit super-time-stepping scheme for non-symmetric parabolic problems. In *Int Conf Num Anal Appl Math*, S. 761–764, 2010.

[86] HAACKE E. M., BROWN R. W., THOMPSON M. R. & VENKATESAN R. *Magnetic resonance imaging: Physical principles & sequence design*. John Wiley & Sons Inc, Hoboken, New Jersey, US, 1999.

[87] HABER E. & ASCHER U. M. Preconditioned all-at-once methods for large, sparse parameter estimation problems. *Inverse Probl*, 17(6):1847–1864, 2001.

[88] HABER E. & HANSON L. Model problems in PDE-constrained optimization. Technischer Bericht, Emory University, Druid Hills, Georgia, US, 2007.

[89] HABER E., HORESH R. & MODERSITZKI J. Numerical optimization for constrained image registration. *Numer Linear Algebra Appl*, 17:343–359, 2010.

[90] HABER E. & MODERSITZKI J. Numerical methods for volume preserving image registration. *Inverse Probl*, 20(5):1621–1638, 2004.

[91] HABER E. & MODERSITZKI J. A multilevel method for image registration. *SIAM J Sci Comput*, 27(5):1594–1607, 2006.

[92] HABER E. & MODERSITZKI J. Image registration with guaranteed displacement regularity. *Int J Comput Vis*, 71(3):361–372, 2007.

[93] HADAMARD J. *Lectures on Cauchy's problem in linear partial differential equations*. Yale University Press, New Haven, Connecticut, US, 1923.

[94] HAJNAL J. V., HILL D. L. G. & HAWKES D. J. *Medical image registration*. CRC Press, Boca Raton, Florida, US, 2001.

[95] HALPERIN E. C., BENTEL G., HEINZ E. R. & BURGER P. C. Radiation therapy treatment planning in supratentorial glioblastoma multiforme: An analysis based on post mortem topographic anatomy with CT correlations. *Int J Radiat Oncol*, 17(6):1347–1350, 1989.

[96] HANDELS H. *Medizinische Bildverarbeitung: Bildanalyse, Mustererkennung und Visualisierung in der computergestützten ärztlichen Diagnostik und Therapie*. Vieweg & Teubner, Wiesbaden, Hessen, DE, 2. Aufl., 2009.

[97] HARPOLD H. L. P., ALVORD E. C. & SWANSON K. R. The evolution of mathematical modeling of glioma proliferation and invasion. *J Neuropath Exp Neur*, 66(1):1–9, 2007.

[98] HEIMANN T., BAUMHAUER M., SIMPFENDÖRFER T., MEINZER H.-P. & WOLF I. Prostate segmentation from 3D transrectal ultrasound using statistical shape models and various appearance models. In *P Soc Photo-Opt Ins*, S. 69141P-1–69141P-8, 2008.

[99] HELDMANN S. *Non-linear registration based on mutual information*. Inauguraldissertation, Institut für Mathematik, Universität zu Lübeck, Lübeck, Schleswig-Holstein, DE, 2006.

[100] HENN S. *Numerische Lösung und Modellierung eines inversen Problems zur Assimilation digitaler Bilddaten*. Inauguraldissertation, Heinrich-Heihne-Universität, Düsseldorf, Nordrhein-Westfalen, DE, 2001.

[101] HENN S., HÖMKE L. & WITSCH K. Lesion preserving image registration with application to human brains. In *Lect Notes Comput Sc*, Nr. 3175 in Lect Notes Comput Sc, S. 496–503, 2004.

[102] HENSON J. W., ULMER S. & HARRIS G. J. Brain tumor imaging in clinical trials. *Am J Neuroradiol*, 29(3):419–424, 2008.

[103] HESS K. R., BROGLIO K. R. & BONDY M. L. Adult glioma incidence trends in the United States, 1977-2000. *Cancer*, 101(10):2293–2299, 2004.

[104] HESTENES M. R. & STIEFEL E. Methods of conjugate gradients for solving linear systems. *J Res Nat Bur Stand*, 49(6):409–436, 1952.

[105] HOGEA C., BIROS G., ABRAHAM F. & DAVATZIKOS C. A robust framework for soft tissue simulations with application to modeling brain tumor mass effect in 3D MR images. *Phys Med Biol*, 52(23):6893–6908, 2007.

[106] HOGEA C., DAVATZIKOS C. & BIROS G. Brain-tumor interaction biophysical models for medical image registration. *SIAM J Sci Comput*, 30(6):3050–3072, 2008.

[107] HOGEA C., DAVATZIKOS C. & BIROS G. An image-driven parameter estimation problem for a reaction-diffusion glioma growth model with mass effects. *J Math Biol*, 56(6):793–825, 2008.

[108] HOISAK J. D. P. & JAFFRAY D. A. A method for assessing voxel correspondence in longitudinal tumor imaging. *Med Phys*, 38(5):2742–2753, 2011.

[109] HOLDEN M. A review of geometric transformations for nonrigid body registration. *IEEE T Med Imaging*, 27(1):111–128, 2008.

[110] HUA X., LEOW A. D., LEE S., KLUNDER A. D., TOGA A. W., LEPORE N., CHOU Y.-Y., BRUN C., CHIANG M.-C., BARYSHEVA M., JACK C. R., BERNSTEIN M. A., BRISTON P. J., WARD C. P., WHITWELL J. L., BOROWSKI B., FLEISHER A. S., FOX N. C., BOYES R. G., BARNES J., HARVEY D., KORNAK J., SCHUFF N., BORETA L., ALEXANDER G. E., WEINER M. W. & THOMPSON P. M. 3D characterization of brain atrophy in Alzheimer's disease and mild cognitive impairment using tensor-based morphometry. *NeuroImage*, 41(1):19–34, 2008.

[111] HUNDSDORFER W. & VERWER J. G. *Numerical solution of time-dependent advection-diffusion reaction equations.* Springer, Berlin, Berlin, DE, 2. Aufl., 2007.

[112] IBANEZ L., SCHROEDER W., LYDIA N. & CATES J. The ITK software guide. Technischer Bericht, Kitware Inc., Carrboro, North Carolina, US, 2005.

[113] JACCARD P. The distribution of the flora in the alpine zone. *New Phytol*, 11(2):37–50, 1912.

[114] JBABDI S., MANDONNET E., DUFFAU H., CAPELLE L., SWANSON K. R., PÉLÉGRINI-ISSAC M., GUILLEVIN R. & BENALI H. Simulation of anisotropic growth of low-grade gliomas using diffusion tensor imaging. *Magn Reson Med*, 54(3):616–634, 2005.

[115] JOHNSON P. C., HUNT S. J. & DRAYER B. P. Human cerebral gliomas: Correlation of postmortem MR imaging and neuropathologic findings. *Radiology*, 170(1):211–217, 1989.

[116] KABUS S. *Multiple-material variational image registration.* Inauguraldissertation, Institut für Mathematik, Universität zu Lübeck, Lübeck, Schleswig-Holstein, DE, 2006.

[117] KELLY P. J. Computed tomography and histologic limits in glial neoplasms: Tumor types and selection for volumetric resection. *Surg Neurol*, 39(6):458–465, 1993.

[118] KELLY P. J., DAUMAS-DUPORT C., KISPERT D. B., KALL B. A., SCHEITHAUER B. W. & ILLIG J. J. Imaging-based sterotaxic serial biopsies in untreated intracranial glial neoplasms. *J Neurosurg*, 66(6):865–874, 1987.

[119] KELLY P. J., DAUMAS-DUPORT C. & SCHEITHAUER B. W. Stereotactic histologic correlations of computed tomography and magnetic resonance imaging-defined abnormalities in patients with glial neoplasms. *Mayo Clin Proc*, 62(6):450–459, 1987.

[120] KIELHÖFER H. *Variationsrechnung.* Vieweg & Teubner, Wiesbaden, Hessen, DE, 2010.

[121] KIM Y., ROH S., LAWLER S. & FRIEDMAN A. miR451 and AMPK mutual antagonism in glioma cell migration and proliferation: A mathematical model. *PLoS ONE*, 6(12):e28293, 2011.

[122] KIRAN K. L., JAYACHANDRAN D. & LAKSHMINARAYANAN S. Mathematical modelling of avascular tumour growth based on diffusion of nutrients and its validation. *Can J Chem Eng*, 87:732–740, 2009.

[123] KIRSCH A. *An introduction to the mathematical theory of inverse problems.* Springer, New York, New York, US, 2. Aufl., 2011.

[124] KLEIN A., ANDERSSON J., ARDEKANI B. A., ASHBURNER J., AVANTS B., CHIANG M.-C., CHRISTENSEN G. E., COLLINS D. L., GEE J., HELLIER P., SONG J. H., JENKINSON M., LEPAGE C., RUECKERT D., THOMPSON P., VERCAUTEREN T., WOODS R. P., MANN J. J. & PARSEY R. V. Evaluation of 14 nonlinear deformation algorithms applied to human brain MRI registration. *NeuroImage*, 46(3):786—802, 2009.

[125] KLEIN S., STARING M., MURPHY K., VIERGEVER M. A. & PLUIM J. Elastix: A tollbox for intensity-based medical image registration. *IEEE T Med Imaging*, 29(1):196–205, 2010.

[126] KNABNER P. & ANGERMANN L. *Numerik partieller Differentialgleichungen: Eine anwendungsorientierte Einführung.* Springer, Berlin, Berlin, DE, 2000.

[127] KNOPP T. & BUZUG T. M. *Magnetic Particle Imaging: An introduction to imaging principles and scanner instrumentation.* Springer, Berlin, Berlin, DE, 2012.

[128] KOLDA T. G., LEWIS R. M. & TORCZON V. Optimization by direct search: New perspectives on some classical and modern methods. *SIAM Rev*, 45:385–482, 2003.

[129] KOLDA T. G., LEWIS R. M. & TORCZON V. Stationarity results for generating set search for linearly constrained optimization. *SIAM J Opt*, 17(4):943–968, 2006.

[130] KONUKOGLU E. *Modeling glioma growth and personalizing growth modes in medical images.* Inauguraldissertation, Universität Nizza Sophia-Antipolis, Nizza, FR, 2009.

[131] KONUKOGLU E., CLATZ O., BONDIAU P.-Y., DELINGETTE H. & AYACHE N. Extrapolating tumor invasion margins for physiologically determined radiotherapy regions. In *Lect Notes Comput Sc*, S. 338–346, 2006.

[132] KONUKOGLU E., CLATZ O., BONDIAU P.-Y., DELINGETTE H. & AYACHE N. Extrapolating glioma invasion margin in brain magnetic resonance images: Suggesting new irradiation margins. *Med Image Anal*, 14(2):111–125, 2010.

[133] KONUKOGLU E., CLATZ O., BONDIAU P.-Y., SERMESANT M., DELINGETTE H. & AYACHE N. Towards an identification fo tumor growth parameters from time series of images. In *Lect Notes Comput Sc*, S. 549–556, 2007.

[134] KONUKOGLU E., CLATZ O., MENZE B. H., WEBER M. A., STIELTJES B., MANDONNET E., DELINGETTE H. & AYACHE N. Image guided personalization of reaction-diffusion type tumor growth models using modified anisotropic eikonal equations. *IEEE T Med Imaging*, 29(1):77–95, 2010.

[135] KONUKOGLU E., SERMESANT M., CLATZ O., PEYRAT J. M., DELINGETTE H. & AYACHE N. A recursive anisotropic fast marching approach to reaction diffusion equation: Application to tumor growth modeling. In *Lect Notes Comput Sc*, S. 687–699, 2007.

[136] KYBIC J. & UNSER M. Fast parametric elastic image registration. *IEEE T Image Process*, 12:1427–1442, 2003.

[137] KYRIACOU S. K., DAVATZIKOS C., ZINREICH S. J. & BRYAN R. N. Nonlinear elastic registration of brain images with tumor pathology using a biomechanical model. *IEEE T Med Imaging*, 18(7):580–592, 1999.

[138] LAIRD A. K. Dynamics of tumor growth. *Brit J Cancer*, 18(3):490–502, 1964.

[139] LARSSON S. & VIDAR T. *Partielle Differentialgleichungen und numerische Methoden.* Springer, Berlin, Berlin, DE, 2005.

[140] LEE S., WOLBERG G. & SHIN S. Y. Scattered data interpolation with multilevel b-spline. *IEEE T Vis Comput Gr*, 3(3):228–244, 1997.

[141] LENGLET C., DERICHE R. & FAUGERAS O. Inferring white matter geometry from diffusion tensor MRI: Application to connectivity mapping. In *Euro Conf Comput Vis*, S. 127–140, 2004.

[142] LEVEQUE R. J. *Finite difference methods for ordinary and partial differential equations: Steady-state and time-dependent problems.* SIAM, Philadelphia, Pennsylvania, US, 2007.

[143] LI X. *Registration of images with varying topology using embedded maps.* Inauguraldissertation, Department of Electrical & Computer Engineering, Virginia Polytechnic Institute and State University, Blacksburg, Virginia, US, 2010.

[144] LI X., LONG X., LAURIENTI P. & WYATT C. Registration of images with varying topology using embedded maps. *IEEE T Med Imaging*, 31(3):749–765, 2012.

[145] LIU D. C. & NOCEDAL J. On the limited memory BFGS method for large scale optimization. *Math Program*, 45(3):503–528, 1989.

[146] LOUIS D. N. Molecular pathology of malignant gliomas. *Annu Rev Pathol-Mech*, 1:97–117, 2006.

[147] LOUIS D. N., OHGAKI H., WIESTLER O. D., CAVENEE W. K., BURGER P. C., JOUVET A., SCHEITHAUER B. W. & KLEIHUES P. The 2007 WHO classification of tumours of the central nervous system. *Acta Neuropathol*, 114(2):97–109, 2007.

[148] LOWENGRUB J. S., FRIEBOES H. B., JIN F., CHUANG Y.-L., LI X., MACKLIN P., WISE S. M. & CRISTINI V. Nonlinear modelling of cancer: Bridging the gap between cells and tumours. *Nonlinearity*, 23(1):R1–R9, 2010.

[149] MACKLIN P., MCDOUGALL S., ANDERSON A. R., CHAPLAIN M. A., CRISTINI V. & LOWENGRUB J. Multiscale modelling and nonlinear simulation of vascular tumour growth. *J Math Biol*, 58(4-5):765–798, 2009.

[150] MAES F., COLLIGNON A., VANDERMEULEN D., MARCHAL G. & SUETENS P. Multimodality image registration by maximization of mutual information. *IEEE T Med Imaging*, 16(2):187–198, 1997.

[151] MAHER E. A., FURNARI F. B., BACHOO R. M., ROWITCH D. H., LOUIS D. N., CAVENEE W. K. & DE-PINHO R. A. Malignant glioma: Genetics and biology of a grave matter. *Gene Dev*, 15(11):1311–1333, 2001.

[152] MANDONNET E., CAPELLE L. & DUFFAU H. Extension of paralimbic low grade gliomas: Toward an anatomical classification based on white matter invasion patterns. *J Neurooncol*, 78(2):179–185, 2006.

[153] MANDONNET E., DELATTRE J. Y., TANGUY M. L., SWANSON K. R., CARPENTIER A. F., DUFFAU H., CORNU P., EFFENTERRE R. V., ALVORD E. C. & CAPELLE L. Continuous growth of mean tumor diameter in a subset of grade II gliomas. *Ann Neurol*, 53(4):524–528, 2003.

[154] MANDONNET E., PALLUD J., CLATZ O., TAILLANDIER L., KONUKOGLU E., DUFFAU H. & CAPELLE L. Computational modeling of the WHO grade II glioma dynamics: Principles and applications to management paradigm. *Neurosurg Rev*, 31(3):263–269, 2008.

[155] MARCHUK G. I. *Methods of numerical mathematics*. Springer, New York, New York, US, 2. Aufl., 1982.

[156] MARKERT J., DEVITA V. T., ROSENBERG S. A. & HELLMAN S. *Gliobalastoma multiforme*. Jones & Bartlett Learning, Burlington, Massachusetts, US, 2005.

[157] MEISTER A. *Numerik linearer Gleichungssysteme*, Band 3. Vieweg & Teubner, Wiesbaden, Hessen, DE, 2008.

[158] MILLER K. & CHINZEI K. Constitutive modelling of brain tissue: Experiment and theory. *J Biomech*, 30(11):1115–1121, 1997.

[159] MILLER K. & CHINZEI K. Mechanical properties of brain tissue in tension. *J Biomech*, 35(4):483–490, 2002.

[160] MILLER K., CHINZEI K., ORSSENGO G. & BEDNARZ P. Mechanical properties of brain tissue in-vivo: Experiment and computer simulation. *J Biomech*, 33(11):1369–1376, 2000.

[161] MODERSITZKI J. *Numerical methods for image registration*. Oxford University Press, Oxford, UK, 2004.

[162] MODERSITZKI J. *FAIR: Flexible algorithms for image registration*. SIAM, Philadelphia, Pennsylvania, US, 2009.

[163] MOHAMED A. & DAVATZIKOS C. Finite element modeling of brain tumor mass-effect from 3D medical images. In *Lect Notes Comput Sc*, S. 400–408, 2005.

[164] MOHAMED A., SHEN D. & DAVATZIKOS C. Deformable registration of brain tumor images via a statistical model of tumor-induced deformation. *Med Image Anal*, 10:752–763, 2006.

[165] MORE J. J. & THUENTE D. J. Line search algorithms with guaranteed sufficient decrease. *ACM Trans Math Software*, 20(3):286–307, 1992.

[166] MORI S., OISHI K., JIANG H., JIANG L., LI X., AKHTER K., HUA K., FARIA A. V., MAHMOOD A., WOODS R., TOGA A. W., PIKE G. B., NETO P. R., EVANS A., ZHANG J., HUANG H., MILLER M. I., van ZIJL P. & MAZZIOTTA J. Stereotaxic white matter atlas based on diffusion tensor imaging in an ICBM template. *NeuroImage*, 40(2):570–582, 2008.

[167] MOSAYEBI P., COBZAS D., JAGERSAND M. & MURTHA A. Stability effects of finite difference methods on a mathematical tumor growth model. In *Proc CVPR IEEE*, S. 125–132, 2010.

[168] MOSAYEBI P., COBZAS D., MURTHA A. & JAGERSAND M. Tumor invasion margin on the Riemannian space of brain fibres. *Med Image Anal*, 16(2):361–373, 2012.

[169] MURRAY J. D. *Mathematical Biology*. Springer, Berlin, Berlin, DE, 3. Aufl., 2008.

[170] NOCEDAL J. Updating Quasi-Newton matrices with limited storage. *Math Comput*, 35(151):773–782, 1980.

[171] NOCEDAL J. & WRIGHT S. J. *Numerical optimization*. Springer, New York, New York, US, 2006.

[172] NORDEN A. D. & WEN P. Y. Glioma therapy in adults. *Neuorologist*, 12(6):279–292, 2006.

[173] O'DONNELL L., HAKER S. & WESTIN C. New approaches to estimation of white matter connectivity in diffusion tensor MRI: Elliptic PDEs and geodesics in a tensor-warped space. In *Lect Notes Comput Sc*, S. 459–466, 2002.

[174] ONISHI M., ICHIKAWA T., KUROZUMI K. & DATE I. Angiogenesis and invasion in glioma. *Brain Tumor Pathol*, 28(1):13–24, 2011.

[175] PIEPER S., HALLE M. & KIKINIS R. 3D Slicer. In *I S Biomed Imaging*, S. 632–635, 2004.

[176] PIEPER S., LORENSEN B., SCHROEDER W. & KIKINIS R. The NA-MIC Kit: ITK, VTK, piplines, grids and 3D Slicer as an open platform for the medical image computing community. In *I S Biomed Imaging*, S. 698–701, 2006.

[177] PLANTENGA T. D. HOPSPACK 2.0 user manual. Technischer Bericht, Sandia National Laboratories, Albuquerque, New Mexico, US, 2009.

[178] PLUIM J. P. W., MAINTZ J. B. A. & VIERGEVER M. A. Mutual information based registration of medical images: a survey. *IEEE T Med Imaging*, 22(8):986–1004, 2003.

[179] POWATHIL G., KOHANDEL M., SIVALOGANATHAN S., OZA A. & MILOSEVIC M. Mathematical modeling of brain tumors: Effects of radiotherapy and chemotherapy. *Phys Med Biol*, 52:3291–3306, 2007.

[180] PRESS W. H., TEUKOLSKY S. A., VETTERLING W. T. & FLANNERY B. P. *Numerical recipes in C++*. Cambridge University Press, Cambridge, UK, 2. Aufl., 2002.

[181] PRICE S. J., BURNET N. G., DONOVAN T., GREEN H. A., PENA A., ANTOUN N. M., PICKARD J. D., CARPENTER T. A. & GILLARD J. H. Diffusion tensor imaging of brain tumours at 3T: A potential tool for assessing white matter tract invasion?. *Clin Radiol*, 85(6):455–462, 2003.

[182] PUWAL S. & ROTH B. J. Forward euler stability of the bidomain model of cardiac tissue. *IEEE T Bio-Med Eng*, 54(5):951–953, 2005.

[183] RAMIÈRE I., ANGOT P. & BELLIARD M. A fictitious domain approach with spread interface for elliptic problems with general boundary conditions. *Comp Meth Appl Mech Eng*, 196(4–6):766–781, 2007.

[184] REID J. K. On the method of conjugate gradients for the solution of large sparse systems of linear equations. In *Large sparse sets of linear equations*, S. 231–252, 1971.

[185] RIEDER A. *Keine Probleme mit inversen Problemen*. Vieweg & Sohn, Wiesbaden, Hessen, DE, 2003.

[186] RIOS L. M. & SAHINIDIS N. V. Derivative-free optimization: A review of algorithms and comparison of software implementations. *J Global Optim*, S. 1–47, 2012.

[187] ROCKNE R., ALVORD E. C., ROCKHILL J. K. & SWANSON K. R. A mathematical model of brain tumor response to radiation therapy. *J Math Biol*, 58(4–5):561–578, 2009.

[188] ROCKNE R., ROCKHILL J. K., MRUGALA M., SPENCE A. M., KALET I., HNEDRICKSON K., LAI A., CLOUGHESY T., ALVORD E. C. & SWANSON K. R. Predicting the efficacy of radiotherapy in individual glioblastoma patients *in vivo*: A mathematical modeling approach. *Phys Med Biol*, 55(12):3217–3285, 2010.

[189] ROHLFING T. Image similarity and tissue overlaps as surrogates for image registration accuracy: Widely used but unreliable. *IEEE T Med Imaging*, 31(2):153–163, 2012.

[190] ROHLFING T., MAURER C. R., BLUEMKE D. A. & JACOBS M. A. Volume-preserving nonrigid registration of MR breast images using free-form deformation with an incompressiblity constraint. *IEEE T Med Imaging*, 22(6):730–741, 2003.

[191] RONIOTIS A., MANIKIS G., SAKKALIS V., ZERVAKIS M., KARAZANIS I. & MARIAS K. High grade glioma diffusive modeling using statitical tissue information and diffusion tensors extracted from atlases. *IEEE T Inf Technol B*, 16(2):255–263, 2012.

[192] RONIOTIS A., MARIAS K., SAKKALIS V., TSIBIDIS G. D. & ZERVAKIS M. A complete mathematical study of a 3D model of heterogeneous and anisotropic glioma evolution. In *Eng Med Biol Soc Ann*, S. 2807–2810, 2009.

[193] ROOSE T., CHAPMAN S. J. & MAINI P. K. Mathematical models of avascular tumor growth. *SIAM Rev*, 49(2):179–208, 2007.

[194] RUECKERT D., SONODA L., HAYES C., HILL D. L. G., LEACH M. & HAWKES D. J. Nonrigid registration using free-form deformations: Application to breast MR images. *IEEE T Med Imaging*, 18(8):712–721, 1999.

[195] RUTHOTTO L., KUGEL H., OLESCH J., FISCHER B., MODERSITZKI J., BURGER M. & WOLTERS C. H. Diffeomorphic susceptibility artefact correction of diffusion-weighted magnetic resonance images. *Phys Med Biol*, 57(18):5715–5731, 2012.

[196] SAAD Y. *Iterative Methods for Sparse Linear Systems*. SIAM, Philadelphia, Pennsylvania, US, 2. Aufl., 2003.

[197] SÄNDIG A.-M. Partielle Differentialgleichungen. Vorlesungsskript, Universität zu Stuttgart, Stuttgart, Baden-Württemberg, DE, 2005.

[198] SANGA S., FRIEBOES H. B., ZHENG X., GATENBY R., BEARER E. L. & CRISTINI V. Predictive oncology: A review of multidisciplinary, multiscale in silico modeling linking phenotype, morphology and growth. *NeuroImage*, 37(1):S120–S134, 2007.

[199] SAUL'EV V. K. On the solution of some boundary problems on fast computers by the method of fictive domains. *Siberian J Math*, 4(4):912–925, 1962. [auf Russisch].

[200] SCHÄLING B. *The Boost C++ libraries*. XML Press, 2011.

[201] SCHWARZ H. R. & KÖCKLER N. *Numerische Mathematik*. Teubner, Wiesbaden, Hessen, DE, 6. Aufl., 2006.

[202] SHAH G. D., KESARI S., XU R., BATCHELOR T. T., O'NEILL A. M., HOCHBERG F. H., LEVY B., BRADSHAW J. & WEN P. Y. Comparison of linear and volumetric criteria in assessing tumor response in adult high-grade gliomas. *Neuro-Oncol*, 8(1):38–46, 2006.

[203] SHAPIRO M. D. & BLASCHKO M. B. On HAUSDORFF distance measures. Technischer Bericht, Department of Computer Science, University of Massachusetts Amherst, Amherst, Massachusetts, US, 2004.

[204] SHEN D. & DAVATZIKOS C. HAMMER: Hierarchical attribute matching mechanism for elastic registration. *IEEE T Med Imaging*, 21(11):1421–1439, 2002.

[205] SHEWCHUK J. R. An introduction to the conjugate gradient method without the agonizing pain. Technischer Bericht, School of Computer Science, Carnegie Mellon University, Pittsburgh, Pennsylvania, US, 1994.

[206] SHIGESADA N. & KAWASAKI K. *Biological invasion: Theory and practice*. Oxford University Press, Oxford, UK, 1997.

[207] SHUH J. W. & WYATT C. L. Registration under topological change for CT colonography. *IEEE T Bio-Med Eng*, 58(5):1403–1411, 2011.

[208] SILBERGELD D. L. & CHICOINE M. R. Isolation and characterization of human malignant glioma cells from histologically normal brain. *J Neurosurg*, 86(3):525–531, 1997.

[209] SOTIRAS A., DAVATZIKOS C. & PARAGIOS N. Deformable medical image registration: A survey. Technischer Bericht, Institut National de Recherche en Informatique et en Automatique, Le Chesnay, FR, 2012.

[210] STAMATAKOS G. S., ANTIPAS V. P. & UZUNOGLU N. K. A spatiotemporal, patient individualized simulation model of solid tumor response to cheomtherapy *in vivo*: The paradigm of glioblastoma multiforme treated by temozolomide. *IEEE T Bio-Med Eng*, 53(8):1467–1477, 2006.

[211] STAMATAKOS G. S., ANTIPAS V. P., UZUNOGLU N. K. & DALE R. G. A four-dimensional computer simulation model of the *in vivo* response to radiotherapy of glioblastoma multiforme: Studies on the effect of clonogenic cell density. *Br J Radiol*, 79(941):389–400, 2006.

[212] STEFANESCU R., COMMOWICK O., MALADAIN G., BONDIAU P. Y., AYACHE N. & PENNEC X. Non-rigid atlas to subject registration with pathologies for conformal brain radiotherapy. In *Lect Notes Comput Sc*, S. 704–711, 2004.

[213] STEINBACH O. *Lösungsverfahren für lineare Gleichungssysteme*. Teubner, Wiesbaden, Hessen, DE, 2005.

[214] STRIKWERDA J. C. *Finite difference schemes and partial differential equations.* SIAM, Philadelphia, Pennsylvania, US, 2. Aufl., 2004.

[215] SWANSON K. R. *Mathematical modeling of the growth and control of tumors.* Inauguraldissertation, University of Washington, Seattle, Washington, US, 1999.

[216] SWANSON K. R. Quantifying glioma cell growth and invasion in vitro. *Math Comput Model*, 47(5-6):638–648, 2008.

[217] SWANSON K. R., ALVORD E. & MURRAY J. D. Virtual brain tumours (gliomas) enhance the reality of medical imaging and highlight inadequacies of current therapy. *Brit J Cancer*, 86(1):14–18, 2002.

[218] SWANSON K. R., ALVORD E. C. & MURRAY J. D. A quantitative model for differential motility of gliomas in grey and white matter. *Cell Proliferat*, 33(5):317–329, 2000.

[219] SWANSON K. R., ALVORD E. C. & MURRAY J. D. Quantification efficacy of chemotherapy of brain tumors with homogeneous and heterogeneous drug delivery. *Acta Biotheor*, 50(4):223–237, 2002.

[220] SWANSON K. R., BRIDGE C., MURRAY J. D. & ALVORD E. C. Virtual and real brain tumors: Using mathematical modeling to quantify glioma growth and invasion. *J Neurol Sci*, 216(1):1–10, 2003.

[221] SWANSON K. R., ROCKNE R. C., CLARIDGE J., CHAPLAIN M. A. J., ALVORD E. C. & ANDERSON A. R. Quantifying the role of angiogenesis in malignant progression of gliomas: In silico modeling integrates imaging and histology. *Cancer Res*, 71:7366–7375, 2011.

[222] SWANSON K. R., ROSTOMILY R. C. & ALVORD E. C. A mathematical modelling tool for predicting survival of individual patients following resection of glioblastoma: A proof of principle. *Brit J Cancer*, 98(1):113–119, 2008.

[223] SZELISKI R. & COUGHLAN J. Spline-based image registration. *Int J Comput Vis*, 22(3):199–218, 1997.

[224] TABATABAI M., WILLIAMS D. K. & BURSAC Z. Hyperbolastic growth models: Theory and application. *Theor Biol Med Mod*, 2(14):1–13, 2005.

[225] THÉVENAZ P. & UNSER M. Optimization of mutual information for multiresolution image registration. *IEEE T Med Imaging*, 9:2083–2099, 2000.

[226] THIRION J.-P. Image matching as a diffusion process: An analogy with Maxwell's demons. *Med Image Anal*, 2(3):243–360, 1998.

[227] THOMPSON P. M., GIEDD J. N., WOODS R. P., MACDONALD D., EVANS A. C. & TOGA A. W. Growth patterns in the developing brain detected by using continuum mechanical tensor maps. *Nature*, 404(6774):190–193, 2000.

[228] TIKHONOV A. N. Regularization of incorrectly posed problems. *Soviet Math Dokl*, 4:1624–1627, 1963.

[229] TOVI M., HARTMAN M., LILJA A. & ERICSSON A. MR imaging in crebral gliomas: Tissue component analysis in correlation with histopathology of whole-brain specimens. *Acta Radiol*, 35(5):495–505, 1994.

[230] TRACQUI P. From passive diffusion to active cellular migration in mathematical models of tumour invasion. *Acta Biotheoretica*, 43(4):443–464, 1995.

[231] TRACQUI P. Biophysical models of tumour growth. *Rep Prog Phys*, 72:056701, 2009.

[232] TRACQUI P., CRUYWAGEN G. C., WOODWARD D. E., BARTOO G. T., MURRAY J. D. & ALVORD E. C. A mathematical model of glioma growth: The effect of chemotherapy on spatio-temporal growth. *Cell Proliferat*, 29(6):269–288, 1995.

[233] TRÖLTZSCH F. *Optimale Steuerung partieller Differentialgleichungen: Theorie, Verfahren und Anwendungen*, Band 2. Vieweg & Teubner, Wiesbaden, Hessen, DE, 2010.

[234] TSOULARIS A. & WALLACE J. Analysis of logistic growth models. *Math Biosci*, 179(1):21–55, 2002.

[235] TVEITO A. & WINTHER R. *Einführung in partielle Differentialgleichungen*. Springer, Berlin, Berlin, DE, 2002.

[236] VERCAUTEREN T., PENNEC X., PERCHANT A. & AYACHE N. Diffeomorphic demons: Efficient non-parametric image registration. *NeuroImage*, 45(1):S61–S72, 2009.

[237] VOGEL C. R. Sparse matrix computation arising in distributed parameter identification. *SIAM J Mat Anal Appl*, 20(4):1027–1037, 1999.

[238] VOGEL C. R. *Computational methods for inverse problems*. SIAM, Philadelphia, Pennsylvania, US, 2002.

[239] WANG C. H., ROCKHILL J. K., MRUGALA M., PEACOCK D. L., LAI A., JUSENIUS K., WARDLAW J. M., CLOUGHESY T., SPENCE A. M., ROCKNE R., ALVORD E. C. & SWANSON K. R. Prognostic significance of growth kinetics in newly diagnosed glioblastomas revealed by combining serial imaging with a novel biomathematical model. *Cancer Res*, 69(23):9133–9140, 2009.

[240] WANG Z. & DIESBOECK T. S. Computational modeling of brain tumors: Discrete, continuum or hybrid?. *Sci Model Simul*, 15(1-3):381–393, 2008.

[241] WASSERMAN R. & ACHARYA R. A patient-specific *in vivo* tumor model. *Math Biosci*, 136(2):111–140, 1996.

[242] WASSERMAN R., ACHARYA R., SIBATA C. & SHIN K. H. Patient-specific tumor prognosis prediction via multimodality imaging. In *P Soc Photo-Opt Ins*, S. 468–479, 1996.

[243] WEIL R. J. Glioblastoma multiforme – treating a deadly tumor with both strands of RNA. *PLoS Med*, 3(1):e31, 2006.

[244] WERNER R., ERHARDT J., SCHMIDT-RICHBERG A. & HANDELS H. Validation and comparison of a biophysical modeling approach and non-linear registration for estimation of lung motion fields in thoracic 4D CT data. In *P Soc Photo-Opt Ins*, S. 72590U-1–72590U-8, 2009.

[245] WESTIN C. F., MAIER S. E., MAMATA H., NABAVI A., JOLESZ F. A. & KIKINS R. Processing and visualization for diffusion tensor MRI. *Med Image Anal*, 6(2):93–108, 2002.

[246] WESTIN C. F., PELED S., GUDBJARTSSON H., KIKINIS R. & JOLESZ F. A. Geometrical diffusion measures for MRI from tensor basis analysis. In *Proc ISMRM*, S. 1742, 1997.

[247] WOODWARD D. E., COOK J., TRACQUI P., CRUYWAGEN G. C., MURRAY J. D. & ALVORD E. C. A mathematical model of glioma growth: The effect of extent of surgical resection. *Cell Proliferat*, 29(6):269–288, 1996.

[248] YUSHKEVICH P. A., PIVEN J., HAZLETT H. C., SMITH R. G., HO S., GEE J. C. & GERIG G. User-guided 3D active contour segmentation of anatomical structures: Significantly improved efficiency and reliability. *NeuroImage*, 31(3):1116–1128, 2006.

[249] ZACHARAKI E. I., HOGEA C. S., BIROS G. & DAVATZIKOS C. A comparitive study of biomechanical simulators in deformable registration of brain tumor images. *IEEE T Bio-Med Eng*, 55(3):1233–1236, 2008.

[250] ZACHARAKI E. I., HOGEA C. S., SHEN D., BIROS G. & DAVATZIKOS C. Non-diffeomorphic registration of brain tumor images by simulating tissue loss and tumor growth. *NeuroImage*, 46(3):762–774, 2009.

[251] ZACHARAKI E. I., SHEN S., LEE S. K. & DAVATZIKOS C. ORBIT: A multiresolution framework for deformable registration of brain tumor images. *IEEE T Med Imaging*, 27(9):1003–1017, 2008.

Index

A
Ableitung
  partiell 14
  total 14
Ableitungsoperator 62
  Gradient 62
Abstiegsbedingung
  ARMIJO 26
  WOLFE 26
Abstiegsrichtung 25
Anfangsbedingung 36
  Diskretisierung 82
Anfangsrandwertaufgabe
  siehe ARWP
Anfangsrandwertproblem
  siehe ARWP
Anfangswertproblem 36
Angiogenese 32
Anordnung
  spaltenweise 58
  zeilenweise 58
ARWP 36, 39, 42
ARMIJO-Bedingung 26
Astrozyt 5
Astrozytom 5
A-Orthogonalität 18

B
Backtracking-Verfahren 27
Barriere-Funktion
  invers 116
  logarithmisch 116
Barriere-Methode 116
Basisfunktion 119
  B-Spline 119
Besetzungsstruktur 58

BFGS-Verfahren 29
Bildgebung
  DT 8
  FLAIR 7
  MRT 7
  T1w 7
  T2w 7
Bildregistrierung 105
box constraint 142

C
CAUCHY-Problem
  siehe Anfangswertproblem
CFL-Bedingung 84
CG-Verfahren 19
CN-Verfahren 83
COURANT-FRIEDRICHS-LEWY-Bedingung
  siehe CFL-Bedingung
COURANT-FRIEDRICHS-LEWY-Zahl 84
CRANK-NICHOLSON-Verfahren
  siehe CN-Verfahren
C^1-Diffeomorphismus 115
column-major order 58

D
Defektfunktional 110–111
  diskrete Ableitung 139
DGL-Nebenbedingung 127, 142
DICE-Koeffizient 142, 146
Diffeomorphismus 114
Differenzenquotient 59
  Konsistenzordnung 60
  rückärts 60
  symmetrisch 60
  kurz 60
  lang 60

vorwärts 59
Differenzenverfahren
  siehe FDM
Differenzialgleichung
  gewöhnlich
    siehe GDGL
  partiell
    siehe PDGL
Differenzialgleichungsnebenbedingung
  siehe DGL-Nebenbedingung
Differenziation
  numerisch 58
Diffusionstensorbildgebung
  siehe Bildgebung
Diffusions-Tensor-Daten
  siehe DT-Daten
Divergenzoperator 62
  siehe Ableitungsoperator
DO-Ansatz 136
Domain-Embedding-Methode
  siehe Fictitious-Domain-Methode
DT-Daten 38
de novo 5
diffeomorph
  siehe Diffeomorphismus
direktes Problem 31, 39, 127, 131
  Diskretisierung 63
discretise-then-optimise
  siehe DO-Ansatz

E
EC-Verfahren 83, 85
Eigenwertzerlegung 21
Einfrieren der Koeffizienten 86
Energieskalarprodukt 18
Ependym 5
Ependymom 5
Euler-Verfahren
  explizit 83
  implizit 83
Expertensegmentierung 149

F
Falsch-Negativ-Rate 147

Falsch-Positiv-Rate 147
Fast-Explicit-Diffusion
  siehe FED
FDM 61, 63–64
FED 89
FEM 63
Ficksches Gesetz 43
Fictitious-Domain-Methode 78
Fictive-Domain-Methode
  siehe Fictitious-Domain-Methode
Finite-Differenzen-Methode
  siehe FDM
Finite-Element-Methode
  siehe FEM
Finite-Volumen-Methode
  siehe FVM
Fixpunktform 22
Flussfunktion 70
Fourier-Stabilitätsanalyse 85
Funktionaldeterminante 115
Funktionalmatrix 114
FVM 61, 63, 67
  nodal 68
  zellzentriert 68
frozen coefficient method
  siehe Einfrieren der Koeffizienten

G
Galerkin-Bedingung 16
Gâteaux-Ableitung 112
Gâteaux-Differenzial
  siehe Gâteaux-Ableitung
Gausssche Fehlerfunktion 98
Gaussscher Integralsatz 42–43
Gauss-Seidel-Vorkonditionierer
  siehe Vorkonditionierer
GDGL 34
Gebiet 14
  Abschluss 36
  Rand 36
Gebietszerlegungsverfahren 51
Generating Set Search 143
Gewebekarte 38
Gitter 51
  kartesisch 52

nodal 52
regulär 51–52
strukturiert 51
unstrukturiert 51
versetzt 52
zellzentriert 52
Gitterwechsel 56
Gitterwechselmatrix
    siehe Gitterwechseloperator
Gitterwechseloperator 56
Gitterzelle
    siehe Zelle
Gitterzellgeometrie 51
Gleichungssystem
    dünnbesetzt 15
    linear 15
    linkspräkonditioniert 22
    rechtspräkonditioniert 22
Glioblastom 5
Gliom 5
Gradientenoperator
    siehe Ableitungsoperator
ghost point 75

H
HADAMARD-Division 52 52
HAUSDORFF-Distanz 146
HESSE-Matrix 28
HOPSPACK 143

I
Identifikationsproblem 131
IE-Verfahren 83
Indexbijektion 57
Inversionsvariable 132, 142
implizites EULER-Verfahren
    siehe IE-Verfahren
inverses Problem 127, 131

J
JACCARD-Index 146
JACOBI-Matrix
    siehe Funktionalmatrix
JACOBI-Vorkonditionierer
    siehe Vorkonditionierer

K
κ-Zyklen 90
Koeffizientenmatrix 82
Konditionszahl 20
Kongruenztransformation 23
Konormalenableitung 44
Kontraktionsfaktor 27
Kontrollgebiet 68
    siehe Zelle
Konvektionsstrom 43
Konvergenzrate 28
KRONECKER-Produkt 52
Krümmungsbedingung 26
KRYLOW-Unterraum 20
KRYLOW-Unterraum-Verfahren 20

L
LAPLACE-Operator 14
LEBESGUE-Maß 115
LEBESQUE-Maß 14
Linienmethode
    vertikal 66
Liniensuche 16, 25
Liniensuchverfahren 24
Linkspräkonditionierer 22
Lösung
    Eindeutigkeit 131
    Existenz 131
    Stabilität 131
Log-Barrier
    Ansatz 114
    Funktion 116
L^2-Stabilitätsanalyse
    siehe FOURIER-Stabilitätsanalyse
L-BFGS-Verfahren 29
lexikographische Anordnung 53, 136
limited-memory BFGS-Verfahren
    siehe L-BFGS-Verfahren

M
Magnetresonanztomographie
    siehe Bildgebung
Maschenweite
    siehe Schrittweite
Matrix

dünnbesetzt 139, 172
Eigenvektor 21
Eigenwert 21
positiv definit 15
positiv semi-definit 15
Spektralradius 21
Spektrum 21
vollbesetzt 139
Methode des steilsten Abstiegs
siehe MSA
Migration 41
Migrationsmodell 42
Minimierer
    global 25
    lokal 25
Mittelpunktsregel 71
Mittelungsoperator
    siehe Gitterwechseloperator
Mittelwertbildung
    arithmetisch 72
    harmonisch 72
Modalmatrix 21
Modell
    makroskopisch 32
    mikroskopisch 32
    molekular 32
Modell von MALTHUS 45
MSA 18, 28
mathematisches Modell 39

N
NABLA-Operator 14
Nebenbedingung
    DGL
        siehe DGL-Nebenbedingung
    hart 114
    weich 110, 114
NEUMANN-Bedingung 85
NEWTON-Richtung 28
    modifiziert 28
NEWTON-Verfahren 28
Niveaumenge 92
Normaleneinheitsvektor 36
numerische Integration
    siehe numerische Quadratur

numerische Quadratur 71

O
Oberflächensynthese 51
OD-Ansatz 136
Oligodendrogliom 5
Oligodendrozyt 5
Operatorgleichung 39
Optimierungsaufgabe
    siehe Optimierungsproblem
Optimierungsproblem 142
Orthogonalitätsbedingung 16
optimale Steuerung 127
optimise-then-discretise
    siehe OD-Ansatz

P
Parameteridentifikationsproblem 132
PCG-Verfahren 23
PDGL 33
    elliptisch 35
    homogen 35
    hyperbolisch 35
    Klassifikation 34
    linear 35
    parabolisch 35
    quasilinear 35
    semilinear 35
    stark nichtlinear 35
Penalty-Parameter
    siehe Strafparameter
Penalty-Verfahren 79
Perturbation 132–134
PETROV-GALERKIN-Bedingung 16
Präkonditinioniertes CG-Verfahren
    siehe PCG-Verfahren
Präkonditionierung
    siehe Vorkonditionierung
Problem
    direkt
        siehe direktes Problem
    gut gestellt 131
    invers
        siehe inverses Problem
    Parameteridentifikation

Index

siehe Parameteridentifikationsproblem
  schlecht gestellt 131
  schlecht konditioniert 132
Projektionsverfahren 15–16
  orthogonal 16
  schief 16
Proliferation 41
parameter-to-observation map 135

Q
QN-Bedingung
  siehe Sekantengleichung
QN-Verfahren 29
Quadraturformel 71
Quasi-NEWTON-Verfahren
  siehe QN-Verfahren

R
Randbedingung 36, 44
  DIRICHLET 37
    Diskretisierung 75
  Diskretisierung 75
  homogen 36
  NEUMANN 37, 44
    Diskretisierung 75
    offen 37
  ROBIN 37
Randoperator 36
Randwertaufgabe
  siehe Randwertproblem
Randwertproblem 36
RDKG 44, 130
Reaktionsmodell 42, 45
  Diskretisierung 82
  exponentiell 45
  logistisch 45
  GOMPERTZ 46
Rechengitter
  siehe Gitter
Rechteckregel
  siehe Mittelpunktsregel
Rechtspräkonditionierer 22
Referenzmodell 135
Regularisierung
  explizit 110
  implizit 110
Regularisierungsfunktional 110, 135
  diskret 137
  diskrete Ableitung 139
Regularisierungsparameter 135
Rekonstruktionsproblem 131
Residuenvektor 16
Residuum 16, 137
RUNGE-KUTTA-CHEBYSHEV-Verfahren 87
row-major order 58

S
Satz von der Umkehrabbildung 115
Satz von GERSCHGORIN 89
Schrittweite 53
Sekantengleichung 29
SOR-Vorkonditionierer
  siehe Vorkonditionierer
Spektralkondition 21
Spektralmatrix 21
Spektralnorm 21
Splitting-Verfahren 22
STS-Verfahren 88
Straffunktional 110
Strafparameter 79
Super-Time-Stepping-Verfahren
  siehe STS-Verfahren
Systemparameter 132
EULER-CAUCHY-Verfahren
  siehe EC-Verfahren
state-to-observation map 134
steepest descent method
  siehe MSA

T
TALAIRACH-Raum 38
TANNIMOTO-Koeffizient
  siehe JACCARD-Index
TAYLOR-Entwicklung 28, 59, 112
Tensorfeld 46
θ-Verfahren 83
TIKHONOV-Funktional 135
TIKHONOV-Matrix 137

TIKHONOV-Regularisierung 135
Topologie 51
Trägerkapazität 45
Transformationssatz 115
Tumor
  benigne 4
  Dignität 4
  Herkunft 4
  maligne 4
  primär 5
  sekundär 5

V
Vektorisierung 57
VENN-Diagramm 146
Verfahren der konjugierten Gradienten
  siehe CG-Verfahren
Verfahren der konjugierten Richtungen 18
VON-NEUMANN-Stabilitätsanalyse
  siehe FOURIER-Stabilitätsanalyse
Vorkonditionierer
  GAUSS-SEIDEL 23
  JACOBI 23
  SOR 23
Vorkonditionierung 20–21

beidseitig 22–23
links 22
rechts 22
Vorwärtsproblem
  siehe direktes Problem

W
Wachstum
  avaskulär 32
  vaskulär 32
Wandernde-Wellen-Lösung 129
WOLFE-Bedingung 26
  streng 26

Z
ZEC-Verfahren 87
Zeitintegrationsverfahren 83
  explizit 83
  implizit 83
Zelle 53
Zustandsfunktion 34, 142
Zustandsgleichung 134, 142
Zustandsgröße
  siehe Zustandsfunktion
zulässiger Bereich 116

Aktuelle Forschung Medizintechnik

Herausgeber:
Prof. Dr. Thorsten M. Buzug
Institut für Medizintechnik, Universität zu Lübeck

Editorial Board:
Prof. Dr. Olaf Dössel, Karlsruhe Institute for Technology; Prof. Dr. Heinz Handels, Universität zu Lübeck; Prof. Dr.-Ing. Joachim Hornegger, Universität Erlangen-Nürnberg; Prof. Dr. Marc Kachelrieß, German Cancer Research Center (DKFZ), Heidelberg; Prof. Dr. Edmund Koch, TU Dresden; Prof. Dr.-Ing. Tim C. Lüth, TU München; Prof. Dr. Dietrich Paulus, Universität Koblenz-Landau; Prof. Dr. Bernhard Preim, Universität Magdeburg; Prof. Dr.-Ing. Georg Schmitz, Universität Bochum.

Themen
Werke aus folgenden Themengebieten werden gerne in die Reihe aufgenommen: Biomedizinische Mikro- und Nanosysteme, Elektromedizin, biomedizinische Mess- und Sensortechnik, Monitoring, Lasertechnik, Robotik, minimalinvasive Chirurgie, integrierte OP-Systeme, bildgebende Verfahren, digitale Bildverarbeitung und Visualisierung, Kommunikations- und Informationssysteme, Telemedizin, eHealth und wissensbasierte Systeme, Biosignalverarbeitung, Modellierung und Simulation, Biomechanik, aktive und passive Implantate, Tissue Engineering, Neuroprothetik, Dosimetrie, Strahlenschutz, Strahlentherapie.

Autorinnen und Autoren
Autoren der Reihe sind in der Regel junge Promovierte und Habilitierte, die exzellente Abschlussarbeiten verfasst haben.

Leserschaft
Die Reihe wendet sich einerseits an Studierende, Promovenden und Habilitanden aus den Bereichen Medizintechnik, Medizinische Ingenieurwissenschaft, Medizinische Physik, Medizinische Informatik oder ähnlicher Richtungen. Andererseits stellt die Reihe aktuelle Arbeiten aus einem sich schnell entwickelnden Feld dar, so dass auch Wissenschaftlerinnen und Wissenschaftler sowie Entwicklerinnen und Entwickler an Universitäten, in außeruniversitären Forschungseinrichtungen und der Industrie von den ausgewählten Arbeiten in innovativen Gebieten der Medizintechnik profitieren werden.

Begutachtungsprozess
Die Qualitätssicherung erfolgt in drei Schritten. Zunächst werden nur Arbeiten angenommen die mindestens magna cum laude bewertet sind. Im zweiten Schritt wird ein Mitglied des Editorial Boards die Annahme oder Ablehnung des Werkes empfehlen. Im letzten Schritt wird der Reihenherausgeber über die Annahme oder Ablehnung entscheiden sowie Änderungen in der Druckfassung empfehlen. Die Koordination übernimmt der Reihenherausgeber.

Kontakt
Prof. Dr. Thorsten M. Buzug
Institut für Medizintechnik
Universität zu Lübeck
Ratzeburger Allee 160
23538 Lübeck, Germany

Tel.: +49 (0) 451 / 500-5400
Fax: +49 (0) 451 / 500-5403
E-Mail: buzug@imt.uni-luebeck.de
Web: http://www.imt.uni-luebeck.de

Stand: Januar 2014. Änderungen vorbehalten.
Erhältlich im Buchhandel oder beim Verlag.

Abraham-Lincoln-Straße 46
D-65189 Wiesbaden
Tel. +49 (0)6221. 345 - 4301
www.springer-vieweg.de

The manufacturer's authorised representative in the EU is Springer Nature Customer Service Centre GmbH, Europaplatz 3, 69115 Heidelberg, Germany. If you have any concerns regarding our products, please contact ProductSafety@springernature.com

Printed and bound by CPI Group (UK) Ltd, Croydon, CR0 4YY

25/03/2026

02078193-0004